岩土工程测试检测与监测技术

主　编　冯　震
副主编　刘红帅　吴兴征　余　莉
参　编　张海清　赵永川

U0252524

清华大学出版社
北　京

内 容 简 介

岩土工程测试检测与监测技术是从事岩土工程勘察、设计、施工、检测、监测和监理等工作必须掌握的基本知识,同时也是从事岩土工程理论研究所必须具备的基本手段。本书以培养应用型人才为基础,主要内容包括:①测试技术基础知识;②岩土体原位测试技术;③地基基础检测技术;④各类岩土工程监测技术。

本书可作为土木工程、城市地下空间工程、勘察技术与工程等专业本科生教材,也可供相关专业技术人员从事工程勘察、设计、施工和监理等工作时参考。

图书在版编目(CIP)数据

岩土工程测试检测与监测技术/冯震主编. —北京:清华大学出版社,2021.8(2025.1重印)
ISBN 978-7-302-58542-8

Ⅰ.①岩… Ⅱ.①冯… Ⅲ.①岩土工程-工程测试-高等学校-教材 ②岩土工程-监测-高等学校-教材 Ⅳ.①TU4

中国版本图书馆 CIP 数据核字(2021)第 132306 号

责任编辑:刘一琳
封面设计:陈国熙
责任校对:赵丽敏
责任印制:刘 菲

出版发行:清华大学出版社
 网　　　址:https://www.tup.com.cn, https://www.wqxuetang.com
 地　　　址:北京清华大学学研大厦 A 座　　　邮　编:100084
 社 总 机:010-83470000　　　邮　购:010-62786544
 投稿与读者服务:010-62776969, c-service@tup.tsinghua.edu.cn
 质量反馈:010-62772015, zhiliang@tup.tsinghua.edu.cn
印 装 者:三河市君旺印务有限公司
经　销:全国新华书店
开　本:185mm×260mm　印　张:13.25　　　字　数:321 千字
版　次:2021 年 8 月第 1 版　　　印　次:2025 年 1 月第 2 次印刷
定　价:45.00 元

产品编号:091113-01

前　言

进入 21 世纪的前 20 年，我国各类土木工程的兴建越来越向高大和纵深方向发展。这些工程的成功与否，在很大程度上取决于岩土体能否提供足够的承载能力，从而保证建筑物不产生过大变形或不均匀沉降，确保结构的稳定性或能够承受各种形式的岩土应力作用。为了保证各类工程及周围环境的安全，确保工程的顺利进行，必须进行岩土测试、检测和监测。岩土测试技术以岩土力学理论为指导法则，以工程实践为服务对象。岩土力学理论是以岩土测试技术为试验依据和发展背景的。因为无论设计理论与方法如何先进、合理，如果测试技术落后，则设计计算所依据的岩土参数便无法准确测求，不仅岩土工程设计的先进性无从体现，而且岩土工程的质量与精度也难以保证，所以，测试技术是从根本上保证岩土工程设计的准确性、经济性的重要手段。

岩土工程测试检测与监测技术是从事岩土工程勘察、设计、施工、检测、监测和监理的工作者所必需的基本知识，同时也是从事岩土工程理论研究所必须具备的基本手段，因此，对于土木工程、城市地下空间工程、勘察技术与工程等专业本科学生而言，岩土工程测试检测与监测技术是一门必须掌握的专业课程。

本书的目的就是使上述相关专业的学生在熟悉和掌握岩土工程测试检测与监测技术基本原理的基础上，具备制定试验检测与监测方案、选择测试检测与监测方法、分析测试检测与监测结果、编写报告的能力，并着重培养学生解决实际工程技术问题的能力。

本书是在编者多年教学、科研积累的基础上编写而成。本书以培养应用型人才为基础，系统全面地介绍了岩土工程测试检测与监测技术的基础知识、基本理论和基本方法。

本书是按照 34 学时编写的。全书共 9 章，冯震担任主编，总体统筹并编写前言、第 1 章、第 4 章、第 7 章，刘红帅编写第 2 章，冯震、赵永川合编第 3 章，吴兴征编写第 5 章，冯震、余莉合编第 6 章，张海清编写第 8 章，余莉编写第 9 章。

本书在编写过程中得到河北大学建筑工程学院的大力帮助。研究生宋东松、郭涛、沈明在图表绘制以及文字校对方面做了大量工作，在此表示感谢。

由于编者水平有限，不妥和疏漏之处在所难免，敬请广大读者批评指正。

编　者

2021 年 3 月

目　录

<<<

绪　　论

【本章导读】

本章主要介绍岩土工程测试检测与监测技术的意义、内容简介，以及技术现状与展望，目的是使读者了解岩土工程测试检测与监测技术是从事岩土工程工作所必需的基本知识，也是从事岩土工程理论研究所必须掌握的基本手段。

【本章重点】

(1) 岩土工程测试检测与监测技术的意义；

(2) 岩土工程测试检测和监测技术的内容。

1.1　岩土工程测试检测与监测技术的意义

人类进入 21 世纪后，各类土木工程日新月异。在岩土工程方面，提出了一系列新的理论和方法。然而新理论要变为工程现实，没有相应的测试手段，是不可能的。因为不论设计理论与方法如何先进、合理，如果测试技术落后，则设计计算所依据的岩土参数无法准确测求，不但岩土工程设计的先进性无从体现，而且岩土工程的质量与精度也难以保证，所以测试技术是从根本上保证岩土工程设计的精确性、代表性以及经济合理性的重要手段。在整个岩土工程中它与理论计算和施工检验是相辅相成的。

岩土体是天然的产物，其性质具有很强的不确定性和变异性。由于测试结果存在不确定性，在岩土工程施工过程中必须进行现场检测与监测以确保岩土工程的安全性。同时通过监测数据进行岩土工程的反演分析，可以验证工程设计的合理性和进一步改进工程设计。检测与监测的重要性主要体现在以下三个方面。

(1) 保证工程的施工质量和安全，提高工程效益。要做到这一点，各项检测与监测工作必须在充分了解工程总体情况的前提下有针对性地进行。在此基础上，合理安排检测与监测的重点及其在空间和时间上的布局，选择恰当的方法，及时提出阶段性的分析和最后的成果，使工程师能够尽可能地定量了解和把握工程的进程、所处的状态、质量情况和出现的问题。确定修正设计或施工方案的必要性，甚至在紧急状态下采取应急措施，力争使工程达到质量、进度、安全、效益相统一的最佳效果。

(2) 在岩土工程服务于工程建设的全过程中，现场检测与监测是一个重要的环节，可以使工程师们对上部结构与下部岩土地基共同作用的性状及施工和建筑物运营过程的认识在理论和实践上更加完善，便于总结经验，形成新的认识。

(3) 依据监测结果，利用反演分析的方法，求出能使理论分析与实测基本一致的工程参数。在现代岩土力学中,有人将这种方法称为室内试验和原位测试以外的第三种试验方法。这种通过现场监测,反求力学参数的方法,越来越多受到人们的重视。

以上说明岩土工程测试检测与监测技术是从事岩土工程工作人员所必需的基本知识,同时也是从事岩土工程理论研究所必须掌握的基本手段。所以,对土木工程专业学生而言,这是一门必须掌握的专业基础课程。

1.2　岩土工程测试检测与监测技术内容简介

随着生产的发展,各类土木工程如雨后春笋般地涌现,并向着高、深、大的方向发展,而岩土工程测试检测与监测技术是从根本上保证岩土工程勘察、设计、施工、监理的准确性、可靠性以及经济合理性的重要手段。

岩土工程测试检测与监测包括室内土工试验、岩石力学试验、岩土原位测试、原型试验、现场检测和现场监测等,在整个岩土工程中占有特殊而重要的地位。

1.　室内土工试验

目前,土工试验大致可分为观察判别试验、物理性质试验、化学性质试验和力学性质试验等。

2.　岩石力学试验

岩石力学试验主要任务是进行常规力学指标测试和岩体变形与破坏机理的分析与研究。

3.　岩土原位测试

有些岩土工程由于地质条件复杂或者结构条件与载荷条件复杂,难以用理论计算方法对土体的应力-应变的变化做出准确的预计,也难以在室内模拟现场地层条件和现场载荷条件试验。这时,可以通过原位试验为设计提供可靠的依据。原位测试就是在岩土工程施工现场,在基本保持被测试岩土体(或加固体)的结构、含水量以及应力状态不变的条件下测定其基本物理力学性能。岩土原位测试又可以分为两种:①作为获取设计参数的原位试验;②作为提供施工控制和反演分析参数的原位检测。

1)原位测试的优点

(1)避开了取土样的困难,可以测定难以采样不扰动试样的土层(如砂土,贝壳层、流动淤泥等)的有关工程性质;

(2)在原位应力条件下进行试验,避免采样过程中应力释放的影响;

(3)试验的岩土体体积较大,代表性强;

(4)工作效率较高,可大大缩短勘探试验的周期。

2)原位测试的缺点

(1)各种原位测试都有其针对性和适用条件,如使用不当则会影响结果的准确性和合理性;

(2)原位测试所得参数与土的工程性质间的关系往往是建立在统计关系上;

（3）影响原位测试成果的因素较为复杂（如周围的应力场、排水条件和施工过程对测试环境的干扰等），使得对测定值的准确判定造成一定的困难；

（4）原位测试中的主应力方向与实际岩土工程中多变的主应力方向往往并不一致。

因此，岩土的室内试验与原位测试，两者各有其独到之处，在全面研究岩土的各项性状中，两者不能偏废，而应相辅相成。至于工程物探，与原位测试方法的关系十分密切，有些检测工作本身就是应用物探方法进行的。物探测试技术有层析成像（CT）技术、电磁波透视、浅层地震、地质雷达、声呐剖面、瞬变电磁法等。

4. 原型试验

原型试验以实际地下结构物为对象在现场地质条件下，按设计载荷条件进行试验，其试验结果具有直观、可靠等优点，主要有桩基试验、锚杆试验等。通过原型试验可以进一步验证工程勘察结果和设计结果的正确性与可靠性。

5. 现场检测

主要是对各类人工地基以及基础的质量问题进行检验。

6. 现场监测

现场监测就是以实际工程作为对象，在施工期及施工后期对整个岩土体和地下结构以及周围环境，于事先设定的点位上，按设定的时间间隔进行应力和变形现场观测。岩土工程现场监测的目的如下：

（1）检验岩土工程施工质量是否满足岩土工程设计和有关规程、规范的要求；

（2）指导岩土工程的施工方法、流程和施工进度，通过岩土工程监测反馈分析岩土工程设计与施工是否合理，并为后续设计与施工方案提供优化意见；

（3）检测岩土工程施工对环境的影响，验证岩土工程施工防护措施的效果；

（4）及时发现和预报岩土工程施工过程中所出现的异常情况，防止岩土工程施工事故，保障岩土工程施工安全；

（5）提供定量的岩土工程质量事故鉴定依据；

（6）为建（构）筑物的竣工验收提供所需的监测资料。

现场监测工作主要包括如下三个方面的内容：

（1）对岩土所受到的施工作用、各类载荷的大小，以及在这些载荷作用下岩土反应性状的监测。例如，岩土体与结构物之间接触压力的量测、地下结构的变形与内力量测、岩土体中的应力量测、深处岩土体内部变形与位移的监测以及孔隙水压力的量测等。

（2）对建设中或运营中结构物的监测。对建筑物的沉降观测就是一个最常见的例子，除此之外，还包括对基坑开挖支护结构的监测等。

（3）监测岩土工程在施工及运营过程中对周围环境的影响。包括基坑开挖和人工降水对邻近结构与设施的影响。

工程中一些现场监测项目及观测方法如表 1-1 所示。

表 1-1   现场监测项目及观测方法

监 测 项 目		观 测 方 法
地表位移、沉降观测	短距离测量	岩体表面收敛测量、滑坡记录仪等
	长距离测量	光学仪器测量等
岩体内部的变形观测		钻孔伸长仪、钻孔温度计等
土体内部的变形观测		测斜仪、伸长仪、分层沉降观测仪等
建筑物与岩体间接触压力的测量		压力盒、钢筋应力计等
岩体应力测量	间接测量	钻孔变形计、钻孔应变计、钻孔包体式应力计
	直接测量	水压破裂法测量、液压枕等
土体应力测量		压力盒
孔压测量		测压管、孔隙水压力计

1.3 岩土工程测试检测与监测技术现状与展望

近年来,各类建设工程的不断开展,给岩土工程领域带来了巨大活力,同时也提出了更高要求。新技术、新设备,包括北斗导航等在内的注入,大大促进了岩土工程测试检测与监测水平的提高,为岩土工程领域的不断扩展打下了坚实的基础。岩土工程测试检测与监测始终贯穿于岩土工程勘察、设计、施工、检测、监测的全过程。但由于各种原因,在工作开展中还存在一些非技术性的不足之处,例如还存在下列情况:

(1)无视工程复杂程度,仅用单一简单方法,难免得到不合实际的结论。

(2)在重要环节使用非专业人员或人员的素质与训练不够,则结果的科学性与合理性得不到保证。

(3)无论工程大小与复杂程度,也不管所需的设备是否满足要求,只从经济效益出发,跨越资质、等级,低水平操作是管理失效的主要表现。

(4)人员培训不及时。

通过对以上几个方面存在问题的分析,有必要采取以下措施:

①建立健全行业管理制度,严格行业纪律,提高参与岩土工程领域工作人员的素质,确保这一行业向着规范化发展;②增强对从事岩土工程工作的单位考核与管理,应特别注意人员培训与考核、设备保有率与完好率和适应行业发展的能力;③为确保岩土工程质量,应加强对岩土工程各环节的控制,增强对检测、测试环节的阶段验收和最终评判。

今后,岩土工程测试检测与监测技术将在如下几方面得到发展:

1)取样技术

实践证明,室内试验仍是不可缺少的技术手段,岩土的一些基础数据,只能通过室内试验测定。既然室内试验不能废弃,取样技术问题就不能回避。

2)新仪器新方法的开发

试验方法在很大程度上影响着岩土力学理论的发展,结合有关高技术产业,智能化程度高的高精度试验仪器的出现将使测试结果的可靠性、可重复性得到很大提高,最终将大大提升岩土工程测试结果的可信度。

3）工程地球物理探测（简称工程物探）

工程物探在我国已有60多年历史，近年来，国内外应用各种物探原理（弹性波、声波、电磁波、应力波等）开发了一批性能很强的专用仪器，如波速仪、探地雷达、管线探测仪、打桩分析仪等，这些仪器具有精度高、抗干扰能力强等优点，而且能适应各种岩土工程的需要。因此各种物探的新技术和新方法将会有很强的生命力，是今后发展的一个重要方向。

4）理论预测和数值反分析及再预测的有机结合

室内试验是基础，并由此做出工程行为理论预测；现场实时监控与测试能对预测做出重要的修正，并经反分析得到按既有理论符合实际工程反应所需的参数值，从而进行再预测。

思考题

1. 简述岩土工程测试的作用。
2. 简述岩土工程检测的内容。
3. 简述岩土工程监测的内容。
4. 简述岩土工程测试检测与监测技术未来的发展方向。

测试技术基础知识

【本章导读】

　　本章主要介绍测试技术的概念及测试系统,传感器的基本特性和岩土工程中常用传感器的类型以及工作原理,监测仪器的选择和标定。通过本章的学习,为后续章节所涉及仪器的测试原理奠定基础。

【本章重点】

　　(1) 测试的概念,测试系统的构成;

　　(2) 传感器的参数指标;

　　(3) 岩土常用传感器的工作原理;

　　(4) 传感器标定的原因。

2.1　测试的一般知识

　　现代社会人类已进入信息时代,人们在从事工业生产和科学试验等活动中,主要依靠对信息资源的开发、获取、传输和处理。传感器处于研究对象与测控系统的接口位置,是感知、获取与检测信息的窗口。一切科学试验和生产过程,特别是自动检测和自动控制系统所获取的信息,都要通过传感器转换为容易传输与处理的电信号。在岩土工程实践中监测和检测的任务是正确及时地掌握各种信息。大多数情况下是要获取被测对象测试值的大小。信息采集的主要含义就是测试、取得测试数据。

　　"测试系统"这一概念是传感技术发展到一定阶段的产物。在工程中,需要有传感器与多台仪表组合在一起,才能完成信号的检测,这样便形成了测试系统。尤其是随着计算机技术及信息处理技术的发展,测试系统所涉及的内容也不断得以充实。

　　为了更好地掌握传感器,需要对测试的基本概念、测试系统等方面的理论及工程方法进行学习和研究,只有了解和掌握了这些基本理论,才能更有效地完成监测任务。

2.1.1　测试

　　测试是以确定量值为目的的一系列操作。所以测试也就是将被测试值与同种性质的标准量进行比较,确定被测试值对标准量的倍数。它可由下式表示:

$$X = nu \tag{2-1}$$

式中：X——被测试值；

u——标准量,即测试单位;

n——比值(纯数),含有测试误差。

测试所获得的被测试值称为测试结果。测试结果可用一定的数值表示,也可以用一条曲线或某种图形表示。但无论其表现形式如何,测试结果应包括两部分:比值和测试单位。确切地讲,测试结果还应包括误差部分。

被测试值和比值等都是测试过程的信息,这些信息依托于物质才能在空间和时间上进行传递。参数承载了信息而成为信号。选择其中适当的参数作为测试信号,如热电偶温度传感器的工作参数是热电偶的电势。测试过程就是传感器从被测对象获取被测试的信息,建立起测试信号,经过变换、传输、处理,从而获得被测试的量值。

2.1.2　测试系统构成

测试系统是传感器与测试仪表、变换装置等的有机组合。图 2-1 所示为测试系统原理结构框图。

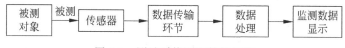

图 2-1　测试系统原理结构框图

系统中的传感器是感受被测值的大小并输出相对应的可用输出信号的器件或装置。

数据传输环节用来传输数据。当测试系统的几个功能环节独立地分隔开的时候,则必须由一个地方向另一个地方传输数据,数据传输环节就是能够完成这种传输功能的环节。

数据处理环节是将传感器输出信号进行处理和变换。例如,对信号进行放大、运算、线性化、数-模或模-数转换,变成另一种参数的信号或变成某种标准化的信号等,使其输出信号便于显示、记录,既可用于自动控制系统,也可与计算机系统连接,以便对测试信号进行信息处理。

数据显示环节将被测试信息变成人感官能接受的形式,以完成监视、控制或分析的目的。测试结果可以采用模拟显示,也可采用数字显示,也可以由记录装置进行自动记录或由打印机将数据打印出来。

2.2　传感器的基本特性

传感器是指能感受既定的物理量,并按一定规律转换成可用输入信号的器件或装置。

传感器通常由敏感元件、转换元件和测试电路三部分组成。

(1)敏感元件是指能直接感受(或响应)被测量的部分,即将被测量通过传感器的敏感元件转换成与被测量有确定关系的非电量或其他量。

(2)转换元件则将上述非电量转换成电参量。

(3)测试电路的作用是将转换元件输入的电参量经过处理转换成电压、电流等可测电量,以便进行显示、记录、控制和处理。

传感器性能的优劣可通过两类基本特性即传感器的静态特性和动态特性来表征。

所谓静态特性,是指当被测量的各值处于稳定状态(静态测量之下)时,传感器的输出值与输入值之间关系的数学表达式、曲线或数表。当一个传感器制成后,可用实际特性反映它在当时使用条件下实际具有的静态特性。借助试验的方法确定传感器静态特性的过程称为静态校准。校准得到的静态特性称为校准特性。传感器在校准时使用规范的程序和仪器,获得的校准曲线作为传感器的实际特性。

所谓动态特性,是指当被测量各值随时间变化时,传感器的输出值与输入值之间关系的数学表达式、曲线或数表。

2.2.1　传感器的静态特性参数指标

根据标定曲线便可以分析测试系统的静态特性。描述测试系统静态特性的参数主要有线性度(非线性误差)、灵敏度、分辨力、测量范围或量程、回程误差(迟滞差)、重复性、零漂和温漂等。

1. 线性度(非线性误差)

理想的传感器输出与输入呈线性关系。然而,实际的传感器即使在量程范围内,输出与输入的线性关系严格来说也是不成立的,总存在一定的非线性。线性度是评价非线性程度的参数。传感器的输出-输入校准曲线与理论拟合直线之间的最大偏差与传感器满量程输出之比,称为该传感器的线性度或非线性误差。通常用相对误差表示其大小,即

$$e_{\mathrm{f}} = \pm \frac{\Delta_{\max}}{Y_{\mathrm{FS}}} \times 100\% \tag{2-2}$$

式中：e_{f}——线性度(非线性误差);

　　　$\Delta_{\max}$——校准曲线与理想拟合直线间的最大偏差;

　　　Y_{FS}——传感器满量程输出平均值,如图 2-2 所示。

非线性误差大小是以一拟合直线或理想直线作为基准直线计算出来的,基准直线不同,所得出的线性度就不一样。因而不能笼统地提线性度(非线性误差),必须说明其所依据的基准直线。按照所依据的基准直线的不同,有理论线性度、独立线性度、最小二乘法线性度等。最常用的是最小二乘法线性度。

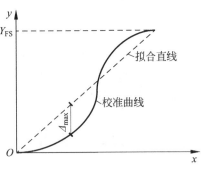

图 2-2　非线性误差说明

2. 灵敏度

灵敏度是指稳态时传感器输出量 y 和输入量 x 之比,或输出量 y 的增量和输入量 x 的增量之比,如图 2-3 所示,灵敏度 S 由下式表示：

$$S = \Delta y / \Delta x \tag{2-3}$$

3. 分辨力

传感器能检测到的最小输入增量称为分辨力,在输入零点附近的分辨力称为阈值。

4. 测量范围或量程

在允许误差限内,被测量值的下限到上限之间的范围称为测量范围。

5. 回程误差(迟滞差)

输入逐渐增加到某一值与输入逐渐减小到同一输入值时的输出值不相等,称为迟滞现象。回程误差(迟滞差)表示这种不相等的程度。如图 2-4 所示,对于同一输入值所得到的两个输出值之间的最大差值 h_{max} 与量程 A 的比值百分率,即

$$\sigma_h = h_{max}/A \times 100\% \tag{2-4}$$

式中: h_{max}——同一输入值所得到的两个输出值之间的最大差值;

　　　　A——量程;

　　　　σ_h——回程误差。

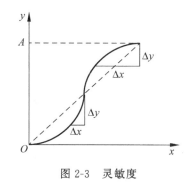
图 2-3　灵敏度

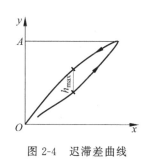
图 2-4　迟滞差曲线

6. 重复性

传感器在同一条件下,被测输入量按同一方向做全量程连续多次重复测量时,所得输出-输入曲线的一致程度,称为重复性。

7. 零漂和温漂

传感器在无输入或输入为另一值时,每隔一定时间,其输出值偏离原始值的最大偏差与满量程的百分比为零漂。而温度每升高 1℃,传感器输出值的最大偏差与满量程的百分比,称为温漂。

2.2.2　传感器的动态特性

当测量某些随时间变化的参数时,只考虑传感器的静态性能指标是不够的,还要注意其动态性能指标。只有这样,才能使检测、控制比较可靠。传感器的动态输入量是时间的函数,其输出量也是时间的函数。实际被测量值随时间变化的形式可能是各种各样的,所以研究动态特性时,通常根据正弦变化与阶跃变化两种标准输入来考察传感器的响应特性。

对于任一传感器,动态特性分析和动态标定都以这两种标准输入状态为依据。为了便于分析和处理传感器的动态特性,同样需建立数学模型,用数学中的逻辑推理和运算方法来

研究传感器的动态响应。对于线性系统的动态响应研究,最广泛使用的数学模型是普通线性常系数微分方程。只要对微分方程求解,就可得到动态性能指标。这方面的详细论述可参阅有关文献。

2.3　常用传感器的类型和工作原理

传感器一般可按被测物理量、变换原理等方式分类。按被测物理量分类,如位移传感器、压力传感器、速度传感器等。按变换原理分类,如电阻式、电容式、差动变压器式、光电式等,这种分类易于从原理上识别传感器的变换特性,对每一类传感器应配用的测量电路也基本相同。下面详细讲述常用差动电阻式传感器、钢弦频率式传感器、电感式传感器、电阻应变片式传感器的原理。

2.3.1　差动电阻式传感器

差动电阻式传感器是美国加州大学卡尔逊教授研制的,又称为卡尔逊式传感器。其内腔由两根弹性钢丝作为传感元件,受力后一根受拉、一根受压。当环境量变化时,两者的电阻值向相反方向变化,通过两个元件的电阻值比值,测出物理量的数值。当钢丝受到拉力作用而产生弹性变形,其变形与电阻变化之间有如下关系式:

$$\Delta R / R = A \Delta L / L \tag{2-5}$$

式中:ΔR——钢丝电阻变化量;

$\quad\quad R$——钢丝电阻;

$\quad\quad A$——钢丝电阻应变灵敏系数;

$\quad\quad \Delta L$——钢丝变形增量;

$\quad\quad L$——钢丝长度。

测定电阻变化后利用式(2-5)可求得仪器承受的变形。图 2-5 显示仪器的钢丝长度的变化。钢丝还有一个特性,当钢丝感受不太大的温度改变时,钢丝电阻和温度变化之间有如下关系:

$$R_T = R_0 (1 + aT) \tag{2-6}$$

式中:R_T——温度为 $T(℃)$ 的钢丝电阻;

$\quad\quad R_0$——温度为 0℃ 的钢丝电阻;

$\quad\quad a$——电阻温度系数,在一定范围内为常数;

$\quad\quad T$——钢丝温度(℃)。

只要测定了仪器内部钢丝的电阻值,用式(2-6)就可以计算出仪器所在环境的温度。

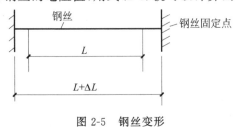

图 2-5　钢丝变形

差动电阻式传感器基于上述两个原理,利用弹性钢丝在力的作用和温度变化下的特性设计而成,把经过预拉长度相等的两根钢丝(不交叉)用特定方式固定在两根方形断面的铁杆上,钢丝电阻分别为 R_1 和 R_2,因为钢丝设计长度相等,R_1 和 R_2 近似相等,如图 2-6 所示。

当仪器受到外界的拉压而变形时,两根钢丝的电阻产生差动的变化,一根钢丝受拉,其电阻增加,另一根钢丝受压,其电阻减少,两根钢丝的串联电阻不变,而电阻比 R_1/R_2 发生变化,测量两根钢丝电阻的比值,就可以求得仪器的变形或应力。

当温度改变时,引起两根钢丝的电阻变化是同方向的,温度升高时,两根钢丝的电阻都减少。测定两根钢丝的串联电阻,就可求得仪器测点位置的温度。

差动电阻式传感器的读数装置是电阻比电桥(惠斯通型),电桥内有一可以调节的可变电阻 R,还有两个串联在一起的固定电阻 $M/2$,其测试原理如图 2-7 所示,将仪器接入电桥,仪器钢丝电阻 R_1 和 R_2 就和电桥中可变电阻 R,以及固定电阻 M 构成电桥电路。

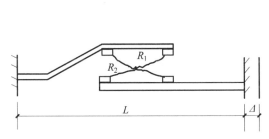

图 2-6　差动电阻式传感器原理

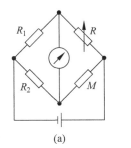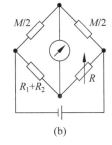

图 2-7　电桥测试原理

图 2-7(a)所示为测试仪器电阻比的线路,调节 R 使电桥平衡,则

$$R/M = R_1/R_2 \tag{2-7}$$

因为 $M=100\Omega$,故由电桥测出之 R 值是 R_1 和 R_2 之比的 100 倍,$R/100$ 即为电阻比。电桥上电阻比最小读数为 0.01%。

图 2-7(b)所示是测试串联电阻时,利用上述电桥接成的另一电路,调节 R 达到平衡时则

$$(M/2)/R = (M/2)/(R_1 + R_2) \tag{2-8}$$

简化式(2-8)得

$$R = (R_1 + R_2) \tag{2-9}$$

这时从可变电阻 R 读出的电阻值就是仪器的钢丝总电阻,由此求得仪器所在测点的温度。

综上所述,差动电阻式仪器以一组差动的电阻 R_1 和 R_2,与电阻比电桥形成从而测出电阻比和电阻值两个参数,来计算出仪器所承受的应力和测点的温度。

对于差动式电阻应变计,其应变值的计算式为

$$f = (Z - Z_0) + ba(R - R_0) \tag{2-10}$$

式中:Z——测试时的电阻比(R_1/R_2);

$\qquad Z_0$——初始条件下的电阻比;

$\qquad R$——测试时的总电阻值($R_1 + R_2$);

R_0——初始条件下的电阻值；

f——应变计的灵敏度；

b——应变计的温度补偿系数；

a——应变计的温度系数。

差动式应变计的特点是灵敏度较高、性能稳定、耐久性好。

2.3.2　钢弦频率式传感器

1. 钢弦频率式传感器原理

钢弦频率式传感器的敏感元件是一根金属丝弦（一般称为钢弦、振弦或简称"弦"）。常用高弹性弹簧钢、马氏不锈钢或钨钢制成，它与传感器受力部件连接固定，利用钢弦的自振频率与钢弦所受到的外加张力关系式测得各种物理量。由于它结构简单可靠，传感器的设计、制造、安装和调试都非常方便，而且在钢弦经过热处理之后其蠕变极小，零点稳定，因此倍受工程界青睐。近年来，钢弦频率式传感器在国内外发展较快，欧美已基本用其替代了其他类型的传感器。钢弦频率式传感器是根据钢弦张紧力与自振频率成单值函数关系设计而成的。钢弦的自振频率取决于它的长度、钢弦材料的密度和钢弦所受的内应力，其关系式为：

$$f = \frac{1}{2} L \sqrt{(\sigma/\rho)} \tag{2-11}$$

式中：f——钢弦振动频率；

L——钢弦长度；

ρ——钢弦的密度；

σ——钢弦所受的张拉应力。

以压力盒为例，钢弦上产生的张拉应力由外来压力 P 引起，则

$$f^2 - f_0^2 = KP \tag{2-12}$$

式中：f——压力盒受压后钢弦的频率；

f_0——压力盒未受压时钢弦的频率；

K——压力计率定常数（$\mathrm{kPa/Hz^2}$）；

P——压力盒底部薄膜所受的压力。

从式（2-12）中可以看出钢弦的张力与自振频率的平方差呈直线关系。

2. 钢弦频率式传感器的种类

钢弦频率式传感器有钢弦式应变计、钢弦式土压力盒、钢弦式钢筋应力计等。钢弦式钢筋应力计的构造如图 2-8 所示。

钢弦式土压力盒在一定压力作用下其传感面（即薄膜）向上微微鼓起，引起钢弦伸长，钢弦在未受压力时具有一定的初始频率，当拉紧以后频率就会提高。作用在薄膜上的压力不同，钢弦被拉紧的程度不同，测量得到的频率因此发生差异。根据测量到的不同频率来推算作用在薄膜上的压力大小，即为土压力值。

钢弦频率式传感器所测定的参数主要是钢弦的自振频率，常用专用的钢弦频率计测定，

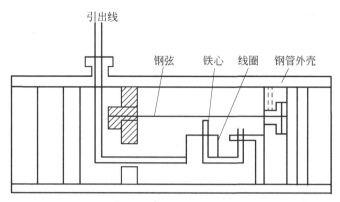

图 2-8　钢弦式钢筋应力计构造图

也可用周期测定仪测周期,二者互为倒数。在专用频率计中加一个平方电路或程序也可直接显示频率平方。图 2-9 所示为钢弦频率式测试系统。钢弦频率式传感器不受接触电阻、外界电磁场影响,性能较稳定,耐久性能好,是岩土工程中比较理想的测试手段。

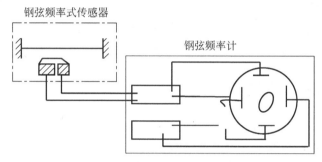

图 2-9　钢弦频率式测试系统

2.3.3　电感传感器

电感传感器是根据电磁感应原理,利用线圈电感的变化来实现非电量电测。它是把被测量如位移、振动、压力、应变、流量、相对密度等转换为电感量变化的一种装置。按照转换方式的不同,常分为自感式(包括可变磁阻式)和互感式两种。

1. 自感式电感传感器

自感式电感传感器构造形式多种多样,但基本包括线圈、铁心和活动衔铁 3 个部分。活动衔铁和铁心之间有空气隙 δ。当衔铁移动时,磁路中气隙的磁阻发生变化,从而引起线圈电感 L 的变化,这种电感的变化与衔铁位置即气隙大小对应。因此,只要能测出这种电感量的变化,就能判定衔铁位移量的大小。图 2-10 所示自感式电感传感器就是基于这个原理设计制作的。

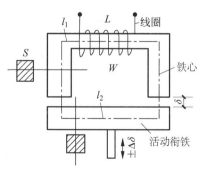

图 2-10　自感式电感传感器原理

2. 互感式电感传感器

把被测的非电量的变化转换为线圈互感变化的传感器称为互感式电感传感器。因为这种传感器是根据变压器的基本原理制成的,并且其次级绕组都用差动形式连接,所以又叫差动变压器式传感器,简称差动变压器。

互感式电感传感器是利用互感 M 的变化来反映被测量的变化。这种传感器实质上是一个输出电压可变的变压器,当变压器初级线圈输入稳定交流电压后,次级线圈便会有电感。差动变压器式电感传感器结构形式有多种:变隙式、变面积式和螺管式。螺管式差动变压器式电感传感器如图 2-11 所示。

差动变压器就是基于这种原理制成的。当活动衔铁向某一个次级线圈方向移动时,该次级线圈内磁通增大,使其感应电势增加,差动变压器有输出电压,其数值反映了活动衔铁的位移。差动变压器式传感器的优点是:测量精度高,可达 $0.1\mu m$;线性范围大,到 $\pm100mm$;稳定性好,使用方便。因而被广泛应用于直线位移或可能转换为位移变化的压力、重量等参数的测量。

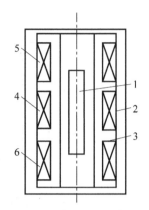

图 2-11   螺管式差动变压器式电感传感器

1—活动衔铁;2—导磁外壳;3—骨架;4—匝数为 W_1 的初级绕组;5—匝数为 W_2 的次级绕组;6—匝数为 W_3 的次级绕阻

2.3.4   电阻应变片式传感器

电阻应变片式传感器的基本原理是将被测物理量的变化转换成电阻值的变化,再经相应的测量电路和装置显示或记录被测量值的变化。按其工作原理可分为变阻器式(电位器式)、电阻应变式和固态压阻式传感器三种。电阻应变片式传感器应用特别广泛。电阻应变片式传感器是利用金属的电阻应变片将机械构件上应变的变化转换为电阻变化的传感元件。

1. 金属的电阻应变效应

金属导体在外力作用下发生机械变形时,其电阻值随机械变形(伸长或缩短)的变化而发生变化的现象,称为金属的电阻应变效应(图 2-12)。

若一根金属丝的长度为 L,截面面积为 S,电阻率为 P,其未受力时的电阻为

$$R = PL/S \qquad\qquad (2\text{-}13)$$

式中:R——电阻值(Ω);

P——电阻率;

L——电阻丝长度(m);

S——电阻丝截面面积(m^2)。

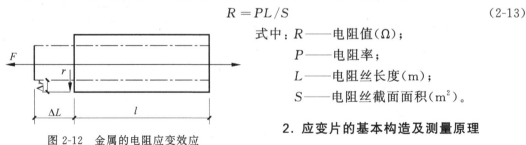

图 2-12   金属的电阻应变效应

2. 应变片的基本构造及测量原理

电阻应变片由敏感栅、基底、胶黏剂、引出线、盖片等组成。电阻丝应变片是用直径 $0.01\sim0.05mm$ 具有高电阻率的电阻丝制成的。

为了获得高阻值,将电阻丝排列成栅状,称为敏感栅,并粘贴在绝缘的基底上。电阻的两端焊接。敏感栅上面粘有保护作用的覆盖层。基底的作用应保证将构件上应变准确地传递到敏感栅上。基底一般厚 0.03~0.06mm,材料有纸、胶膜、玻璃纤维布等,要求有良好的绝缘性能、抗潮性能和耐热性能。引出线的作用是将敏感栅电阻元件与测量电路相连,由 0.1~0.2mm 低阻锡铜丝组成,并与敏感栅两输出端焊接。

电阻应变片的品种繁多,按敏感度分为丝式电阻应变片、箔式应变片和半导体应变片三种。

电阻应变式传感器是将应变片粘贴于弹性体表面或直接将应变片粘贴于被测试件上。弹性体或试件的变形通过基底和黏结剂传给敏感栅,其电阻值发生相应的变化,通过转换电路转换为电压或电流的变化,用显示记录仪表将其显示记录下来,直接测量应变。其测量原理框图如图 2-13 所示。

图 2-13　电阻应变片测量原理框图

通过弹性敏感元件,将位移、力、力矩、加速度,压力等物理量转换为应变,则可用应变片测量上述各量,而做成各种应变式传感器。

电阻应变片是美国在第二次世界大战期间研发并首先应用于航空工业,目前应用比较广泛,它具有如下优点:①精度高,测量范围广;②使用寿命长,性能稳定;③结构简单,体积小,质量轻;④频率响应较好,既可用于静态测量又可用于动态测量;⑤价格低廉,品种多样,便于选择和大量使用。

2.3.5　其他原理的传感器

除了上述类型的传感器以外,还有一些利用其他原理制成的安全监测仪器。例如,电容式传感器、压电传感器、磁电式传感器、光纤传感器等,都被用来制成安全监测仪器。

电容式传感器是将被测量(如尺寸、压力等)的变化转换成电容变化量的一种传感器。实际上,它本身就是一个可变电容器。

压电传感器是依据电介质压电效应研制的一类传感器。压电效应是指:某些电介质在沿一定方向上受到外力的作用而变形时,其内部会产生极化现象,同时在它的两个相对表面上出现正负相反的电荷。当外力去掉后,它又会恢复到不带电的状态,这种现象称为正压电效应。当作用力的方向改变时,电荷的极性也随之改变。相反,当在电介质的极化方向上施加电场,这些电介质也会发生变形,电场去掉后,电介质的变形随之消失,这种现象称为逆压电效应,或称为电致伸缩现象。压电式加速度传感器在飞机、汽车、船舶、桥梁和建筑的振动和冲击测量中已经得到广泛的应用,特别是在航空和宇航领域中更发挥着不可替代的作用。

磁电式传感器简称感应式传感器,也称电动式传感器。它把被测物理量的变化转变为感应电动势,是一种机-电能量变换型传感器,不需要外部供电电源,电路简单,性能稳定,输出阻抗小,又具有一定的频率响应范围(一般为 10~1000Hz),适用于振动、转速、扭矩等测量。但这种传感器的尺寸和质量都较大。

光纤自 20 世纪 60 年代问世以来,就在传递图像和检测技术等方面得到了应用。利用光纤作为传感器的研究始于 20 世纪 70 年代中期。光纤传感器具有不受电磁场干扰、传输信号安全、可实现非接触测量,而且具有高灵敏度、高精度、高速度、高密度、适应各种恶劣环境下使用以及非破坏性和使用简便等一些优点,光纤传感器可测量位移、速度、加速度、液位、应变、压力、流量、振动、温度、电流、电压、磁场等物理量。

以上各种类型传感器均需要与此配套的测量仪表,方能测出其输出的电信号,而测定出对应的物理量。为此在选用观测仪器时,应尽量使用同一种原理的观测仪器和测量仪表,有利于人员培训,仪器操作使用与维护管理。

当今,传感器技术的主要发展方向:①开展基础研究,重点研究传感器的新材料和新工艺;②实现传感器的智能化。智能型传感器是一种带有微处理器并兼有检测和信息处理功能的传感器,被称为第四代传感器,具备感觉、辨别、判断、自诊断等功能,是传感器的发展方向。

2.4　传感器的标定

传感器的标定(又称率定)是利用精度高一级的标准器具对传感器进行标定的过程,从而确定其输出量与输入量之间的对应关系,同时也确定不同使用条件下的误差关系。由于传感器在制造上的误差,即使仪器相同,其输出特性曲线(标定曲线)也不尽相同。因此,传感器在出厂前都做了标定,因此在购买的传感器提货时,必须检验各传感器的编号及与其对应的标定资料。传感器在运输、使用等过程中,内部元件和结构因外部环境影响和内部因素的变化,其输入输出特性也会有所变化,因此,必须在使用前或定期进行标定。

标定的基本方法是:利用标准设备产生已知"标准"输入量,或用标准传感器检测输入量的标准值,输入待标定的传感器,并将传感器的输出量与输入标准量比较,获得校准数据和输入输出曲线、动态响应曲线等,由此分析计算而得到被标定传感器的技术性能参数。

传感器的标定分为静态标定和动态标定两种。

1. 传感器的静态标定

静态标定主要用于检验和测试传感器的静态特性指标,如线性度、灵敏度、滞后和重复性等。

根据传感器的功能,静态标定首先需要建立静态标定系统,其次要选择与被标定传感器的精度相适应的一定等级的标定用仪器设备。按传感器的种类和使用情况不同,其标定方法也不同,对于荷重、应力、应变传感器和压力传感器等的静标定方法是利用压力试验机进行标定。更精确的标定则是在压力试验机上用专门的载荷标定器标定。位移传感器的标定则是采用标准量块或位移标定器。

具体标定步骤如下:

(1) 将传感器测量范围分成若干等间距点。

(2) 根据传感器量程分点情况,输入量由小到大逐渐变化,并记录各输入输出值。

(3) 将输入值由大到小逐点减少,同时记录下与各输入值相应的输出值。

(4) 重复上述两步,对传感器进行正反行程多次重复测量,将得到的测量数据用表格列出或绘制曲线。

（5）进行测量数据处理，根据处理结果确定传感器的静态特性指标。

2. 传感器的动态标定

一些传感器除了静态特性必须满足要求外，其动态特性也需要满足要求。因此在进行静态校准和标定后还需要进行动态标定，以便确定它们的动态灵敏度、固有频率和频响范围等。

传感器进行动态标定时，需有一标准信号对它激励，用标准信号激励后得到传感器的输出信号，经分析计算、数据处理、便可决定其频率特性，即幅频特性、阻尼和动态灵敏度等。

2.5　监测仪器的选择

2.5.1　监测仪器和元件的选择

岩土工程监测中，根据不同的工程场地和监测内容，监测仪器（传感器）和元件的选择应从仪器技术性能、仪器埋设条件、仪器测读方式和仪器经济性四个方面加以考虑，其原则如下。

1. 仪器技术性能的要求

1）仪器的可靠性

仪器选择中最主要的要求是仪器的可靠性。仪器最佳的可靠性是最简易、在安装的环境中最持久、对所在的环境敏感性最小、能保持良好的运行性能。为考虑测试成果的可靠程度，一般认为，用简单的物理定律作为测量原理的仪器，即光学仪器和机械仪器，其测量结果要比电子仪器可靠，受环境影响较少。对于具体工程监测时，在满足精度要求下，选用设备应以光学、机械和电子为先后顺序，优先考虑使用光学及机械式仪器，提高测试可靠程度；避免无法克服的环境因素对电子仪器的影响。

2）仪器使用寿命

岩土工程监测一般是较为长期、连续进行的，要求各种仪器能从工程建设开始，直到工程使用期内都能正常工作。对于埋设后不能置换的仪器，仪器的工作寿命应与工程使用年限相当；对于重大工程，应考虑某些不可预见因素，仪器的工作寿命应超过使用年限。

3）仪器的坚固性和可维护性

仪器选型时，应考虑其耐久和坚固，仪器从现场组装标定直至安装运行，应不易损坏，在各种复杂环境条件下均可正常运转工作。为了保证监测工作的有效和持续，仪器选择应优先考虑比较容易标定、修复或置换的仪器，以弥补和减少由于仪器出现故障给监测工作带来的损失。

4）仪器的精度

精度应满足监测数据的要求，选用具有足够精度的仪器是监测的必要条件。选用的仪器精度不足，可能使监测成果失真，甚至导致错误的结论。过高的精度也不可取，因为它不会提供更多的信息，只会给监测工作增加预算费用。

5）灵敏度和量程

灵敏度和量程是互相制约的。一般对于量程大的仪器其灵敏度较低；反之，灵敏度高的仪器其量程则较小。因此，仪器选型时应对仪器的量程和灵敏度统一考虑。首先满足量程要求，一般是在监测变化较大的部位，宜采用量程较大的仪器；反之，宜采用灵敏度较高的仪器。对于岩土体变形很难估计的工程情况，既有高灵敏度又有大量程的要求，所以既要保证测量的灵敏度又能使测量范围根据需要加以调整。

2．仪器埋设条件的要求

1）仪器选型时，应考虑其埋设条件

对用于同一监测目的的仪器，在其性能相同或出入不大时，应选择在现场易于埋设的仪器设备，以保证埋设质量，节约劳动力，提高工效。

2）当施工要求和埋设条件不同时，应选择不同仪器

以钻孔位移计为例，固定在孔内的锚头有楔入式、涨壳式（机械的与液压的）、压缩木式和灌浆式。楔入式与涨壳式锚头具有埋设简单、生效快和对施工干扰小等优点，在施工阶段和在比较坚硬完整的岩体中进行监测，宜选用这种锚头。压缩木式锚头具有埋设操作简便和经济的优点，但只有在地下水比较丰富或很潮湿的地段才选用。灌浆式锚头最为可靠，完整及破碎岩石条件均可使用，永久性的原位监测常选用这种锚头。但灌浆式锚头的埋设操作比较复杂，且浆液固化需要时间，不能立即生效，对施工干扰大，不适用于施工过程中的监测。

3．仪器测读方式的要求

（1）测读方式是仪器选型中需要考虑的因素。岩土体的监测，往往是多个监测项目子系统所组成的统一监测系统。有些项目的监测仪器布设较多，每次测量的工作量很大，野外任务十分艰巨。为此，在实际工作中，为提高一个工程的测读效率、加快数据处理进度，选择操作简便易行、快速有效、测读方法尽可能一致的仪器设备是十分必要的。有些工程的测点，人员到达受到限制，在该种情况下可采用能够远距离观测的仪器。

（2）对于能与其他监测网联网的监测，如水库大坝坝基边坡监测时，坝基与大坝监测系统可联网监测，仪器选型时应根据监测系统统一的测读方式选择，以便于数据通信、数据共享和形成统一的数据库。

4．仪器经济性的要求

（1）在选择仪器时，应进行经济比较，在保证技术使用要求的情况下，使仪器购置、损耗及其埋设费用最为经济，同时，在运用中能达到预期效果。仪器的可靠性是保证实现监测工作预期目的的必要条件，但提高仪器的可靠性，要增加很多的辅助费用。选用具有足够精度的仪器，是保证监测工作质量的前提，但过高的精度，实际上并不会提供更多的信息，而且还会导致费用的增加。

（2）在我国，岩土工程测试仪器的研制已有很大发展。近年研制的大量国产监测仪器，已在岩土工程的监测中大量采用。实践证明，这些仪器性能稳定可靠且价格低廉。

2.5.2 岩土工程监测仪器的质量标准

监测仪器应考虑的主要技术性能及其质量标准主要有可靠性和稳定性、准确度和精度、灵敏度和分辨力。

1. 可靠性和稳定性

可靠性和稳定性是指仪器在设计规定的运行条件和运行时间内,检测元件、转换装置和测读仪器、仪表保持原有技术性能的程度。用于岩土监测的仪器,在时间和环境因素影响下,仪器的可靠性和稳定性对监测成果的影响应在设计所规定的范围内。温度、湿度等因素影响引起的零漂,应限制在仪器设计所规定的限度内,仪器允许使用的温度、湿度范围越大,其适应性越好。

2. 准确度和精度

准确度是指测量结果与真值偏离的程度,系统误差的大小是准确度的标志。系统误差越小,测量结果越准确。精度是指在相同条件下反复测量同一个量所得结果一致的程度。由偶然因素影响所引起的随机误差大小是精度的标志,随机误差越小,精度越高。

3. 灵敏度和分辨力

对传感器而言,灵敏度是输入量(被测信号)与输出量的比值。具有线性特性的传感器灵敏度为常数。当相等的被测量输入两个传感器时,灵敏度高的传感器的输出量高于灵敏度低的传感器。对于接收仪器来说,同一个微弱输入量,灵敏度高的接收仪器读数比灵敏度低的仪器读数大。对传感器分辨力而言,分辨力是灵敏度的倒数,灵敏度越高,分辨力越强,传感器检测出的输入量变化越小。对机测仪器(如百分表、千分表等),其分辨力以表尺面的最小刻度表示。

2.5.3 常用监测仪器的适用范围及使用条件

1. 变形观测仪器

对建筑物和地基的变形观测包括表面位移观测和内部位移观测。目的是观测水平位移和垂直位移,掌握变化规律,研究有无裂缝、滑动和倾覆的趋势。

表面位移观测一般用经纬仪、水准仪、电子测距仪等,根据起测基点的高程和位置来测量建筑物表面标点处高程和位置的变化。

内部位移观测是在建筑物内、外表面安装或埋设一些仪器来观测结构物各部位间的位移,包括接缝或裂缝的位移测量。例如,在坝体内部、坝基或坝肩、竖井、隧洞、压力钢管、发电厂房以及高边坡、深基坑等部位安装位移测量仪器,观测其自身和相互间的位移和位移变化率。内部安装的位移测量仪器要在结构物的整个寿命期内使用。因此,这些仪器必须具有良好的长期稳定性,有较强的抗蚀能力,适应恶劣工作环境的能力强、耐久性好、易于安装、操作简单,记录仪表易掌握,而且能长距离传输。常用的内部位移观测仪器有位移计、测缝计、倾斜仪、沉降仪、垂线坐标仪、多点变位计和应变计等。

2. 压力（应力）观测仪器

工程建筑物的压力（应力）观测包括混凝土应力观测、土压力观测、孔隙水压力观测、坝体及坝基渗透压力观测、钢筋压力观测、岩体应力（地应力）及岩土工程的载荷或集中力的观测等。

对于混凝土建筑物应力分布，是通过观测应变计的应变计算得来的。为了校核应变计的计算成果，有时通过埋设应力计来测量基础的垂直应力与之比较，当然，这种应力计只能测量压应力。

土压力的观测对研究土体内各点应力状态的变化是非常重要的。观测的仪器有边界式土压力计和埋入式土压力计两类。土压力计测得的土压力均为总压力，要求得土体有效应力，在埋设土压力计的同时，应埋设孔隙压力计。

孔隙压力计又叫渗压计，在土石坝和各种土工结构物中埋设渗压计，可以了解土体孔隙压力分布和消散的过程。在坝基和坝肩观测孔隙压力，对测定通过坝体接缝或裂缝，坝基和坝肩岩石内的节理、裂缝或层面所产生的渗漏，以及校核抗滑稳定和渗透稳定也至关重要。在高层建筑的地基、高边坡、大型洞室以及帷幕灌浆等工程中，埋设孔隙压力观测仪器也是必不可少的。渗压计用于混凝土坝基扬压力观测时，也称扬压力计。

通常称作钢筋计的是用来观测钢筋混凝土结构物内钢筋受力状态的仪器，国内常用的有钢弦式和差动电阻式两类。

3. 其他观测仪器

温度观测也是岩土工程监测中不可少的。凡是观测与外界温度或自身温度有关的物理量，均观测温度。此外，许多工程还根据温度观测了解由温度直接反映的工程性状。为了监测施工期和正常运行期的温度分布，进行混凝土坝内部温度观测，一般都采用网络布置温度计。

目前使用的温度计大多是电阻式温度计，使用差动电阻式仪器均可同时进行温度观测。

岩土工程中的动态观测主要是观测由地震和爆破等外界因素引起的岩土体和结构的振动和冲击。通过振动速度、加速度、位移、动应变应力、动土压力、动水压力和动孔隙水压力观测，确定振动波衰减速度、峰值速度和冲击压力。动态观测使用的传感器有速度计、加速度计、动水压力计、动土压力计、动孔隙水压力计。岩土工程的动态观测，还包括使用声波速度和地震波速度测试岩体波速来确定岩体松动范围和动态力学参数。

思考题

1. 简述传感器的定义与组成。
2. 传感器的静态特性的主要技术参数指标有哪些？
3. 钢弦频率式传感器的工作原理是什么？
4. 什么是金属的电阻应变效应？怎样利用这种效应制成应变片？
5. 如何进行传感器的标定？传感器的标定步骤有哪些？
6. 如何选择监测仪器和元件？

第3章

岩土体原位测试技术

【本章导读】

本章主要介绍岩土体原位测试技术的常用方法,包括常用静力测试方法以及部分动力测试方法,以及各种方法的原理以及成果应用。原位测试方法很多并不直接测定岩土体的物理或力学指标,成果的应用依赖于经验关系式或半经验半理论公式。各种原位测试方法都有其自身的适用性,一些原位测试手段只适应于一定的地基条件,因此应用时需加以区别。

【本章重点】

(1) 静力载荷测试方法及成果应用;

(2) 静力触探测试方法及成果应用;

(3) 波速测试试验方法与成果应用;

(4) 土体原位测试技术主要包括的内容;

(5) 岩体原位测试技术主要包括的内容。

3.1 概述

原位测试是在现场基本保持地基土的天然结构、天然含水量、天然应力状态的情况下测定的物理力学指标,通过这些地基土的物理力学指标,依据理论分析或经验公式评定岩土设计参数。原位测试是岩土工程监测与检测的主要方法,并可用于施工过程中或地基加固处理后地基土的物理力学性质及状态的变化检测。

原位测试的优点不仅是对难以取得不扰动土样或根本无法采样的土层通过现场原位测试获得岩土的参数,还能减少对土层的扰动,而且所测定的土体体积大,代表性好。

原位测试在很多项目并不直接测定土层的物理或力学指标,成果的应用依赖于经验关系式或半经验半理论公式。各种原位测试方法都有其自身的适用性,一些原位测试手段只能适应于一定的地基条件,应用时需加以区分。

本章主要介绍岩土工程中常用的原位测试试验方法,如静力载荷试验、静力触探试验、野外十字板剪切试验、动力触探试验、扁铲侧胀试验、旁压试验、土体波速测试、岩土体现场剪切试验等。

3.2 土体原位测试技术

3.2.1 静力载荷试验

3.2.1.1 平板静力载荷试验

1. 平板静力载荷试验的基本原理

平板静力载荷试验(plate loading test)是一种最古老的且被广泛应用的土工原位测试方法。在拟建建筑场地开挖至预计基础埋置深度,整平坑底,放置一定面积的方形(或圆形)承压板,在其上逐级施加载荷,测定各相应载荷作用下地基沉降量。根据试验得到的载荷-沉降关系曲线(p-s 曲线),确定地基土的承载力;并计算地基土的变形模量。由试验求得的地基土承载力特征值和变形模量综合反映了承压板下 $1.5\sim2.0$ 倍承压板宽度(或直径)范围内地基土的强度和变形特性。

根据地基土的应力状态,p-s 曲线一般可划分为三个阶段,如图 3-1 所示。

第一阶段:从 p-s 曲线的原点到比例界限载荷 p_0,p-s 曲线呈直线关系。这一阶段受荷土体中任意点处的剪应力小于土的抗剪强度,土体变形主要由土体压密引起,土粒主要是竖向变位,称为压密阶段。

第二阶段:从比例界限载荷 p_0 到极限载荷 p_u,p-s 曲线转为曲线关系,曲线斜率 $\Delta s/\Delta p$ 随压力 p 的增加而增

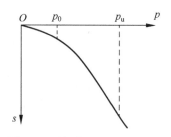

图 3-1 平板静力载荷试验 p-s

大。这一阶段除土的压密外,在承压板周围的小范围土体中,剪应力已达到或超过土的抗剪强度,土体局部发生剪切破坏,土粒兼有竖向和侧向变位,称为局部剪切破坏。

第三阶段:极限载荷 p_u 以后,该阶段即使载荷不增加,承压板仍不断下沉,同时土中形成连续的剪切破坏滑动面,发生隆起及环状或放射状裂隙,此时滑动土体中各点的剪应力达到或超过土体的剪切强度,土体变形主要由土粒剪切引起的侧向变位,称之为整体破坏阶段。

根据土力学相关原理,结合工程实践经验和土层性质等对试验结果的分析,正确与合理地确定比例界限载荷和极限载荷是确定地基土承载力基本值和变形模量的前提,从而达到控制基底压力和地基变形的目的。

2. 平板静力载荷试验设备

常用载荷试验设备一般都由加荷稳压系统、反力系统和量测系统三部分组成。

(1)加荷稳压系统:包括承压板、加荷千斤顶、稳压器、油泵、油管等。

(2)反力系统:包括堆载式、撑臂式、锚固式等多种形式。

(3)量测系统:载荷量测一般采用测力环或电测压力传感器,并用压力表校核。承压板沉降量测采用百分表或用位移传感器。

静力载荷试验设备结构如图 3-2 所示。

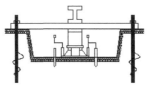
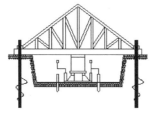
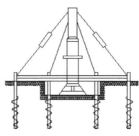
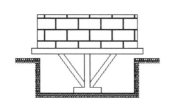
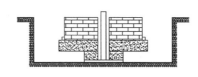

图 3-2 静力载荷试验设备结构

3. 试验要求

承压板面积不应小于 $0.25m^2$，对于软土不应小于 $0.5m^2$。岩石载荷试验承压板面积不宜小于 $0.07m^2$。基坑宽度不应小于承压板宽度或直径的 3 倍，以消除基坑周围土体的超载影响。

应注意保持试验土层的原状结构和天然湿度。承压板与土层接触处，应铺设不超过 2mm 厚的粗、中砂找平，以确保承压板水平并与土层均匀接触。当试验土层为软塑、流塑状态的黏性土或饱和的松砂时，承压板周围应预留 20~30cm 厚的原土作为保护层。

试验加荷标准：加荷等级不应小于 8 级，可参考表 3-1 选用。

表 3-1 每级载荷增量参考值

试验土层特征	每级载荷增量/kPa	试验土层特征	每级载荷增量/kPa
淤泥、流塑黏性土、松散砂土	<15	坚硬黏性土、粉土、密实砂土	50~100
软塑黏性土、粉土、稍密砂土	15~25	碎石土、软岩石、风化岩石	100~200
可塑-硬塑黏性土、粉土、中密砂土	25~50		

沉降稳定标准：每级加荷后，按间隔 5min、5min、10min、10min、15min、15min 读沉降值，以后每隔 30min 读一次沉降值。当连续 2h 每小时的沉降量小于或等于 0.1mm 时，则认为本级载荷下沉降已趋稳定，可加下一级载荷。

极限载荷的确定。当试验中出现下列情况之一时，即可终止加载：

（1）承压板周围的土体明显侧向挤出；

（2）沉降急骤增大，载荷沉降（p-s）曲线出现陡降段；

（3）某一载荷下，24h 内沉降速率不能达到稳定标准；

（4）$s/b > 0.06$（b 为承压板宽度或直径）。

满足前三种情况之一时，其对应的前级载荷为极限载荷。

4. 平板静力载荷试验资料整理

1）校对原始记录资料和绘制试验关系曲线

各级载荷试验结束后，应及时对原始记录资料进行全面整理和检查，载荷作用下的稳定沉降值和沉降值随时间的变化，由载荷试验的原始资料可绘制 p-s 曲线、$\lg p$-$\lg s$、$\lg t$-$\lg s$ 等关系曲线。这既是静力载荷试验的主要成果，又是分析计算的依据。

2）沉降观测值的修正

根据原始资料绘制的 p-s 曲线，有时由于受承压板与土之间不够密合、地基土的前期固结压力及开挖试坑引起地基土的回弹变形等因素的影响，使 p-s 曲线的初始直线段不一定通过坐标原点。因此，在利用 p-s 曲线推求地基土的承载力及变形模量前，应先对试验得到的沉降观测值进行修正，使 p-s 曲线初始直线段通过坐标原点，如图 3-3 所示。

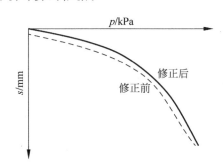

图 3-3   平板静力载荷试验 p-s 曲线修正

假设由试验得到的 p-s 曲线初始直线段的方程为

$$s = s_0 + cp \tag{3-1}$$

式中：s_0——直线段与纵坐标 s 轴的截距（mm）；

　　　　c——直线段的斜率；

　　　　p——载荷（kPa）；

　　　　s——与 p 对应的沉降量（mm）。

问题是如何解出 s 和 c，求得 s_0 和 c 值后可按下述方法修正沉降观测值。

比例界限点以前各点，按下式计算沉降修正值 s_i：

$$s_i = cp_i \tag{3-2}$$

式中：p_i——比例界限点前某级载荷（kPa）；

　　　　s_i——对应于载荷 p_i 的沉降修正值。

5. 平板静力载荷试验资料应用

1）确定地基土承载力特征值（f_{ak}）

（1）强度控制法（以比例界限载荷 p_0 作为地基土承载力特征值）

p-s 曲线上有明显的直线段，一般采用直线段的拐点所对应的载荷为比例界限载荷 p_0，取 $p_0 = f_{ak}$。当极限载荷 $p_u < 2p_0$ 时，取 $\frac{1}{2}p_u = f_{ak}$。

（2）相对沉降量控制法

当 p-s 曲线无明显拐点，曲线形状呈缓变曲线型时，可用相对沉降 s/d 来控制，决定地基土承载力特征值。如果承压板面积为 $0.25\sim0.5m^2$，可取 $s/d=0.01\sim0.015$ 所对应的载荷值。同一土层中参加统计的试验点不应少于 3 个，当试验实测值的极差不超过其平均值的 30% 时，取平均值作为地基土承载力特征值。

2）确定地基土变形模量

土的变形模量应根据 p-s 曲线的初始直线段，按均质各向同性半无限弹性介质的弹性理论计算。一般在 p-s 曲线直线段上任取一点，取该点的载荷 p 和对应的沉降 s，可按下式计算地基土的变形模量 E_0（MPa）：

$$E_0 = I_0(1-\mu^2)\frac{pd}{s} \tag{3-3}$$

式中：I_0——刚性承压板的形状系数（圆形承压板取 0.785，方形承压板取 0.86）；

　　　μ——土的泊松比（碎石土取 0.27，砂土取 0.30，粉土取 0.35，粉质黏土取 0.38，黏土取 0.42）；

　　　d——承压板直径或边长（m）；

　　　p——p-s 曲线线性段的某级压力（kPa）；

　　　s——与 p 对应的沉降（mm）。

3.2.1.2　螺旋板载荷试验

螺旋板载荷试验是将螺旋形承压板旋入地面以下预定深度，在土层的天然应力条件下，通过传力杆向螺旋形承压板施加压力，直接测定载荷与土层沉降的关系。螺旋板载荷试验通常用来测土的变形模量、不排水抗剪强度和固结系数等一系列重要参数。其测试深度可达 $10\sim15m$。

1. 试验设备

螺旋板载荷试验设备通常有以下四部分组成。

1）承压板

承压板呈螺旋形，它既是回转钻进时的钻头，又是钻进到达试验深度进行载荷试验的承压板。螺旋板通常有两种规格：一种直径 160mm，螺距 40mm；另一种直径 252mm，螺距80mm。螺旋板结构示意如图 3-4 所示。

2）量测系统

量测系统采用压力传感器、位移传感器或百分表分别量测施加的压力和土层的沉降量。

3）加压装置

加压装置由千斤顶、传力杆组成。

4）反力装置

反力装置由地锚和钢架梁等组成。

螺旋板载荷试验装置示意如图 3-5 所示。

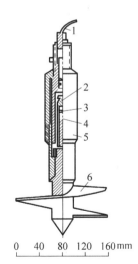

图 3-4　螺旋板结构示意

1—导线；2—测力传感器；3—钢球；4—传力顶校；5—护套；6—螺旋形承压板

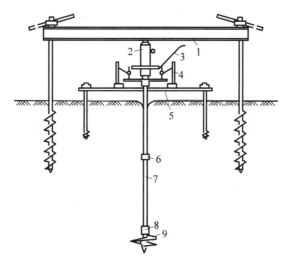

图 3-5　螺旋板载荷试验装置示意

1—反力装置；2—油压千斤顶；3—百分表；4—磁性座；5—百分表横梁；6—传力杆接头；
7—传力杆；8—测力传感器；9—螺旋形承压板

2. 试验要求

1）应力法

用油压千斤顶分级加荷,每级载荷对于砂土、中低压缩性的黏性土、粉土宜采用 50kPa,对于高压缩性土用 25kPa。每加一级载荷后,按 10min、10min、10min、15min,15min 的间隔观测承压板沉降,以后的间隔为 30min,达到相对稳定后施加下一级载荷。相对稳定的标准为连续观测两次以上沉降量小于 0.1mm/h。

2）应变法

用油压千斤顶加荷,加荷速率根据土性的不同而取值,对于砂土、中低压缩性土,宜采用 1～2mm/min,每下沉 1mm 测读压力一次;对于高压缩性土,宜采用 0.25～0.5mm/min,每下沉 0.25～0.5mm 测读压力一次,直至土层破坏为止。试验点的垂直距离一般为 1.0m。

3. 试验资料整理与成果应用

螺旋板载荷试验采用应力法时,根据试验可获得载荷-沉降关系曲线(p-s)、沉降与时间关系曲线(s-t 曲线);采用应变法时,可获得载荷-沉降关系曲线(p-s 曲线)。依据这些资料,通过理论分析可获得如下土层参数。

（1）根据螺旋板试验资料绘制 p-s 曲线,确定地基土的承载力特征值,其方法与静力载荷试验相同。

（2）确定土的不排水变形模量：

$$E_u = 0.33 \frac{\Delta p D}{s} \tag{3-4}$$

式中：E_u——不排水变形模量（MPa）；

　　　Δp——压力增量（MPa）；

　　　s——压力增量 Δp 所对应的沉降量（mm）；

D——螺旋板直径(mm)。

(3) 确定排水变形模量:

$$E_0 = 0.42 \frac{\Delta p D}{s} \tag{3-5}$$

式中:E_0——排水变形模量(MPa);

s——在 Δp 压力增量下固结完成后的沉降量(mm);

其余符号同式(3-4)。

(4) 计算不排水抗剪强度:

$$c_u = \frac{P_L}{k \pi R^2} \tag{3-6}$$

式中:c_u——不排水抗剪强度(kPa);

P_L——$p\text{-}s$ 曲线上极限载荷的压力(kN);

R——螺旋板半径(cm);

k——系数(对软塑、流塑软黏土取 8.0~9.5,对其他土取 9.0~11.5)。

(5) 计算一维压缩模量:

$$E_{sc} = m p_a \left(\frac{p}{p_a} \right)^{1-\alpha} \tag{3-7}$$

$$m = \frac{s_c}{s} \cdot \frac{(p - p_0) D}{p_a} \tag{3-8}$$

式中:E_{sc}——一维压缩模量(kPa);

p_a——标准压力(kPa);取一个大气压 $p_a = 100\text{kPa}$;

p——$p\text{-}s$ 曲线上的载荷(kPa);

p_0——有效上覆压力(kPa);

s——与 p 对应的沉降量(cm);

D——螺旋板直径(cm);

m——模数;

α——应力指数(超固结土取 1.0,砂土、粉土取 0.5,正常固结饱和黏土取 0);

s_c——无因次沉降系数,可从图 3-6 查得。

(6) 计算径向固结系数:

根据试验得到的每级载荷下沉降量 s 与时间的平方根 $\sqrt{t}$ 绘制 $s\text{-}\sqrt{t}$ 曲线。Janbu 根据一维轴对称径向排水固结理论,推导得径向固结系数为:

$$C_r = T_{90} \frac{R^2}{t_{90}} \tag{3-9}$$

式中:C_r——径向固结系数(cm²/min);

R——螺旋板半径(cm);

T_{90}——相当于 90% 固结度的时间因子,取 0.335;

t_{90}——完成 90% 固结度的时间(min)。

可用做图法求得,如图 3-7 所示:过 $s\text{-}\sqrt{t}$ 曲线初始直线段与 s 轴的交点,做一条 1.31 倍初始段直线斜率的直线与 $s\text{-}\sqrt{t}$ 曲线相交,其交点即为完成 90% 固结度的时间 t_{90}。

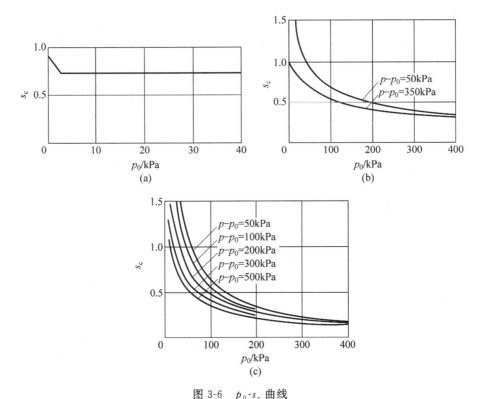

图 3-6 p_0-s_c 曲线

（a）超固结黏土；（b）砂土、粉土；（c）正常固结黏土

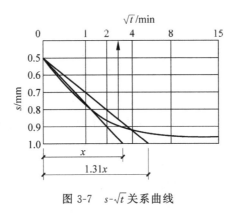

图 3-7 s-$\sqrt{t}$ 关系曲线

3.2.2   静力触探试验

3.2.2.1   静力触探试验概述

静力触探是岩土工程勘察中使用最为广泛的一个原位测试项目。其基本原理就是用准静力（相对动力触探而言，没有或很少有冲击载荷）将一个内部装有传感器的标准规格探头以匀速压入土中，由于地层中各种土的状态或密实度不同，探头所受的阻力不一样，传感器将这种大小不同的贯入阻力转换成电信号，借助电缆传送到记录仪表记录下来，通过贯入阻

力与土的工程地质特性之间的定性关系和统计相关关系,来实现获取土层剖面、提供浅基承载力、选择桩尖持力层和预估单桩承载力等岩土工程勘察的目的。

静力触探试验具有勘探和测试双重功能,它和常规的钻探取样室内试验等勘察程序相比,具有快速、精确、经济和节省人力等特点。特别是对于地层变化较大的复杂场地以及不易取得原状土样的饱和砂土和高灵敏度的软黏土地层的勘察,静力触探更具有其独特的优越性。桩基勘察中,静力触探的某些长处,如能准确地确定桩尖持力层等也是一般的常规勘察手段所不能比拟的。

当然,静力触探试验也有其缺点:①贯入机理尚难搞清,无数理模型,因而目前对静力触探成果的解释主要还是经验性的;②它不能直接识别土层,并且对碎石类土和较密实砂土层难以贯入,因此有时还需要钻探与其配合才能完成工程地质勘察任务。尽管如此,静力触探的优越性还是相当明显的,因而能在国内外获得极其广泛的应用。

3.2.2.2 静力触探的贯入设备

1. 加压装置

加压装置的作用是将探头压入土层。国内的静力触探仪按其加压装置分手摇式轻型静力触探、齿轮机械式静力触探、全液压传动静力触探仪三种类型。目前国内已研制出用微机控制的静力触探车,使微机控制应用从资料数据的处理扩展到操作领域。

2. 反力装置

静力触探的反力装置有三种形式:①利用地锚作为反力;②用重物作为反力;③利用车辆自重作为反力。

3.2.2.3 静力触探探头

1. 探头的工作原理

将探头压入土中,土层的阻力使探头受到一定的压力;土层的强度越高,探头所受到的压力越大。通过探头内的阻力传感器,将土层的阻力转换为电信号,然后由仪表测量出来。为了实现这个目的,需运用三个方面的原理,即材料弹性变形的胡克定律、电量变化的电阻率定律和电桥原理。

静力触探就是通过探头传感器实现一系列量的转换:土的强度-土的阻力-传感器的应变-电阻的变化-电压的输出,最后由电子仪器放大和记录下来,达到获取土的强度和其他指标的目的。

2. 探头的结构

目前,国内用的探头有单桥探头、双桥探头和孔压静力触探探头。孔压静力触探探头是能同时测量孔隙水压力的两用(p_s-μ)或三用(q_c-μ-f_s)探头,即在单桥或双桥探头的基础上增加量测孔隙水压力的功能。

1) 单桥探头

由图 3-8 可知,单桥探头由传感器、顶柱和电阻应变片等组成,锥底的截面面积规格不一,常用的探头型号及规格见表 3-2。单桥探头有效侧壁长度为锥底直径的 1.6 倍。

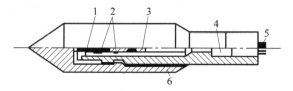

图 3-8   单桥探头结构

1—顶柱;2—电阻应变片;3—传感器;4—密封垫圈套;5—四芯电缆;6—外套筒

表 3-2   单桥探头规格

型号	锥头直径 d_e/mm	锥头截面面积 A/cm²	有效侧壁长度 L/mm	锥角 α/(°)
I-1	35.7	10	57	60
I-2	43.7	15	70	60

2) 双桥探头

单桥探头虽带有侧壁摩擦套筒,但不能分别测出锥头阻力和侧壁摩擦力。双桥探头除锥头传感器外,还有侧壁摩擦传感器及摩擦套筒。侧壁摩擦套筒的尺寸与锥底面积有关。双桥探头结构如图 3-9 所示,其规格见表 3-3。

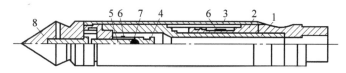

图 3-9   双桥探头结构

1—传力杆;2—摩擦传感器;3—摩擦筒;4—锥尖传感器;5—顶柱;6—电阻应变片;7—钢球;8—锥尖头

表 3-3   双桥探头规格

型号	锥头直径 d_e /mm	锥头截面面积 A /cm²	摩擦筒长度 L /mm	摩擦筒表面积 s /mm	锥角 α /(°)
I-1	35.7	10	179	200	60
I-2	43.7	15	219	300	60

3) 孔压静力触探探头

图 3-10 所示为带有孔隙水压力测试的静力触探探头,该探头除了具有双桥探头所需的各种部件外,还增加了由透水陶粒做成的透水滤器和一个孔压传感器。它能同时测定锥头阻力、侧壁摩擦阻力和孔隙水压力,同时还能测定探头周围土中孔隙水压力的消散过程。

3. 温度对传感器的影响及补偿方法

传感器在不受力的情况下,当温度变化时,应变片中电阻丝的阻值也会发生变化。与此同时,由于电阻丝材料与传感器材料的线膨胀系数不一样,使电阻丝受到附加拉伸或压缩,也会使应变片的阻值发生变化。这种热输出是和土层阻力无关的,因此必须设法消除才会

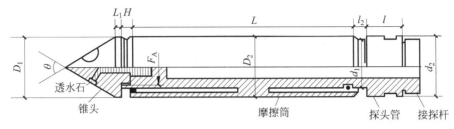

图 3-10　孔压静力触探探头

使测试成果有意义。在静力触探技术中,常采用温度校正方法和桥路补偿法来消除热输出,在野外操作时测初读数的变化,内业资料整理时将其消除。这两种方法基本上可以把温度对传感器的影响控制在测试精度允许范围之内。

4. 探头的标定

探头的标定可在特制的标定装置上进行,也可在材料实验室利用 50～100kN 压力机进行,标定用调力计或传感器精度不应低于 3 级。探头应放置在标定架上,并不使电缆线受压。对于新的探头应反复(一般 3～5 次)预压到额定载荷,以减少传感元件由加工引起的残余应力。

3.2.2.4　静力触探量测记录仪器

目前,我国常用的静力触探量测记录仪器有电阻应变测量仪、静力触探微机等类型。

1. 电阻应变测量仪

电阻应变测量仪一般为直显式静力触探记录仪。该类型的仪器采用浮地测量桥、选通式解调、双积分 A/D 转换等措施,仪器精度高,稳定性好,同时具有操作简单、携带方便等优点。

2. 静力触探微机

静力触探微机主要由主机、交流适配器、接线盒、深度控制器等组成。可外接静力触探单桥、双桥探头(包括测孔隙水压的双桥探头)以及电测十字板、静载试验、三轴试验等低速电传感器。静力触探微机具有两种采样方式,即按深度间隔和按时间间隔两种。按深度间隔的采样方式主要用于静力触探。按时间间隔的采样方式可用于电测十字板、三轴试验等,对数式时间间隔采样方式可用于孔隙水压消散试验等。静力触探微机能采用人机结合的方法整理资料,自动计算静力触探分层力学参数,自动计算单桩承载力,提供 q_c、f_c、E_s 等地基参数。

3.2.2.5　静力触探现场试验要点

1. 试验准备工作

设置反力装置(或利用车装重量)。安装好压入和量测设备,并用水准尺将底板调平。检查电源电压是否符合要求,检查仪表是否正常。将探头接上测量仪器(应与探头标定时的测量仪器相同),并对探头进行试压,检查顶柱、锥头、摩擦筒是否能正常工作。

2. 现场试验工作

(1)确定试验前的初读数。将探头压入地表下50cm左右,经过一定时间后将探头提升10~25cm,使探头在不受压状态下与地温平衡,此时仪器上的读数即为试验开始时的初读数。

(2)贯入速率要求匀速,其速率控制在(1.2±0.3)m/min。

(3)一般要求每贯入10cm读一次微应变,也可根据土层情况增减贯入深度,但不能超过20cm;深度记录误差不超过±1%,当贯入深度超过30m或穿过软土层贯入硬土层后,应有测斜数据。当偏斜度明显,应校正土层分层界线。

(4)由于初读数不是一个固定不变的数值,所以每贯入一定深度(一般为2m),要将探头提升5~10cm,测读一次初读数,以校核贯入过程初读数的变化。

(5)接卸钻杆时,切勿使入土钻杆转动,以防止接头处电缆被扭断,同时应严防电缆受拉,以免拉断或破坏密封装置。

(6)当贯入到预定深度或出现下列情况之一时,应停止贯入:①触探主机达到最大容许贯入能力,探头压力达到最大容许压力;②反力装置失效;③发现探杆弯曲已达到不能容许的程度。

(7)试验结束后应及时起拔探杆,并记录仪器的回零情况。探头拔出后应立即清洗上油,妥善保管,防止探头被暴晒或受冻。

3.2.2.6 静力触探资料整理

1. 单孔资料的整理

1)原始记录的修正

原始记录的修正包括读数修正、曲线脱节修正和深度修正。

读数修正是通过对初读数的处理来完成的。初读数是指探头在不受土层阻力影响下,传感器初始应变的读数(即零点漂移)。影响初读数的因素主要是温度,为消除其影响,在野外操作时,应每隔一定深度将探头提升一次,然后将仪器的初读数调零(贯入前初读数也应为零),或者测记一次初读数。前者在自动记录仪上常用,进行资料整理时,就不必再修正;后者则应按式(3-10)对读数进行修正:

$$\varepsilon = \varepsilon_1 - \varepsilon_0 \tag{3-10}$$

式中:ε——土层阻力所产生的应变量($\mu\varepsilon$);

ε_1——探头压入时的读数($\mu\varepsilon$);

ε_0——根据两相邻初读数之差内插确定的读数修正值($\mu\varepsilon$)。

对于带有微机的记录仪,由于它能按检测到的初读数自动内插,故最后打印的曲线也不需要修正。记录曲线的脱节,往往出现在非连续贯入触探仪每一行程结束和新的行程开始时,自动记录曲线出现台阶或喇叭口状。对于这种情况,一般以停机前曲线位置为准,顺成曲线变化趋势,将曲线连接起来。

需要深度修正的原因是在静力触探试验贯入过程中,由于导轮磨损、导轮与触探杆打滑以及孔斜、触探杆弯曲等原因,记录曲线上记录深度与实际深度不符。对于触探杆打滑、速比不准,应在贯入过程中随时注意,做好标记,在整理资料时,按等距离调整或在漏记处予以补全。若由导轮磨损引起误差,应及时更换导轮;若因孔斜引起的误差,应根据测斜装置的数据或钻探资料予以修正。

2) 贯入阻力的计算

单桥探头的比贯入阻力、双桥探头的锥头阻力及侧壁摩擦力可按下列公式计算:

$$p_s = K_p \varepsilon_p \tag{3-11}$$

$$q_c = K_q \varepsilon_q \tag{3-12}$$

$$f_s = K_f \varepsilon_f \tag{3-13}$$

式中:p_s——单桥探头的比贯入阻力(MPa);

q_c——双桥探头的锥头阻力(MPa);

f_s——双桥探头的侧壁摩擦力(MPa);

K_p、K_q、K_f——分别为单桥探头、双桥探头锥头、双桥探头侧壁的标定系数(MPa/$\mu\varepsilon$);

ε_p、ε_q、ε_f——分别为单桥探头、双桥探头锥头、双桥探头侧壁贯入的应变量($\mu\varepsilon$)。

3) 摩阻比的计算

摩阻比是以百分率表示的对应深度的锥头阻力和侧壁摩擦力的比值:

$$\alpha = f_s / q_c \times 100\% \tag{3-14}$$

式中:α——双桥探头的摩阻比。

4) 绘制单孔静力触探曲线

以深度为纵坐标,比贯入阻力或锥头阻力、侧壁摩擦力为横坐标,绘制单孔静力触探曲线,其横坐标的比例可按表 3-4 选用。通常 p_s-h 曲线或 q_c-h 曲线用实线表示,f_s-h 曲线用虚线表示。侧壁摩擦力和锥头阻力的比例可匹配成 1:100,同时还应附摩阻比随深度的变化曲线。对于静力触探微机,以上过程均可自动完成。

表 3-4 比例选用

项 目	比 例
深度	1:100 或 1:200
比贯入阻力或锥头阻力	1cm 表示 500kPa、1000kPa、2000kPa
侧壁摩擦力	1cm 表示 5kPa、10kPa、20kPa
摩阻比	1cm 表示 1%、2%

2. 划分土层

静力触探的贯入阻力本身就是土的综合力学指标,利用其随深度的变化可对土层进行力学分层,应首先考虑静力触探曲线形态的变化趋势,再结合本地区地层情况或钻探资料进行分层。其划分的详细程度应满足实际工程的需要,对主要受力层及对工程有影响的软弱夹层和下卧层应详细划分,每层中最大和最小贯入阻力之比应满足表 3-5 中的规定。

在划分土层界线时,还应考虑曲线中的

表 3-5 力学分层按贯入阻力变化幅度的分层标准

p_s 或 q_c/MPa	最大贯入阻力与最小贯入阻力之比
≤1.0	1.0~1.5
1.0~3.0	1.5~2.0
>3.0	2.0~2.5

超前和滞后现象,这种现象往往出现在探头由密实土层进入软土层或由软土层进入坚硬土层时,其幅度数为 $10\sim20\text{cm}$。其原因既有触探机理上的问题,也有仪器性能反映迟缓和土层本身在两层土交接处一些渐变的性质问题,情况比较复杂,在分层时应根据具体情况加以分析。

3. 土层贯入阻力的计算

土层分界线划定后,便可计算单孔分层平均贯入阻力。计算时应剔除记录中的异常点以及超前值和滞后值。

根据单孔各土层贯入阻力及土层厚度,可以计算场地各土层贯入阻力。基本的计算方法为厚度的加权平均法:

$$\overline{p}_s = \frac{\sum_{i=1}^{n} h_i p_{si}}{\sum_{i=1}^{n} h_i} \tag{3-15a}$$

$$\overline{q}_c = \frac{\sum_{i=1}^{n} h_i q_{si}}{\sum_{i=1}^{n} h_i} \tag{3-15b}$$

$$\overline{f}_s = \frac{\sum_{i=1}^{n} h_i f_{si}}{\sum_{i=1}^{n} h_i} \tag{3-15c}$$

式中：$\overline{p}_s$、$\overline{q}_c$、$\overline{f}_s$——场地各层贯入阻力(kPa)；

　　　h_i——第 i 孔穿越该层的厚度(m)；

　　　p_{si}、q_{si}、f_{si}——第 i 孔中各层的单孔贯入阻力(kPa)；

　　　n——参与统计的静力触探孔数。

4. 贯入阻力的换算

国内使用静力触探确定地基参数的经验,很多是建立在单桥探头的实践之上的,如何将双桥探头或孔压探头成果与已有经验结合起来,就存在一个贯入阻力换算问题。国内不少单位对 q_c 与 p_s 的关系进行了研究,经验表明,p_s/q_c 值大致在 $1.0\sim1.5$。对于非饱和土或地下水位以下的硬-坚硬黏土和强透水性砂土,国内通常使用式(3-16)来对单桥探头的比贯入阻力 p_s 进行求解：

$$p_s = q_c + 6.41 f_s \tag{3-16}$$

3.2.2.7　静力触探成果应用

1. 划分土类

静力触探是一种力学模拟试验,其比贯入阻力 p_s 是反映地基土实际强度及变形性质的力学指标,反映了不同成因、不同年代地基土的力学指标的差别。不同类型的几种黏性土的 p_s 取值范围如表 3-6 所示。

表 3-6　按比贯入阻力 p_s 确定黏性土种类

土层	软黏性土	一般黏性土	老黏性土
范围值/MPa	$p_s < 1$	$1 \leqslant p_s < 3$	$p_s \geqslant 3$

2. 确定地基土的承载力

在利用静力触探确定地基土承载力的研究中,国内外都是根据对比试验结果提出经验公式,其中主要是与载荷试验进行对比,并通过对数据的相关分析得到适用于特定地区或特定土性的经验公式,以解决生产实践中的应用问题。

1)黏性土

国内在用静力触探 p_s(或 q_c)确定黏性土地基承载方面已积累了大量资料,建立了用于一定地区和土性的经验公式,其中部分列于表 3-7 中。

表 3-7　黏性土静力触探承载力经验公式

序号	经 验 公 式	适 用 范 围
1	$f_{ak} = 104 p_s + 26.9$	$3 \leqslant p_s \leqslant 6$
2	$f_{ak} = 114.81 p_s + 124.6$	北京地区的新近代土
3	$f_{ak} = 87.8 p_s + 24.36$	湿陷性黄土
4	$f_{ak} = 90 p_s + 90$	贵州地区红黏土
5	$f_{ak} = 112 p_s + 5$	软土,$0.085 < p_s < 0.9$

注:f_{ak} 单位为 kPa,p_s 单位为 MPa。本表摘自《工程地质手册》第 5 版。

2)砂土

用静力触探 p_s(或 q_c)确定砂土承载力的经验公式如表 3-8 所示。通常认为,由于取砂土的原状试样比较困难,故从 p_s(或 q_c)值估算砂土承载力是很实用的方法,其中对于中密砂比较可靠,对松砂、密砂可靠度不高。

表 3-8　砂土静力触探承载力经验公式

序号	经 验 公 式	适 用 范 围	公 式 来 源
1	$f_{ak} = 20 p_s + 59.5$	粉细砂,$1 < p_s < 15$	用静力触探测定砂土承载力
2	$f_{ak} = 36 p_s + 76.6$	中粗砂,$1 < p_s < 10$	联合试验小组报告
3	$f_{ak} = 91.7 \sqrt{p_s} - 23$	水下砂土	中国铁路设计集团有限公司
4	$f_{ak} = (25 \sim 33) q_c$	砂土	国外

注:f_{ak} 单位为 kPa,p_s、q_c 单位为 MPa。

3)粉土

对于粉土,则采用下式来确定其承载力:

$$f_{ak} = 36 p_s + 44.6 \tag{3-17}$$

式中:f_{ak} 单位为 kPa;p_s 单位为 MPa。

3. 确定砂土的密实度

砂土密实度的界限值如表 3-9 所示。

表 3-9   国内外评定砂土密实度界限值 p_s   MPa

来 源	极松	疏松	稍密	中密	密实	极密
中国煤炭科工集团沈阳设计研究院		<2.5	2.5~4.5	4.5~11	>11	
北京市勘察设计研究院	<2	2~4.5	4~7	7~14	14~22	>22

4. 确定砂土的内摩擦角

砂土的内摩擦角可根据比贯入阻力参照表 3-10 取值。

表 3-10   按比贯入阻力 p_s 确定砂土内摩擦角 φ

p_s/MPa	1	2	3	4	6	11	15	30
φ/(°)	29	31	32	33	34	36	37	39

5. 确定黏性土的状态

国内一些单位通过试验统计,得出比贯入阻力与液性指数的关系式,制成表 3-11,用于划分黏性土的状态。

表 3-11   静力触探比贯入阻力与黏性土液性指数的关系

状态	流塑	软塑	可塑	硬塑	坚硬
p_s/MPa	$p_s \leqslant 0.4$	$0.4 < p_s \leqslant 0.9$	$0.9 < p_s \leqslant 3.0$	$3.0 < p_s \leqslant 5.0$	$p_s > 5.0$
I_L	$I_L \geqslant 1$	$1 > I_L \geqslant 0.75$	$0.75 > I_L \geqslant 0.25$	$0.25 > I_L \geqslant 0$	$I_L < 0$

6. 估算单桩承载力

由于静力触探资料能直观地表示场地土质的软硬程度,对于工程设计时选择合适的桩端持力层,预估沉桩可能性及估算桩的极限承载力等方面表现出独特的优越性,其计算公式已列入《建筑桩基技术规范》(JGJ 94—2008)。

3.2.3   野外十字板剪切试验

野外十字板剪切试验是一种原位测定饱和软黏性土抗剪强度的方法。所测得的抗剪强度值相当于天然土层试验深度处,在天然压力下固结的不排水抗剪强度;在理论上它相当于室内三轴不排水抗剪总强度,或无侧限抗压强度的一半($\varphi = 0$)。由于这项试验不需采取土样,避免了土样的扰动及天然应力状态的改变,是一种有效的原位测试方法。

3.2.3.1   十字板剪切试验的基本原理

野外十字板剪切试验是将规定形状和尺寸的十字板头压入土中试验深度,施加扭矩使板头匀速扭转,在土体中形成圆柱破坏面。测定土体抵抗扭损的最大扭矩,以计算土的不排水抗剪强度。假定十字板头扭转形成的圆柱破坏面高度和直径与十字板头高度和直径相同,破坏面上各点的抗剪强度相等,且同时发挥作用,同时达到极限状态。由于土体扭剪过程中产生的最大抵抗力矩 M_r 等于圆柱体底面和侧面上土体抵抗力矩之和,即

$$M_r = M_{r1} + M_{r2} = 2c_u \cdot \frac{\pi D^2}{4} \cdot \frac{2}{3} \cdot \frac{D}{2} + c_u \cdot \pi DH \cdot \frac{D}{2} = \frac{1}{2}c_u \cdot \pi D^2 \left(\frac{D}{3} + H\right)$$

(3-18a)

故

$$c_u = \frac{2M_r}{\pi D^2 \left(\dfrac{D}{3} + H\right)}$$

(3-18b)

式中：c_u——土的不排水抗剪强度(kPa);

M_r——土体扭损的最大抵抗力矩(kN·m);

D——十字板头的直径(m);

H——十字板头的高度(m)。

对于不同的试验设备,测定最大抵抗力矩的方法也不同。

3.2.3.2 十字板剪切试验仪器设备

野外十字板剪切试验的仪器设备为十字板剪切仪,目前国内有开口钢环式、轻便式和电测式三种。

1. 开口钢环式十字板剪切仪

这是国内早期最常用的一种剪切仪,如图 3-11 所示。该仪器利用蜗轮蜗杆扭转插入土层中的十字板头,借助开口钢环测定土体抵抗力矩,与钻机配合,使用较为方便。开口钢环式十字板剪切仪主要组成部件有:

1) 十字板头

十字板头由断面呈十字形的相互直交的四个翼片组成。翼片形状宜用矩形,径高比1:2,板厚2~3mm。目前我国常用的十字板头规格如表 3-12 所示。对于不同的土可选用不同规格的十字板头。一般在软土中采用大尺寸的板头较为合适,在强度稍大的土中可选用50mm×100mm 规格的板头。

表 3-12   十字板规格及十字板常数 K 值

十字板规格 $D \times H$/(mm×mm)	十字板头尺寸/mm			钢环率定时的力臂 R/mm	十字板常数 K/m^{-2}
	直径 D	高度 H	厚度 B		
50×100	50	100	2~3	200	436.78
				500	545.97
50×100	50	100	2~3	210	458.62
75×150	75	150	2~3	200	129.41
				250	161.77
75×150	75	150	2~3	210	135.88

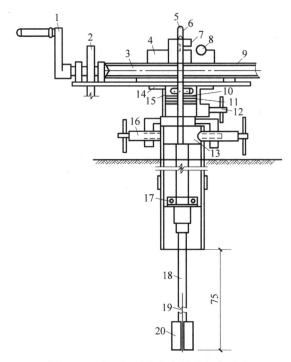

图 3-11   开口钢环式十字板剪切仪示意

1—手摇柄；2—齿轮；3—蜗轮；4—开口钢环；5—导杆；6—特制键；7—固定夹；8—量表；9—支座；
10—压圈；11—平面弹子盘；12—锁紧轴；13—底座；14—固定套；15—横梢；16—制紧轴；17—导轮；
18—轴杆；19—离合器；20—十字板头

2）轴杆

轴杆直径为 20mm，上接钻杆，下连十字板头。轴杆与十字板头的连接方式有离合式和牙嵌式。轴杆与十字板头的离合可分别做十字板总剪力试验和轴杆摩擦力校正试验。

3）测力装置

测力装置是仪器的主要部件，它是借助于固定在底板上的蜗轮转动，带动导杆、钻杆和轴杆，使插入土层中的十字板头扭转，通过蜗轮开口钢环的变形来反映施加扭力的大小。整个装置固定在底座上，底座固定在套管上。

4）附件

配备专用钻杆、接头、特制键、百分表、导轮、率定设备等。

2．轻便式十字板剪切仪

轻便式十字板剪切仪是一种在开口钢环式十字板剪切仪基础上改造简化的设备。它不需用钻探设备钻孔和下套管，只用人力将十字板压入试验深度，人力施加扭力和反力，通过固定在旋转把手上的拉力钢环测定扭力矩，如图 3-12 所示。设备全重只有 20kg，3～4 人即可随身携带和试验，适用于饱和软土地区中小型工程的勘察。该仪器的十字板头常选用 $D \times H$ 为 50mm×100mm 规格的板头，采用离合式接触。施测扭力的装置有铝盘、钢环、旋转手柄、百分表等。

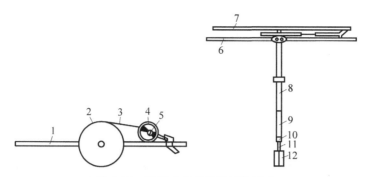

图 3-12　轻便式十字板剪切仪示意

1—旋转手柄；2—铝盘；3—钢丝绳；4—钢环；5—量表；6—制动手柄；7—施力把手；8—钻杆；9—轴杆；10—离合齿；11—瞩小丝杆；12—十字板头

3. 电测式十字板剪切仪

电测式十字板剪切仪与上述两种类型仪器的主要区别在于测力装置不用钢环，而是在十字板头上端连接一个贴有电阻应变片的扭力传感器，如图 3-13 所示。利用静力触探仪的贯入装置，将十字板头压入土层不同试验深度，借助回转系统旋转十字板头，用电子仪器量测土的抵抗力矩（图 3-14）。试验过程中不必进行轴杆摩擦力校正，操作容易，试验结果比较稳定。另外，同一场地还可以用此套仪器进行静力触探试验，因此得到广泛使用。

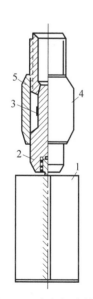

图 3-13　十字板头结构

1—十字板；2—扭力柱；3—应变片；4—套筒；5—出线孔

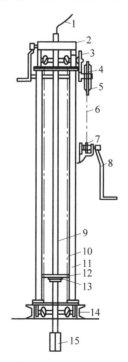

图 3-14　电测式十字板剪切仪示意

1—电缆；2—施加扭力装置；3—大齿轮；4—小齿轮；5—大链轮；6—链条；7—小链轮；8—摇把；9—探杆；10—链条；11—支架立杆；12—山形板；13—垫压块；14—槽钢；15—十字板头

电测式十字板剪切仪主要由下列几部分组成：①十字板头部分。十字板头部分的结构如图 3-13 所示,由十字板、扭力柱和套筒等组成。所用十字板头的尺寸与开口钢环式十字板剪切仪相同。②回转系统。由蜗轮、蜗杆、卡盘、摇把等组成。摇把转动一圈正好使钻杆转动一度。③加压系统、量测系统、反力系统此三个系统可与静力触探仪共用。

3.2.3.3　十字板剪切现场试验技术要求

(1) 安装及调平电测式十字板剪切机架,用地锚固定,并安装好扭力装置;

(2) 选择十字板头,并将其接在传感器上拧紧,连接传感器电缆和量测仪器;

(3) 按静力触探的方法,将电测式十字板头贯入预定试验深度;

(4) 用回转部分的卡盘卡住钻杆,至少静置 2～3min,再开始剪切试验;

(5) 试验开始,用摇把慢慢匀速地回转蜗轮、蜗杆,剪切速率为(1°～2°)/10s,摇把每转一圈,测记仪器读数一次,当读数出现峰值或稳定值后,继续测记 1min;

(6) 松开卡盘,用扳手或管钳将探杆顺时针旋转 6 圈,使十字板头周围的土充分扰动,再用卡盘卡紧探杆,按要求(5)继续进行试验,测记重塑土抵抗扭剪的最大读数;

(7) 完成上述试验后,再松开卡盘,用静力触探的方法继续下压至下一试验深度,按要求(4)～(6)重复进行试验,测记原状土和重塑土剪损时的最大读数;

(8) 一孔的试验完成后,按静力触探的方法上拔探杆,取出十字板。

3.2.3.4　十字板剪切试验的适用条件和影响因素

1. 适用条件

十字板剪切试验主要适用于饱和软黏性土层,但若土层含有砂层、砾石、贝壳、树根及其他未分解有机质时不宜采用。测试深度一般在 30m 以内,目前陆地最大测试深度已超 50m。

2. 影响因素

(1) 十字板头规格。为了精确测定土层不排水抗剪强度,十字板不能太小。目前国内采用的尺寸为 50mm×100mm 和 75mm×150mm 两种标准的十字板,但两者的试验结果并非总是相同。

(2) 剪应力的分布。土体扭剪破坏时,破坏面上剪应力的分布并不是均匀的,剪应力近边缘处(水平面及垂直面上)均有应力集中现象。Jackson 在 1969 年提出,对计算抗剪强度 c_u 的公式(3-18b)进行修正,表示为

$$c_u = \frac{2M_r}{\pi D^3 \left(\dfrac{a}{2} + \dfrac{H}{D} \right)} \tag{3-19}$$

式中：a——与顶面及底面剪应力在土体破坏时分布有关的系数(当剪应力分布均匀时,$a=2/3$;当剪应力分布是抛物线时,$a=3/5$;当剪应力分布是三角形时,$a=1/2$)。

(3) 土的各向异性。天然沉积土层常呈现层理,且土中应力状态不相同,显示出应力-

应变关系及强度的各向异性。扭剪破坏所形成的圆柱体侧面和顶底面上土的抗剪强度并不相等。有人曾用不同 D/H 的十字板头进行试验,结果表明:对于正常固结的饱和软黏性土,$c_{uv}/c_{uh}=0.5\sim0.67$;对于稍超固结的软黏性土,$c_{uv}/c_{uh}=0.9$。另外,在十字板剪切过程中,顶底面和侧面应力并不能同时达到峰值。当十字板头叶片为三角形时,则可求出不同方向上土的抗剪强度:

$$c_{u\beta}=\frac{M_r}{\frac{4}{3}\pi L^3\cos\beta}\tag{3-20}$$

式中:$c_{u\beta}$——与水平面呈 β 角斜面上的抗剪强度(kPa);

　　　L——三角形边长(m);

　　　β——三角形板头的三角形边与水平面的夹角(°)。

(4)十字板剪切速率。土的所有剪切试验结果都受应力或应变施加速率的影响。十字板的剪切速率对试验结果影响很大。剪切速率越大,抗剪强度越大。国内统一规定了剪切速率为 1°/10s,但实际工程的加荷速率一般较试验慢,故试验所得的抗剪强度相对工程实际数据偏大一些。

3.2.3.5　十字板剪切试验资料整理和应用

1. 资料整理

对于不同的试验设备,测量最大抵抗力矩的方法有所不同,因此由式(3-20)所推得的计算抗剪强度的公式也不同。

1)开口钢环式十字板剪切试验

(1)计算原状土的抗剪强度:

$$c_u=KC(R_y-R_g)\tag{3-21}$$

$$K=\frac{2R}{\pi D^2\left(\frac{D}{3}+H\right)}\tag{3-22}$$

式中:c_u——原状土的抗剪强度(kPa);

　　　C——钢环系数(kN/0.01mm);

　　　R_y——原状土剪损时百分表最大读数(0.01mm);

　　　R_g——轴杆阻力校正时百分表最大读数(0.01mm);

　　　K——十字板常数(次/m²),可按式(3-22)计算;

　　　R——率定钢环时的力臂(m)。

(2)计算重塑土的抗剪力强度:

$$c_u'=KC(R_c-R_g)\tag{3-23}$$

式中:c_u'——重塑土的抗剪强度(kPa);

　　　R_c——重塑土剪损时百分表最大读数(0.01mm)。

(3)计算土的灵敏度:

$$S_t=\frac{c_u}{c_u'}\tag{3-24}$$

（4）绘制抗剪强度与试验深度的关系曲线

了解土的抗剪强度随深度的变化规律，如图3-15所示。

（5）绘制抗剪强度与回转角的关系曲线

了解土的结构性和受扭剪时的破坏过程，如图3-16所示。

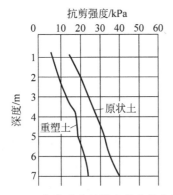

图3-15　抗剪强度随深度的变化曲线

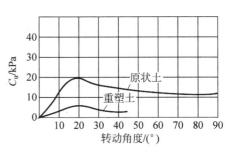

图3-16　抗剪强度与回转角的关系曲线

2）电测式十字板剪切试验

（1）计算原状土的抗剪强度：

$$c_u = K'\xi R_y \tag{3-25}$$

$$K' = \frac{2}{\pi D^2 \left(\dfrac{D}{3} + H \right)} \tag{3-26}$$

式中：c_u——原状土的抗剪强度（kPa）；

　　　ξ——电测十字板头传感器的率定系数（$kN \cdot m/\mu\varepsilon$）；

　　　R_y——原状土剪损时最大微应变值（$\mu\varepsilon$）；

　　　K'——电测十字板常数（次/m^3），可按式（3-26）计算得到。

（2）计算重塑土的抗剪力强度：

$$c'_u = K'\xi R_c \tag{3-27}$$

式中：c'_u——重塑土的抗剪强度（kPa）；

　　　R_c——重塑土剪损时最大微应变值（$\mu\varepsilon$）。

（3）计算土的灵敏度

与开口钢环式十字板剪切试验一样，可以依据试验资料计算土的灵敏度，绘制抗剪强度与深度的关系曲线和抗剪强度与回转角的关系曲线。

2. 成果应用

国内外研究均表明，野外十字板剪切试验所获得的抗剪强度值偏高，应用于实际工作时应予以修正。Bermum于1972年建议的修正公式为

$$c_{u(实用值)} = \mu c_{u(实测值)} \tag{3-28}$$

式中：μ——修正系数，随塑性指数 I_p 的增大而减小，如图3-17所示。

1）计算地基承载力

对于内摩擦角等于零（$\varphi = 0$）的饱和软黏性土，其经验公式为

$$f_{ak} = 2c_u + \gamma h \tag{3-29}$$

式中：f_{ak}——地基土承载力特征值（kPa）；

$\quad\quad c_u$——修正后的十字板抗剪强度（kPa）；

$\quad\quad \gamma$——土的重度（kN/m³）；

$\quad\quad h$——基础埋置深度（m）。

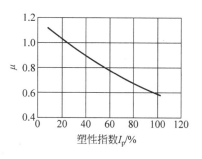

图 3-17　μ 与 I_p 的关系曲线

2）分析饱和软黏性土填、挖方边坡的稳定性

十字板抗剪强度较为普遍地用于软土地基及软土填、挖土斜坡工程的稳定性分析与核算。根据软土中滑动带强度显著降低的特点，用十字板能较准确地确定滑动面的位置，并根据测得的抗剪强度来反算滑动面上土的强度参数，为地基边坡稳定性分析和确定合理的安全系数提供依据。

3）检验地基加固改良的效果

在软土地基堆载预压（或配以砂井排水）处理过程中，可用十字板剪切试验测定地基强度的变化，用于控制施工速率及检验地基加固的效果。另外，对于采用振冲法加固饱和软黏性土地基的小型工程，可用桩间土的十字板抗剪强度来计算复合地基的承载力标准值：

$$f_{sp,k} = [1 + m(n-1)] \cdot 3c_u \tag{3-30}$$

式中：$f_{sp,k}$——复合地基的承载力标准值（kPa）；

$\quad\quad n$——桩土应力比（无实测资料时可取 2～4，原土强度低取最大值，反之取最小值）；

$\quad\quad m$——面积置换率；

$\quad\quad c_u$——桩间土的十字板抗剪强度（kPa）。

4）其他应用

软黏性土的灵敏度是一个重要指标，可以判断土的成因结构性并了解扰动因素（如打桩、活载荷变化剧烈等）对软土强度的影响；根据抗剪强度与深度的关系曲线来判定土的固结性质；根据不排水抗剪强度确定软土路基的临界高度等。

3.2.4　动力触探试验

动力触探（DPT）是利用一定的锤击能量，将一定规格的探头打入土中，根据贯入的难易程度来判定土的性质。这种原位测试方法历史久远，种类也很多，主要包括圆锥动力触探和标准贯入试验，具有设备简单、操作方便、工效较高、适应性广等优点。特别对难以取样的无黏性土（砂土、碎石土等）及静力触探难以贯入的土层，动力触探是十分有效的测试手段，目前在国内外均得到极为广泛的应用。

3.2.4.1　基本原理

对于同一种设备，当锤重 Q、探头截面面积 A、落锤高度 H、入土深度 h 为常数时，探头的单位贯入阻力与锤击数 N 成正比关系，即 N 的大小反映了动贯入阻力的大小，它与土层的种

类、紧密程度、力学性质等密切相关,故可以将锤击数作为反映土层综合性能的指标。通过锤击数与室内有关试验及载荷试验等进行对比分析,建立起相应的经验公式,应用于实际工程。

3.2.4.2 圆锥动力触探

1. 试验设备

圆锥动力触探试验种类较多,《岩土工程勘察规范》(GB 50021—2001,2009 版)根据锤击能量分为轻型、重型和超重型三种。各种圆锥动力触探尽管试验设备质量相差悬殊,但其组成基本相同,主要由圆锥探头、触探杆和穿心锤三部分组成,各部分规格见表 3-13。轻型动力触探的试验设备如图 3-18 所示,重型(超重型)动力触探探头如图 3-19 所示。

表 3-13   国内圆锥动力触探类型及规格

触探类型	落锤质量/kg	落锤距离/cm	圆锥探头规格			触探杆外径/mm	触探指标	主要适用岩土
			锥角/(°)	锥底直径/mm	锥底面积/cm²			
轻型	10	50	60	40	12.6	25	贯入 30cm 的锤击数 N_{10}	浅部的填土、砂土、粉土、黏性土
重型	63.5	76	60	74	43	42	贯入 10cm 的锤击数 $N_{63.5}$	砂土、中密以下的碎石土及软岩
超重型	120	100	60	74	43	50~60	贯入 10cm 的锤击数 N_{120}	密实和很密实的碎石土及软岩

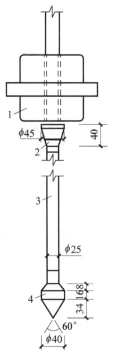

图 3-18   轻型动力触探的试验设备

1—穿心锤;2—锤垫;3—触探杆;4—探头

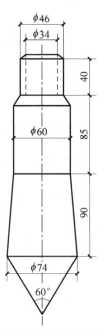

图 3-19   重型(超重型)动力触探探头

2．现场试验技术要求

1）轻型动力触探(DPL)

(1) 试验要点：先用轻便钻具钻至试验土层标高，然后对土层连续进行锤击贯入。每次将穿心锤提升 50cm 自由下落，锤击频率每分钟宜为 15～30 击，并始终保持探杆垂直，记录每打入土层 30cm 的锤击数 N。如遇密实坚硬土层，当贯入 30cm 所需锤击数超过 90 击或贯入 15cm 超过 45 击时，试验可以停止。

(2) 适用范围：轻型动力触探适用于一般黏性土、黏性素填土和粉土，其连续贯入深度小于 4m。

2）重型动力触探(DPH)

(1) 试验要点：贯入前，触探架应安装平稳，保持触探孔垂直。试验时，应使穿心锤自由下落，落距为 76cm，及时记录贯入深度-阵击的贯入量和相应的锤击数。

(2) 适用范围：一般适用于砂土和碎石土。

3）超重型动力触探(DPSH)

(1) 试验要点：除落距为 100cm 以外，与重型动力触探试验要点相同。

(2) 适用范围：一般用于密实的碎石或埋深较大、厚度较大的碎石土。贯入深度一般不超过 20m。

3．资料整理

1）实测击数的校正

(1) 轻型动力触探

轻型动力触探不考虑杆长修正，实测击数 N_a 可直接应用。

(2) 重型动力触探

① 侧壁摩擦影响的校正：对于砂土和松散—中密的圆砾卵石，触探深度在 1～15m 时，一般可不考虑侧壁摩擦的影响。

② 触探杆长度的校正：当触探杆长度大于 2m 时，锤击数需按下式进行校正：

$$N_{63.5} = \alpha N \tag{3-31}$$

式中：$N_{63.5}$——重型动力触探试验锤击数(击)；

α——触探杆长度校正系数，按表 3-14 确定；

N——贯入 10cm 的实测锤击数(击)。

③ 地下水影响的校正：对于地下水位以下的中、粗砂砾和圆砾、卵石，锤击数可按下式修正：

$$N_{63.5} = 1.1 N'_{63.5} + 1.0 \tag{3-32}$$

式中：$N_{63.5}$——经地下水影响校正后的锤击数(击)；

$N'_{63.5}$——未经地下水影响校正而经触探杆长度影响校正后的锤击数(击)。

(3) 超重型动力触探

触探杆长度及侧壁摩擦影响的校正：

$$N_{120} = \alpha F_n N \tag{3-33}$$

式中：N_{120}——超重型动力触探试验锤击数(击)；

α——触探杆长度校正系数,按表 3-15 确定;

F_n——触探杆侧壁摩擦影响校正系数,按表 3-16 确定;

N——贯入 10cm 的实测锤击数(击)。

表 3-14　重型动力触探试验触探杆长度校正系数 α

$N_{63.5}$	杆长/m										
	<2	4	6	8	10	12	14	16	18	20	22
<1	1.0	0.98	0.96	0.93	0.90	0.87	0.84	0.81	0.78	0.75	0.72
5	1.0	0.96	0.93	0.90	0.86	0.83	0.80	0.77	0.74	0.71	0.68
10	1.0	0.95	0.91	0.87	0.83	0.79	0.76	0.73	0.70	0.67	0.64
15	1.0	0.94	0.89	0.84	0.80	0.76	0.72	0.69	0.66	0.63	0.60
20	1.0	0.90	0.85	0.81	0.77	0.73	0.69	0.66	0.63	0.60	0.57

表 3-15　超重型动力触探试验触探杆长度校正系数 α

探杆长度/m	<1	2	4	6	8	10	12	14	16	18	20
α	1.00	0.93	0.87	0.72	0.65	0.59	0.54	0.50	0.47	0.44	0.42

表 3-16　超重型动力触探试验探杆侧壁摩擦影响校正系数 F_n

N	1	2	3	4	6	8~9	10~12	13~17	18~24	25~31	32~50	>50
F_n	0.92	0.85	0.82	0.80	0.78	0.76	0.75	0.74	0.73	0.72	0.71	0.70

2) 动贯入阻力的计算

圆锥动力触探也可以用动力触探贯入阻力(简称动贯入阻力)作为触探指标,其值可按下式计算:

$$q_a = \frac{M}{M + M'} \cdot \frac{MgH}{Ae} \tag{3-34}$$

式中:q_a——动贯入阻力(MPa);

M——落锤质量(kg);

M'——触探杆(包括探头、触探杆、锤座和导向杆)的质量(kg);

g——重力加速度(m/s²);

H——落锤高度(m);

A——探头截面面积(cm²);

e——每击贯入度(cm)。

式(3-34)是目前国内外应用最广的动贯入阻力计算公式,我国《岩土工程勘察规范》和水利水电部《土工试验规程》(SD 128—1987)条文说明中都推荐该公式。

3) 绘制单孔动探击数(或动贯入阻力)与深度的关系曲线,并进行力学分层

以杆长校正后的击数 N 为横坐标,贯入深度为纵坐标绘制触探曲线。对轻型动力触探按每贯入 30cm 的击数绘制 N_{10}-h 曲线;重型和超重型按每贯入 10cm 的击数绘制 N-h 曲线。曲线图式有按每阵击换算的 N 点绘制和按每贯入 10cm 击数 N 点绘两种。根据触探曲线的形态,结合钻探资料对触探孔进行力学分层。分层时应考虑触探的界面效应,即下卧

层的影响。一般由软层进入硬层时,分层界线可选在软层最后一个小值点以下 0.1~0.2m 处;由硬层进入软层时,分界线可定在软层第一个小值点以下 0.1~0.2m 处。

根据力学分层,剔除层面上超前和滞后影响范围内极个别指标异常值,计算单孔各层动探指标的算术平均值。当土质均匀,动探数据离散性不大时,可取各孔分层平均值,用厚度加权平均法计算场地分层平均动探指标。当动探数据离散性大时,宜用多孔资料与钻孔资料及其他原位测试资料综合分析。

4. 成果应用

1) 确定砂土密实度或孔隙比

用重型动力触探击数确定砂土、碎石土的孔隙比 e 见表 3-17。

表 3-17　重型动力触探击数与孔隙比关系

土的分类	校正后的动力触探击数 $N_{63.5}$									
	3	4	5	6	7	8	9	10	12	15
中砂	1.14	0.97	0.88	0.81	0.76	0.73				
粗砂	1.05	0.90	0.80	0.73	0.68	0.64	0.62			
砾砂	0.90	0.75	0.65	0.58	0.53	0.50	0.47	0.45		
圆砾	0.73	0.62	0.55	0.50	0.46	0.43	0.41	0.39	0.36	
卵石	0.66	0.56	0.50	0.45	0.41	0.39	0.36	0.35	0.32	0.29

2) 确定地基土承载力

用动力触探指标确定地基土承载力是一种快速简便的方法。用轻型动力触探击数确定地基土承载力,对于小型工程地基勘察和施工期间检验地基持力层强度,具有优越性,见表 3-18 和表 3-19。用重型动力触探击数 $N_{63.5}$ 确定地基土承载力,见表 3-20。用超重型动力触探击数 N_{120} 确定地基土承载力,见表 3-21。

表 3-18　黏性土 N_{10} 与承载力 f_{ak} 的关系

N_{10}	15	20	25	30
f_{ak}/kPa	105	145	190	230

表 3-19　素填土 N_{10} 与承载力 f_{ak} 的关系

N_{10}	10	20	30	40
f_{ak}/kPa	85	115	135	160

表 3-20　细粒土、碎石土 $N_{63.5}$ 与承载力 f_{ak} 的关系

$N_{63.5}$	1	2	3	4	5	6	7	8	9	10	12
黏土		152	209	265	321	382	444	505			
粉质黏土	96	136	184	232	280	328	376	424			
粉土	88	107	136	165	195	224					
素填土	80	103	128	152	176	201					

续表

$N_{63.5}$	1	2	3	4	5	6	7	8	9	10	12
粉细砂	79	80	110	142	165	187	210	232	255	277	
中粗砾砂			120	150	200	240		320		400	
碎石土			140	170	200	240		320		400	480

表 3-21　碎石土 N_{120} 与承载力 f_{ak} 的关系

N_{120}	3	4	5	6	8	10	12	14	>16
f_{ak}/kPa	250	300	400	500	640	720	800	850	900

注：引自《工程地质手册》第 5 版；N_{120} 需经式(3-33)修正。

　　3) 确定桩端持力层和单桩承载力

　　动力触探试验与打桩过程极其相似,动探指标能很好反映探头处地基土的阻力。在地层层位分布规律比较清楚的地区,特别是上软下硬的二元结构地层,用动力触探能很快地确定端承桩的桩端持力层。但在地层变化复杂和无建筑经验的地区,则不宜单独用动力触探来确定桩端持力层。由于无法实测地基土极限侧壁摩阻力,动力触探用于桩基勘察时,主要用于桩端承力为主的短桩检测。我国沈阳、成都和广州等地区通过动力触探和桩基静载试验对比,利用数理统计得出用动力触探指标($N_{63.5}$ 或 N_{120})估算单桩承载力的经验公式,应用范围都具有地区性。利用动力触探指标还可评价场地均匀性,探查土洞、滑动面、软硬土层界面,检验地基加固与改良效果等。

3.2.4.3　标准贯入试验

1. 试验设备

　　标准贯入试验设备主要由标准贯入器(图 3-20)、触探杆和穿心锤三部分组成。我国标准贯入试验设备规格见表 3-22。

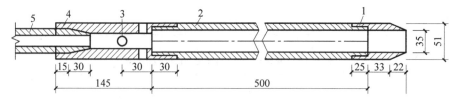

图 3-20　标准贯入器

1—贯入器靴；2—由两个半圆形管合成的贯入器身；3—出水孔 $\phi15$；4—贯入器头；5—触探杆

表 3-22　标准贯入试验设备规格

落锤质量 /kg	落锤距离 /cm	贯入器规格	触探指标	触探杆外径 /mm
63.5 ± 0.5	76 ± 2	对开式,外径 5.1cm,内径 3.5cm,长度 70cm,刃口角 $18°\sim20°$	将贯入器打入 15cm 后,贯入 30cm 的锤击数	42

2. 现场试验技术要求

(1) 与钻探配合,先用钻具钻至试验土层标高以上约 15cm 处,以避免下层土扰动。清除孔底虚土,为防止孔中流砂或塌孔,常采用泥浆护壁或下套管。钻进方式宜采用回转钻进。

(2) 贯入前,检查探杆与贯入器接头,不得松脱。然后将标准贯入器放入钻孔内,保持导向杆、探杆和贯入器的垂直度,以保证穿心锤中心施力,贯入器垂直打入。

(3) 贯入时,穿心锤落距为 76cm,一般应采用自动落锤装置,使其自由下落。锤击速率应为 15～30 击/min。贯入器打入土中 15cm 后,开始记录每打入 10cm 的锤击数,累计打入 30cm 的锤击数为标准贯入击数 N。若土层较为密实,当锤击数已达 50 击,而贯入度未达 30cm 时,应记录实际贯入度并终止试验。标准贯入击数 N 按下式计算:

$$N = \frac{30n}{\Delta S} \tag{3-35}$$

式中:n——所选取贯入量的锤击数(击)(通常取 $n=50$ 击);

   ΔS——对应锤击数 N 击的贯入量(cm)。

(4) 拔出贯入器,取出贯入器中的土样进行鉴别描述,保存土样以备试验用。

(5) 如需进行下一深度的试验,则继续钻进重复上述操作步骤。一般可每隔 1m 进行一次试验。

3. 资料整理

标准贯入试验的资料整理,包括按有关规定对实测标贯击数 N 进行必要的校正,并绘制标贯击数 N 与深度的关系曲线。

当探杆长度大于 3m 时,标贯击数应按下式进行杆长校正:

$$N = \alpha N' \tag{3-36}$$

式中:N——标准贯入试验锤击数(击);

   α——触探杆长度校正系数,可按表 3-23 确定;

   N'——实测贯入 30cm 的锤击数。

表 3-23 触探杆长度校正系数

触探杆长度/m	<3	6	9	12	15	18	21
校正系数 α	1.00	0.92	0.86	0.81	0.77	0.73	0.70

注:应用 N 值时是否修正,应据建立统计关系时的具体情况确定。

4. 成果应用

标准贯入试验主要适用于砂土、粉土及一般黏性土,不能用于碎石土。

1) 确定砂土的密实度

用标准贯入试验锤击数 N 判定砂土的密实度在国内外已得到广泛认可,其划分标准按《建筑地基基础设计规范》(GB 50007—2011),可见表 3-24。

表 3-24   标准贯入试验击数 N 判定砂土的密实度

N	$N \leqslant 10$	$10 < N \leqslant 15$	$15 < N \leqslant 30$	$N > 30$
密实度	松散	稍密	中密	密实

2）确定砂土、黏性土的抗剪强度和变形参数

用标准贯入试验锤击数确定砂土、黏性土抗剪强度和变形参数，见表 3-25 和表 3-26。

表 3-25   用标准贯入试验锤击数估算内摩擦角   （°）

研究者	锤击数 N/击				
	<4	$4 \sim 10$	$10 \sim 30$	$30 \sim 50$	>50
Peck	<28.5	$28.5 \sim 30$	$30 \sim 36$	$36 \sim 41$	>41
Meyerhof	<30	$30 \sim 35$	$35 \sim 40$	$40 \sim 45$	>45

表 3-26   N 与 E_0、E_s 的关系   MPa

研 究 者	关 系 式	适 用 范 围
湖北省水利水电勘察设计院	$E_0 = 1.0658N + 7.4306$	黏性土、粉土
武汉市城市规划设计研究院	$E_0 = 1.4135N + 2.6156$	武汉黏性土、粉土
西南勘察设计研究院	$E_s = 0.276N + 10.22$	粉土、细砂

注：N 表示标准贯入击数；E_0 表示变形模量；E_s 表示压缩模量。

3）计算波速值

场地上的波速值是抗震设计和动力基础设计的重要参数。用标准贯入试验锤击数可估算土层的剪切波速值。一些地方性的经验公式见表 3-27。

表 3-27   标准贯入试验锤击数 N 与剪切波速（m/s）的关系

土 类	统 计 公 式
细砂	$V_s = 56N^{0.26}\sigma_v^{0.14}$
含卵砾石 25% 的黏性土	$V_s = 60N^{0.26}\sigma_v^{0.14}$
含卵砾石 50% 的黏性土	$V_s = 55N^{0.26}\sigma_v^{0.14}$

4）确定砂土、粉土和黏性土承载力

用标准贯入试验确定砂土、粉土和黏性土的承载力，可参考表 3-28 和表 3-29，表中的锤击数 N 由杆长修正后的锤击数按式（3-37）、式（3-38）修正得到：

$$N_k = r_s N_m \qquad (3-37)$$

$$r_s = 1 \pm \left(\frac{1.704}{\sqrt{N}} + \frac{4.678}{N^2} \right) \delta \qquad (3-38)$$

式中：N_k——标准贯入试验锤击数标准值；

$\quad\quad N_m$——标准贯入试验锤击数平均值；

$\quad\quad r_s$——统计修正系数；

$\quad\quad \delta$——变异系数；

$\quad\quad N$——试验次数。

表 3-28　黏性土 N 与承载力 f_{ak} 的关系

N	3	5	7	9	11	13	15	17	19	21	23
f_{ak}/kPa	105	145	190	235	280	325	370	430	515	600	680

表 3-29　砂土 N 与承载力 f_{ak} 的关系　　　　　　kPa

N	10	15	30	50
中砂	180	250	340	500
粉土、细砂	140	180	250	340

5）选择桩端持力层

根据国内外的实践，对于打入式预制桩，常选择 $N=30\sim50$ 作为持力层，但必须强调与地区建筑经验的结合，不可生搬硬套。

6）判别砂土、粉土的液化

判别砂土、粉土的液化，详见《建筑抗震设计规范》（GB 50011—2010）。

3.2.5　扁铲侧胀试验

扁铲侧胀试验（DMT）是 20 世纪 70 年代末由意大利人 Marcheti 发明的一种新的原位测试方法，简称扁胀试验，是用静力或锤击动力把扁铲形探头贯入土中，达预定试验深度后，利用气压使扁铲侧面的圆形钢膜向外扩张进行试验。它可作为一种特殊的旁压试验。它适用于一般黏性土、粉土、中密以下砂土和黄土等，不适用于含碎石的土、风化岩等。扁胀试验的优点在于试验简单、快速、重复性好。

3.2.5.1　扁胀试验的基本原理

扁胀试验时，铲头的弹性膜向外扩张可假设为在无限弹性介质中，在圆形面积上施加均布载荷 ΔP，有

$$s = \frac{4R\Delta P}{\pi} \cdot \frac{1-\mu^2}{E} \tag{3-39}$$

式中：E——弹性介质的弹性模量（MPa）；

μ——弹性介质的泊松比；

s——膜中心的外移（mm）；

R——膜的半径（$R=30$mm）。

（1）扁胀模量 E_D。把 $E/(1-\mu^2)$ 定义为扁胀模量 E_D，则有：

$$E_D = 34.7\Delta P = 34.7(P_1 - P_0) \tag{3-40}$$

式中：P_1——膜中心外移 s 时所需的应力（kPa）；

P_0——作用在扁胀仪上的原位应力（kPa）。

（2）扁胀水平应力指数 K_D。定义水平有效应力（P_0-u_0）与竖向有效应力 σ'_{v0} 之比为扁胀水平应力指数 K_D，u_0 为孔隙水压力，则有

$$K_D = \frac{P_0 - u_0}{\sigma'_{v0}} \tag{3-41}$$

（3）扁胀指数 I_D。定义扁胀指数为

$$I_D = \frac{P_1 - P_0}{P_0 - u_0}$$ (3-42)

（4）扁胀孔压指数 u_D。定义扁胀孔压指数为

$$u_D = \frac{P_2 - P_0}{P_0 - u_0}$$ (3-43)

式中：P_2——初始孔压加上由膜扩张所产生的超孔压之和。

扁胀参数反映了土的一系列特性，所以可根据 E_D、K_D、I_D 和 u_D 确定岩土参数，对岩土工程问题做出评价。

3.2.5.2　扁胀试验的仪器设备及试验技术

1. 扁铲形探头和量测仪器

扁铲形探头的尺寸为长 230～240mm、宽 94～96mm、厚 14～16mm，铲前缘刃角为 12°～16°，扁铲的侧面为直径 60mm 的钢膜。探头可与静力触探的探杆或钻杆连接。量测仪表为静力触探测量仪，并前置控制箱，如图 3-21 所示。

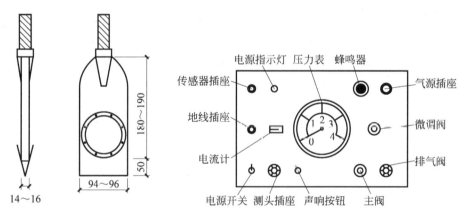

图 3-21　DMT-W1 型铲形探头及量测仪器

2. 测定钢膜三个位置的压力 A、B、C

压力 A 为当膜片中心刚开始向外扩张，向垂直扁铲周围的土体水平移位(0.05±0.02)mm 时，作用在膜片内侧的气压。压力 B 为膜片中心外移达(1.10±0.03)mm 时作用在膜片内侧的气压。压力 C 为在膜片中心外移 1.10mm 以后，缓慢降压，使膜片内缩到启动前的原始位置时作用在膜片内的气压。当膜片到达所确定的位置时，会发出电信号——指示灯发光或蜂鸣器发声，测读相应的气压。一般三个压力读数 A、B、C 可在贯入后 1min 内完成。

3. 膜片的标定

膜片的刚度需通过在大气压下标定膜片中心外移 0.05mm 和 1.10mm 所需的压力 ΔA 和

ΔB。标定应重复多次,取 ΔA 和 ΔB 的平均值,则 P_1 的计算式为(膜中心外移1.10mm):

$$P_1 = B - Z_m - \Delta B \tag{3-44}$$

式中:Z_m——压力表在大气压力下的零读数;

    B、ΔB——压力、压力差。

则作用在扁胀仪上的原位应力 P_0 的计算式为:

$$P_0 = 1.05(A - Z_m + \Delta A) - 0.05(B - Z_m - \Delta B) \tag{3-45}$$

超孔压之和 P_2 的计算式为(膜中心外移后又收缩到初始外移0.05mm时的位置):

$$P_2 = C - Z_m + \Delta A \tag{3-46}$$

4. 试验要求

(1) 当静压扁铲探头入土的推力超过50kN或用标准贯入试验(SPT)的锤击方式,每30cm的锤击数超过15击时,为避免扁铲探头损坏,建议先钻孔,在孔底下压探头至少15cm。

(2) 试验点在垂直方向的间距可为0.15～0.30m,一般可取0.20m。

(3) 试验全部结束,应重新检验 ΔA 值和 ΔB 值。

(4) 若要估算原位的水平固结系数,可进行扁膜消散试验,从卸除推力开始,记录压力 C 随时间 t 的变化,记录时间可按1min、2min、4min、8min、15min、30min……安排。直至 C 压力的消散超过50%为止。

3.2.5.3 扁胀试验的资料整理

根据 A、B、C 压力及 ΔA、ΔB 计算出 P_0、P_1、P_2,并绘制 P_0、P_1、P_2 随深度的变化曲线,如图3-22所示。绘制 K_D、I_D 随深度的变化曲线,如图3-23所示。

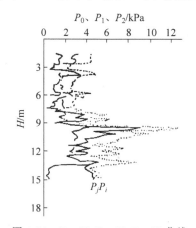

图3-22 P_0-H、P_1-H、P_2-H 曲线

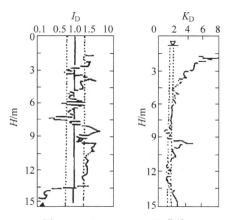

图3-23 I_D-H、K_D-H 曲线

3.2.5.4 扁胀试验资料的成果应用

1. 划分土类

Marcheti 和 Crapps 于1981年提出依据扁胀指数 I_D 可划分土类,如图3-24和表3-30所示。

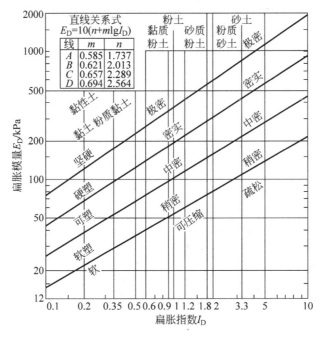

图 3-24   土类划分

表 3-30   根据扁胀指数 I_D 划分土类

I_D	0.1	0.35	0.6	0.9	1.2	1.8	3.3
泥炭及灵敏性黏土	黏土	粉质黏土	黏质粉土	粉土	砂质粉土	粉质砂土	砂土

2. 静止侧压力系数 K_0

扁铲探头压入土中,对周围土体产生挤压,故不能由扁胀试验直接测定原位初始侧向应力,但可通过经验建立静止侧压力系数 K_0 与水平应力指数 K_D 的应力关系式,即

$$K_0 = 0.35 K_D^m, \quad K_D < 4 \tag{3-47}$$

式中:m——系数(高塑性黏土,$m=0.44$;低塑性黏土,$m=0.64$)。

3. 土的变形参数

E_s 和 E_d 的关系如下:

$$E_s = R_m E_d \tag{3-48}$$

式中:R_m——与水平应力指数 K_D 有关的函数(一般 $R_m \geqslant 0.85$)。

4. 估算地基承载力

扁胀试验中压力增量 $\Delta P = P_1 - P_0$,此时弹性膜的变形量为 1.10mm,相对变形为 $1.10/60 = 0.0183$,与载荷试验中相对沉降量法取值相似($0.01 \sim 0.05$),所以可用 $f_0 = n\Delta P$ 估算地基土承载力。具体到一个地区、一种土类,最好有载荷试验资料对比。

3.2.6　旁压试验

3.2.6.1　引言

旁压试验是在现场钻孔中进行的一种水平向载荷试验。具体试验方法是将一个圆柱形的旁压器放到钻孔内设计标高,加压使得旁压器横向膨胀,根据试验的读数可以得到钻孔横向扩张的体积-压力或应力-应变关系曲线,据此估计地基承载力,测定土的强度参数、变形参数、基床系数,估算基础沉降、单桩承载力与沉降。

旁压试验于1930年起源于德国,最初是在钻孔内进行侧向载荷试验,采用最早的单腔式旁压仪。1957年,法国工程师路易斯-梅纳研制成功三腔式旁压仪。现代旁压仪包括预钻式、自钻式和压入式三种,国内外都是以预钻式旁压仪为主。

(1)预钻式旁压仪的原理是预先用钻具钻出一个符合要求的垂直钻孔,将旁压仪放入钻孔内的设计标高,然后进行旁压试验。预钻式旁压试验适用于黏性土、粉土、砂土、碎石土、残积土、极软岩和软岩。预钻式旁压仪由旁压器、控制单元和管路三部分组成。

(2)自钻式旁压仪是将旁压仪和钻机一体化,将旁压仪安装在钻杆上,在旁压仪的端部安装钻头,钻头在钻进时,将切碎的土屑从旁压仪(钻杆)的空心部位用泥浆带走,至预定标高后进行旁压试验。自钻式旁压试验的优越性是最大限度地保证地基土的原状性。自钻式旁压试验适用于黏性土、粉土、砂土,尤其适用于软土。自钻式旁压仪通常由三部分组成自钻机的钻头部分;设置在地面的控制单元;连接控制单元和钻头的管路部分。

(3)压入式旁压仪又分为圆锥压入式和圆筒压入式,都是用静力将旁压器压入指定的试验深度进行试验。压入式旁压试验在压入过程中对周围有挤土效应,对试验结果有一定的影响。目前,国际上出现一种将旁压仪与静力触探探头组合在一起的仪器,在静力触探试验的过程中可随时停止贯入进行旁压试验,这也属于压入式旁压试验。

3.2.6.2　旁压试验基本原理

旁压试验可理想化为圆柱孔穴扩张,为轴对称平面应变问题。典型的旁压曲线(压力P-体积变化量V曲线或压力p-测管水位下降值S)可分为三段,如图3-25所示。

Ⅰ段(曲线AB):初步阶段,反映孔壁受扰动土的压缩;

Ⅱ段(直线BC):似弹性阶段,压力与体积变化量大致呈直线关系;

Ⅲ段(曲线CD):塑性阶段,随着压力的增大,体积变化量逐渐增加,最后急剧增大,达到破坏。

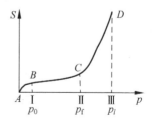

图3-25　典型旁压曲线

Ⅰ-Ⅱ段的界限压力相当于初始水平压力p_0,Ⅱ-Ⅲ段的界限压力相当于临塑压力p_f,Ⅲ段末尾渐近线的压力为极限压力p_l。

依据旁压曲线似弹性阶段(BC段)的斜率,由圆柱扩张轴对称平面应变的弹性理论,可得旁压模量E_M和旁压剪切模量G_M。工作时,由加压装置将较低的气压转换为较高压力的水压,并通过高压导管传至旁压仪,使弹性膜膨胀导致地基孔壁受压而产生相应的变形。根据所测结果,得到压力p和位移值S间的关系(即旁压曲线),从而得到地基土层的临塑压力、极限压力、旁压模量等有关土力学指标。具体内容见《岩土工程勘察规范》。

3.2.7　土体波速试验

3.2.7.1　试验设备和测试方法

1. 试验设备

试验设备一般包含激振系统、信号接收系统(传感器)和信号处理系统。测试方法不同,使用的仪器设备也各不相同。

2. 测试方法

由于土中的纵波速度受到含水量的影响,不能真实反映土的动力特性,故通常测试土中的剪切波速,测试的方法有单孔法(检层法)、跨孔法以及面波法(瑞利波法)等。

1) 单孔法(检层法)

单孔法是在一个钻孔中分土层进行检测,故又称检层法,因为只需一个钻孔,方法简便,在实测中用得较多,但精度低于跨孔法。对准备工作的要求:①钻孔时应注意保持井孔垂直,并宜用泥浆护壁或下套管,套管壁与孔壁应紧密接触。②当剪切波振源采用锤击上压重物的木板时,木板的长向中垂线应对准测试孔中心,孔口与木板的距离宜为 1~3m;板上所压重物宜大于 400kg;木板与地面应紧密接触。③当压缩波振源采用锤击金属板时,金属板距孔口的距离宜为 1~3m。④应检查三分量检波器各道的一致性和绝缘性。

测试工作要求:①测试时,应根据工程情况及地质分层,每隔 1~3m 布置一个测点,并宜自下而上按预定深度进行测试;②剪切波测试时,传感器应设置在测试孔内预定深度处并予以固定;沿木板纵轴方向分别打击其两端,可记录极性相反的两组剪切波波形;③压缩波测试时,可锤击金属板,当激振能量不足时,可采用落锤或爆炸产生压缩波。测试工作结束后,应选择部分测点做重复观测,其数量不应少于测点总数的 10%。

2) 跨孔法

跨孔法有双孔和三孔等距法,以三孔等距法用得较多。跨孔法测试精度高,可以达到较深的测试深度,因而应用比较普遍,但该法成本高,操作也比较复杂。三孔等距法是在测试场地上钻三个具有一定间隔的测试孔,选择其中的一个孔为振源孔,另外两个相邻的钻孔内放置接收检波器,如图 3-26 所示。

跨孔法的测试场地宜平坦,测试孔宜布置在一条直线上。测试孔的间距在土层中宜取 2~5m,在岩层中宜取 8~15m;测试时,应根据工程情况及地质分层,沿深度方向每隔 1~2m 布置一个测点。钻孔时应注意保持井孔垂直,并宜用泥浆护壁或下套管,套管壁与孔壁应紧密接触。测试时,振源与接收孔内的传感器应设置在同一水平面上。

现场测试方法:①当振源采用剪切波锤

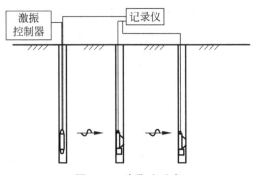

图 3-26　跨孔法示意

时,宜采用一次成孔法;②当振源采用标准贯入试验装置时,宜采用分段测试法。

当测试深度大于15m时,必须对所有测试孔进行倾斜度及倾斜方位的测试;测点间距不应大于1m。当采用一次成孔法测试时,测试工作结束后,应选择部分测点做重复观测,其数量不应少于测点总数的10%;也可采用振源孔和接收孔互换的方法进行复测。

3) 面波法(瑞利波法)

瑞利波是在介质表面传播的波,其能量从介质表面以指数规律沿深度衰减,大部分在一个波长的厚度内通过,因此在地表测得的面波波速反映了该深度范围内土的性质,而用不同的测试频率就可以获得不同深度土层的动力参数。

面波法有两类测试方式:一是从频率域特性出发,通过变化激振频率进行量测,称为稳态法;另一种从时间域特性出发,瞬态激发采集宽频面波,这种方法操作容易,但是资料处理复杂。稳态法是利用稳态振源在地表施加一个频率为 f 的强迫振动,其能量以地震波的形式向周围扩散,这样在振源的周围将产生一个随时间变化的正弦波振动。通过设置在地面上的两个检波器 A 和 B 检出输入波的波峰之间的时间差,便可算出瑞利波速度 V_R。

测试设备由激振系统和拾振系统组成。激振系统一般多采用电磁式激振器。系统工作时由信号发生器输出一定频率的电信号,经功率放大器放大后输入电磁激振器线圈,使其产生一定频率的振动。拾振系统由检波器、放大器、双线示波仪及计算机四部分组成。检波器接收振动信号,经放大器放大,由双线示波仪显示并被记录,整个过程由计算机操作控制。面波法不需要钻孔,不破坏地表结构物,成本低而效率高,是一种很有前景的测试方法。

3.2.7.2 基本测试原理

弹性波速法以弹性理论为依据,通过对岩土体中弹性波(速度、振幅、频率等)的测量,计算岩土体的动力参数并评价岩土体的工程性质。一般而言,介质的质量密度越高、结构越均匀、弹性模量越大,则弹性波在该介质中的传播速度也越高,该介质的力学特性也越好,故弹性波的传播速度在通常情况下能反映材料的力学和工程性质。

根据弹性理论,当介质受到动载荷的作用时将引起介质的动应变,并以纵波、横波和面波等形式从振源向外传播。当动应变不超过介质的弹性界限时所产生的波称为弹性波。岩土体在一定条件下可视为弹性体,依据牛顿定律可导出弹性波在无限均质体中的运动方程。相应的波速为

$$v_P = \sqrt{\frac{E(1-\mu)}{\rho(1+\mu)(1-2\mu)}} \tag{3-49}$$

$$v_S = \sqrt{\frac{E}{2\rho(1+\mu)}} \tag{3-50}$$

由上列公式推导出岩土体的动弹性模量 E_d、动剪切模量 G_d 和动泊松比 μ 如下:

$$E_d = v_P^2\rho\frac{(1+\mu)(1-2\mu)}{1-\mu} \tag{3-51}$$

$$G_d = \rho v_S^2 \tag{3-52}$$

$$\mu = \frac{m^2-2}{2(m^2-1)} \tag{3-53}$$

式中：m——波速比，$m = v_P / v_S$；

　　　v_S——横波速度；

　　　v_P——纵波速度；

　　　E——弹性模型；

　　　ρ——密度。

3.2.7.3　试验成果的整理分析

1. 单孔法

确定压缩波或剪切波从振源到达测点的时间时，应符合下列规定：

（1）确定压缩波的时间，应采用竖向传感器记录的波形。

（2）确定剪切波的时间，应采用水平传感器记录的波形。由于三分量检波器中有两个水平检波器，可得到两张水平分量记录，应选最佳接收的记录进行整理。压缩波或剪切波从振源到达测点的时间，应按下列公式进行斜距校正：

$$T = K T_L \tag{3-54}$$

$$K = \frac{H + H_0}{\sqrt{L^2 + (H + H_0)^2}} \tag{3-55}$$

式中：T——压缩波或剪切波从振源到达测点经斜距校正后的时间（s）；

　　　T_L——压缩波或剪切波从振源到达测点的实测时间（s）；

　　　K——斜距校正系数；

　　　H——测点的深度；

　　　H_0——振源与孔口的高差（m），当振源低于孔口时 H_0 为负值；

　　　L——从板中心到达测试孔的水平距离（m）。

时距曲线图的绘制应以深度 H 为纵坐标，时间 T 为横坐标。波速层的划分应结合地质情况，按时距曲线上具有不同斜率的折线段确定。每一波速层的压缩波波速或剪切波波速，应按下式计算：

$$v = \frac{\Delta H}{\Delta T} \tag{3-56}$$

式中：v——波速（m/s）

　　　ΔH——波速层厚度（m）；

　　　ΔT——波传到波速层顶面和底面的时间差（s）。

2. 跨孔法

每个测试深度的压缩波波速 v_P 及剪切波波速 v_S，按下列公式计算：

$$v_P = \frac{\Delta S}{T_{P2} - T_{P1}} \tag{3-57}$$

$$v_S = \frac{\Delta S}{T_{S2} - _{S1}} \tag{3-58}$$

$$\Delta S = S_2 - S_1 \tag{3-59}$$

式中：ΔS——由振源到两个接收孔测点的距离之差(m)；

  T_{P2}——压缩波到达第 2 个接收孔测点的时间(s)；

  T_{P1}——压缩波到达第 1 个接收孔测点的时间(s)；

  T_{S2}——剪切波到达第 2 个接收孔测点的时间(s)；

  T_{S1}——剪切波到达第 1 个接收孔测点的时间(s)；

  S_2——由振源到第 2 个接收孔测点的距离(m)；

  S_1——由振源到第 1 个接收孔测点的距离(m)。

3. 面波法（瑞利波法）

瑞利波波速 v_R 应按下式计算：

$$v_R = \frac{2\pi f \Delta L}{\phi} \tag{3-60}$$

地基的动剪切模量 G_d 和动弹性模量 E_d，应按下列公式计算：

$$G_d = \rho v_S^2 \tag{3-61}$$

$$E_d = 2(1+\mu)\rho v_S^2 \tag{3-62}$$

$$v_S = \frac{v_R}{\delta_S} \tag{3-63}$$

$$\delta_S = \frac{0.87 + 1.12\mu}{1+\mu} \tag{3-64}$$

式中：v_R——瑞利波波速(m/s)；

  f——振源频率(Hz)；

  ΔL——两台传感器之间的水平距离(m)；

  ϕ——相位差(rad)；

  δ_S——与泊松比有关的系数。

3.2.7.4 试验成果的应用

依据岩土体中的弹性波波速，可以判定场地土的物理力学性质和地基承载力，评价场地土的液化可能性，计算场地土的卓越周期，检测地基处理的效果。利用剪切波速 v_S 对场地土进行划分，如表 3-31 所示。

表 3-31 剪切波速划分场地土类型

场地土类型	土层剪切波速 v_S/(m/s)	场地土类型	土层剪切波速 v_S/(m/s)
坚硬场地土	$v_S > 500$	中软场地土	$140 < v_S \leqslant 250$
中硬场地土	$250 < v_S \leqslant 500$	软弱场地土	$v_S \leqslant 140$

3.3 岩体原位测试技术

3.3.1 地应力测试

地应力是存在地层中的未受工程扰动的天然应力，也称岩体初始应力、绝对应力或原岩应力,它是引起土木建筑、水利水电、采矿、铁道和其他各种地下或露天岩石开挖工程变形和破坏的根本作用力。地应力测试是确定工程岩体力学属性,进行围岩稳定性分析,实现岩石工程开挖设计和决策科学化的必要前提。

测量方法的分类没有统一标准,有人根据实际使用测量手段分为构造法、变形法、电磁法、地震法、放射性法;也有人根据测量原理的不同分为应力恢复法(扁千斤顶法)、应力解除法、应变恢复法、应变解除法、水压致裂法、声发射法、X射线法、重力法等。下面详细介绍扁千斤顶法和水压致裂法。

3.3.1.1　扁千斤顶法

扁千斤顶的测量示意如图 3-27 所示,①在准备测量应力的岩石表面,安装两个测量柱,同时精确测量好两个测量柱间的距离。②在测量柱中间位置处,在岩体内部切割一个与扁千斤顶大小和厚度相适应的孔槽,岩体的切割必然会引起两侧测量柱之间距离的变化,准确记录这一变化数值。③将扁千斤顶置于孔槽内,必要时注浆将扁千斤顶和岩石胶结在一起,然后用液压泵向其加压。随着压力的增加,孔槽逐渐恢复到原始尺寸,停止加压,记录下此时扁千斤顶的压力数值,该数值相当于孔槽位置原始岩体在地应力状态下承担的应力分量,这种扁千斤顶的压力数值相当于地应力的平衡应力或者补偿应力。

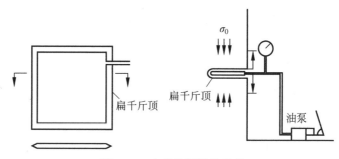

图 3-27　扁千斤顶测量示意

值得注意的是,千斤顶液压泵的压力不仅要支撑岩体应力,还要支撑千斤顶自身结构压力,使得液压泵显示的压力高于平衡岩体的压力,所以测量之前需要对千斤顶进行标定。在测量过程中,扁千斤顶测量的是一个方向的应力分量,无法在同一监测点进行其他方向的应力测量;而且通过恢复变形的测量方法是基于岩石完全线弹性的假设,这与真实的岩体性质也存在一定的偏差。另外,由于岩体的开挖会在一定程度上破坏原始的地应力分布,这些测量影响因素都会使测量结果出现一定的偏差。

3.3.1.2　水压致裂法

传统水压致裂法测量系统通过封闭器封闭试验段并注入流体,当岩壁达到其极限(即破裂压力 P_j)时,孔壁沿阻力最小方向破裂,压力值骤降至保持裂缝张开的恒定值上。停止注液后,封闭段压力降低,张开裂缝在原地应力作用下逐渐闭合,封闭段内压力下降速度变缓,裂隙处于临界闭合状态时对应的压力值即瞬时闭合压力 P_s。完全解除压力后再重新注入流体使裂隙再次张开,对应的压力值为重张压力 P_r,这个新加压的过程重复 2～3 遍,最后通过印模器或井下电视将裂缝的大小、方向以及孔壁原生节理均记录下来。根据初始裂隙在切向应力最小的部位发生以及关闭压力必须和最小主应力相平衡的关系,在有孔隙压力 P_0 的情况下,可得如下的平面内的两个决定垂直于钻孔的主应力公式(最小主应力的方向和裂隙方向垂直):

$$\sigma_1 = 3P_s - P_r - P_0 \tag{3-65}$$

$$\sigma_2 = P_s \tag{3-66}$$

水压致裂测量结果只能确定垂直于钻孔平面内的最大主应力和最小主应力的大小和方向,一般来说,它是一种二维应力测量方法。若要确定测点的三维应力状态,必须打互不平行的交汇于一点的三个钻孔,这是非常困难的。在水压致裂测量过程中,一般情况下假定钻孔方向为一个主应力方向,如将钻孔打在垂直方向,并认为垂直应力是一个主应力,其大小等于单位面积上覆岩层的重量,则由单孔水压致裂结果可以确定三维应力场。但是在某些地质活动剧烈的地区,垂直方向可能并不是一个主应力方向,而且其大小也无法根据上覆围岩计算获取,那么测量结果可能会产生较大的偏差。

此外,地应力具体测量方法还有刚性包体应力计法、全应力解除法、局部应力解除法、松弛应变测量法、孔壁崩落测量法、空心包体应变法和实心包体应变法等。

3.3.2　岩体变形监测

岩体变形监测通过在边坡平台上布设地表变形监测点,用水准仪及全站仪进行监测。边坡内部岩体位移监测通过布设三点式变位计和测斜孔,采用便携式频率仪和测斜仪进行测量(可参看土体变形监测内容)。

3.3.3　岩体强度原位测试

3.3.3.1　点载荷测试

岩石强度等力学性质在岩体工程设计和稳定性分析过程中有重要的意义。岩石的力学性质一般通过室内试验获取,但是室内试验面临准备时间长,工序复杂和费用高等条件限制,所以在现场调研时,可通过点载荷仪测试估算岩石单轴抗压强度。点载荷试验是一种使用便携式轻便仪器的强度试验方法,可以选用现场的不规则试件或者岩芯试件进行测试,如图 3-28 所示。

计算点载荷强度指标时,首先由下式计算点载荷强度指标:

$$I_D = P/D^2 \tag{3-67}$$

其次,将 I_D 折算成标准点载荷强度指数 $I_{s(50)i}$;由 $I_{s(50)i}$ 的平均值求得点载荷强度指标 $I_{s(50)}$。$I_{s(50)}$ 相当于 $D=50\text{mm}$ 时的 I_D 值,它的引入消除了 D 对试验结果的影响,使点载荷强度指标

图 3-28　点载荷仪

$I_{s(50)}$ 能更充分地代表岩石的强度特征。目前,由 I_D 确定 $I_{s(50)}$ 的方法有多种,采用国际岩石力学学会(ISRM)建议的方法,即按 ISRM 法确定岩石点载荷强度指数。具体过程如下:

（1）由 D 求等效直径 D_e。

对不规则块体试件

$$D_e^2 = 4A/\pi \tag{3-68}$$

$$A = W \times D \tag{3-69}$$

式中：A——通过两加荷器接触点的最小截面面积（mm^2）；

　　　W——截面的平均宽度（mm）。

（2）计算各试件未修正的点载荷强度指数 I_D：

$$I_D = P/D_e^2 \tag{3-70}$$

式中：P——破坏载荷（kN）；

　　　D_e——等价直径（mm）。

（3）尺寸修正

I_D 值不但与试件形状有关，而且是试件尺寸 D_e 的函数，为获得一致性的点载荷强度指数，必须进行尺寸修正。以岩芯直径 $D = 50mm$ 为标准，修正后的点载荷强度指数 $I_{s(50)}$ 为：

$$I_{s(50)} = F \times I_D \tag{3-71}$$

式中：F——尺寸修正系数，由下式确定：

$$F = (D_e/50)^{0.45} \tag{3-72}$$

根据 2014 版国家标准《工程岩体分级标准》，岩石单轴抗压强度 R_c（MPa）为：

$$R_c = 22.82 I_{s(50)}^{0.75} \tag{3-73}$$

当一组有效的试验数据不超过 10 个时，应舍去最高值和最低值，再计算其余数的平均值；当一组有效数据超过 10 个时，可舍去前两个高值和后两个低值，再计算其余数的平均值。

3.3.3.2　岩基静载试验

野外岩基静载试验是一种可靠的原位测试手段，特别是用于评价重要工程地基，确定其承载力，建立与某些测试成果的相关关系等。在现场测试时可以选用深井洞室反力装置，采用上部露头岩体的重量作为反力装置，如图 3-29 所示，采用人工挖孔直至微风化基岩以下 500mm 处，再在底部的任一侧壁处用人工（为防止试验点岩石的外力破坏，禁用机械方式）凿出一个直径为 500mm、高度为 500mm 的洞室，为防止地下水渗入试坑内，试验期间采用专人排水。本方法安全可靠，且能在一个井内做多个试点。试验主要仪器有液压千斤顶，自动稳压测力装置、位移传感器、应变仪及刚性承压板等。

加载及试验观测均根据《建筑地基基础设计规范》（GB 50007—2011）中"岩基载荷试验要点"进行。采用圆形刚性承压板单循环加载，载荷逐级递增直至设计载荷，然后分级卸载。载荷分级的每一级加载值为预估承载力的 1/15～1/10。在试验过程中测量千斤顶压力和基岩沉降量，从而获取岩体的变形模量。根据《建筑地基基础设计规范》中岩基载荷试验要点的要求，每组试验参加统计的试点不应少于 3 点，为了节约试验经费及时间，可将该组的 3 个试点设在同一试坑内，每组试点的分布如图 3-30 所示。

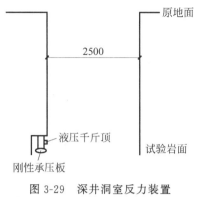

图 3-29 深井洞室反力装置

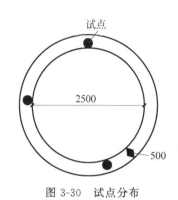

图 3-30 试点分布

3.3.3.3 回弹仪测试

回弹仪，一些国家称施密特锤（Schmidt hammer，SH）如图 3-31 所示，是一种简单、易携的可定量化研究岩体风化程度的工具，是地质人员可随身携带的代锤工具，能在现场或室内快速测定岩体（或岩块）表面硬度和部分岩石力学性质。

其工作原理是通过回弹仪的弹性加荷杆冲击岩石表面，冲击能量的一部分转化为使岩石产生变形的功，而另一部分能量就是导致加荷杆冲击后回弹距离——回弹值。由于岩石表面

图 3-31 施密特锤

硬度不同，回弹值不同，回弹值越大，表明岩石表面硬度越大，其抗变形能力越强。

研究发现，SH 回弹值（R 值）与岩石抗压强度和硬度有很好的相关性。SH 所测得的回弹值可以反映岩石表面硬度的大小和抗塑性变形的强弱，加之其操作简单、携带方便等特点，SH 被广泛应用于岩石表面微风化过程研究。SH 的弹性杆撞击岩石表面后，其撞击力可分为使岩石产生塑性形变的力与促使弹性杆冲击回弹的力，冲击回弹距离即 SH 的回弹值，即 R 值。

SH 在使用过程中需保持与基岩表面垂直，另需规避岩体边缘，以无地衣覆盖、无裂隙的基岩表面为理想测量点。现场回弹试验应选择具有代表性的完整岩体（石）、不同类型风化岩石（除全风化以外）及构造岩。根据有关规程要求，测试时，回弹仪应与岩面垂直，处于其他角度时应做角度校正。每点锤击次数不少于 16 次，舍去最大值、最小值各 3 次。用剩下的 10 次求得平均值。SH 在研究外露岩石的大块硬度属性，预测风化度，无侧限（或单轴）抗压强度（UCS）的相关系数，杨氏模量的相关系数，预测隧道钻孔机器和旋转辊式切料机的穿透率等方面也得到了越来越多的应用。

3.3.4 岩体波速测试

在岩质地层中，岩体的完整程度和密实状态对地基的稳定性具有重要的影响。裸露地表或者开挖附近的岩体，由于风化作用或者开挖卸荷等使表面岩体破碎，工程设计中要准确掌握破碎带深度或范围，可通过波速测试开展研究。通过弹性波在岩体中的传播特征与岩体强度和变形存在一定的函数关系，可以分析岩体硬度和完整状态。

岩石松动圈(层)测试实质上是应用超声波在不同介质中传播速度不同,来预测围岩的破坏情况。测试物体是以弹性体为前提条件的。超声波是由声波仪振荡器产生的高压电脉冲信号输入发射换能器,发射换能器受到激发产生瞬态的振动信号,该振动信号经发射换能器与媒体之间的耦合后在岩体介质中传播,从而携带媒体内部信息到达接收换能器,接收换能器把接收到的振动信号再转变成电信号传给声波仪,经声波仪放大处理后,显示出超声波穿过媒体的声时、波速等参数。工作原理如图 3-32 所示,当一发双收换能器置于岩体或混凝土钻孔的中心,发射换能器 T 辐射的声波满足入射角等于第一临界角的声线,在岩体或混凝土孔壁的声波折射角将等于 $90°$,即声波沿着钻孔孔壁滑行,然后又分别折射回孔中,由接收换能器 R_1 和 R_2 分别接收(所以可称其为折射波法)。

根据弹性理论,由弹性波的波动方程通过弹性力学空间问题的静力方程推导,可得出超声波波速与介质的弹性参数之间的关系见式(3-49)、式(3-50)。从两式中可以看出,超声波在岩体中的传播速度与岩体的弹性模量、泊松比以及密度有关,而岩体的弹性模量、泊松比和密度与岩体自身抗压强度、密实程度直接相关,因此岩体的波速就可以间接反映岩体抗压强度以及内部破坏情况,通过不同深度处声时和波速的变化规律,可以确定周围围岩的松动圈大小。

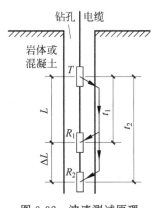

图 3-32   波速测试原理

岩体完整性系数 K_v 的物理含义是岩体相对于岩石的完整程度,是岩体纵波波速与岩石纵波波速比值的平方。K_v 法是一种利用岩层和岩石波速变化差异,来研究地下岩体完整性的方法;超声波、地震波等在完整性不同的岩体内有不同传播速度,而对于同一种岩性的岩体、岩石自身的传播波速基本不受块体大小或完整性的影响,所以可以用来判测岩体完整性。岩体完整性划分如表 3-32 所示。

表 3-32   岩体完整性划分

岩体完整性系数 K_v	>0.75	0.75~0.55	0.55~0.35	0.35~0.15	<0.15
完整程度	完整	较完整	较破碎	破碎	极破碎

3.4 岩土体现场剪切试验

岩土体现场剪切试验包括现场直剪试验和现场三轴试验。本节仅介绍现场直剪试验。现场直剪试验(FDST)是在现场岩土体上直接进行剪切试验,测定其抗剪强度参数及应力-应变关系的一种原位测试方法。它包括岩土体本身、岩土体沿软弱结构面和岩体与混凝土接触面的直剪试验三类。按试验方式和过程的不同,每类直剪试验又均可分为岩土体在法向应力作用下沿剪切面剪切破坏的抗剪试验、岩土体剪断后沿剪切面继续剪切的抗剪试验(摩擦试验)和法向应力为零时岩土体剪切的抗切试验,如图 3-33 所示。由于现场直剪试验的试验体受剪面积比室内试验大得多,且又是在现场直接进行,因此和室内试验相比更符合实际情况。

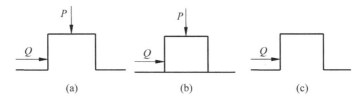

图 3-33　现场剪切试验

（a）抗剪断试验；（b）摩擦试验；（c）抗切试验

3.4.1　现场直剪试验基本原理

岩土体的抗剪强度与剪切面上的法向应力有关。在一定范围内,其值随法向应力呈线性增长,如图 3-34 所示。

$$\tau_f = \sigma \tan\varphi + c \tag{3-74}$$

式中：τ_f——岩土体抗剪强度（kPa）；

　　　σ——岩土体剪切面上法向应力（kPa）；

　　　φ——岩土体的内摩擦角（°）；

　　　c——岩土体的黏聚力（kPa）。

因此,通过进行一组试验（一般为 3～5 个）,得到岩土体在不同法向应力作用下的抗剪强度,可求得岩土体的抗剪强度（τ）。

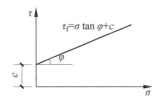

图 3-34　抗剪强度与法向应力的关系

3.4.2　现场直剪试验仪器设备

1. 加荷系统

液压千斤顶 2 台,根据岩土体强度、最大载荷及剪切面积选用不同规格。油压泵 2 台,手摇式和电动式各 1 台,对千斤顶供油。

2. 传力系统

高压胶管若干（配有快速接头）,输送油压用。传力柱（无缝钢管）一套,要求必须具有足够的刚度和强度。承压板一套,其面积可根据试验体尺寸而定。剪力盒一个,有方形和圆形两种,常用于土体及强度较低的软岩,强度较高的岩体用承压板取代。滚轴排一套,面积根据试验体尺寸而定。

3. 测量系统

压力表（精度为一级的标准压力表）一套,测油压用。千分表（8～12 只）,也可用百分表代替。磁性表架（8～12 只）。测量表架（工字钢）2 根。测量标点（有机玻璃或不锈钢）。

4. 辅助设备

开挖、安装工具及反力设备等。

3.4.3　现场直剪试验技术要求

现场直剪试验可在试洞、试坑、探槽或大口径钻孔内进行。土层中试验有时采用大型同步式剪力仪进行试验。当剪切面水平或近于水平时可用平推法或斜推法；当剪切面较陡时，可采用楔形体法，如图 3-35 所示。

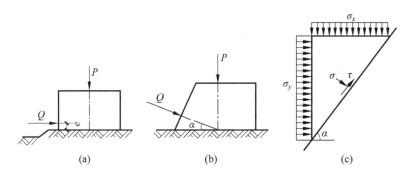

图 3-35　现场直剪试验布置示意

(a) 平推法($e \leqslant$8cm)；(b) 斜推法；(c) 楔形体法(一种方案)

下面具体介绍现场直剪试验的技术要求：

(1) 选择试验点时，对同一组岩土体的地质条件应基本相同，受力状态应与岩土体在实际工程中的工作状态相近。

(2) 每组岩体试验不宜少于 5 处，面积不小于 0.25m^2，试验体最小边长不宜小于 50cm，间距应大于最小边长的 1.5 倍。每组土体试验不宜少于 3 处，面积不小于 0.1m^2，高度不小于 10cm 或最大粒径的 4～8 倍。

(3) 在爆破、开挖、切样等过程中应避免对岩土试验体或软弱结构面的扰动，以及避免含水量的显著改变。对软弱岩体，在顶面及周边加保护层(钢或混凝土)，土体可采用剪力盒。

(4) 试验设备安装时，应使施加的法向载荷、剪切载荷位于剪切面、剪切缝的中心或使法向载荷与剪切载荷的合力通过剪切面中心。

(5) 最大法向载荷应大于设计载荷，并按等量分级施加于不同的试验体上。施加载荷的精度应达到试验最大载荷的 2%。

(6) 每一试验体的法向载荷可分 4～5 级施加，当法向变形达到相对稳定时即可施加下一级载荷，直至预定压力。对土体和高含水量塑性软弱夹层，其稳定标准是：加荷后 5min 内百分表读数(法向变形)变化不超过 0.05mm；对岩体或混凝土则要求 5min 内变化不超过 0.01mm。

(7) 预定法向载荷稳定后，开始按预估最大剪切载荷(或法向载荷)的 5%～10%分级等量施加剪切载荷。岩体按每 5～10min，土体按每 30s 施加一级载荷。每级载荷施加前后各测读变形一次。当剪切变形急剧增大或剪切变形达到试验体尺寸 1/10 时，可终止试验。但在临近破坏时，应密切注意和测记压力变化及相应的剪切变形。整个剪切过程中，法向载荷应始终保持常数。

(8) 试验体剪切破坏后，根据需要可继续进行摩擦试验。

(9)拆卸试验设备,观察记录剪切面破坏情况。

3.4.4　现场直剪试验资料整理及成果应用

(1)计算剪切面上的法向应力。作用于剪切面上的各级法向应力按下式计算:

$$\sigma = \frac{P + Q\sin\alpha}{F} \tag{3-75}$$

式中:σ——作用于剪切面上的法向应力(kPa);

$\quad\quad P$——作用于剪切面上的总法向载荷(包括千斤顶施加的力、设备及试验体自重)(kN);

$\quad\quad Q$——作用于剪切面上的剪切载荷(kN);

$\quad\quad F$——剪切面面积(m^2);

$\quad\quad \alpha$——剪切载荷与剪切面的夹角(°)。

(2)计算各级剪切载荷下剪切面上剪应力和相应变形。作用于剪切面上的剪应力按下式计算:

$$\tau = \frac{Q\cos\alpha}{F} \tag{3-76}$$

式中:τ——作用于剪切面上的剪应力(kPa)。

(3)绘制法向应力-剪应力曲线。根据各级剪切载荷作用下剪切面上的剪应力及法向应力,可以做出试验体受剪时的法向应力-剪应力曲线,如图 3-36 所示。根据曲线特征,可以确定比例极限、屈服极限、峰值强度、残余强度及剪胀强度。

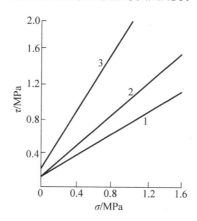

图 3-36　混凝土/片岩抗剪切试验法向应力-剪应力曲线
1—峰值强度;2—屈服强度;3—比例极限

(4)绘制法向应力与比例极限、屈服极限、峰值试验应力-变形曲线,峰值强度、残余强度的关系曲线。通过绘制法向应力与比例极限、屈服极限、峰值强度、残余强度的关系曲线,可确定相应的强度参数。

根据有关经验,对于脆性破坏岩体,可以采取比例极限确定抗剪强度参数;而对于塑性破坏岩体,可以利用屈服极限确定抗剪强度参数。验算岩土体滑动稳定性,可以采取残余强度确定抗剪强度参数。因为在滑动面上破坏的发展是累进的,发生峰值强度破坏后,破坏部分的强度降为残余强度。总之,选取何种强度参数,应根据岩土的性质、地区特点、工程性质和对比资料等确定。

思考题

1. 静载试验有哪几种类型?并说明各自的使用对象。
2. 根据静载试验成果确定地基承载力的主要方法有哪几种?
3. 为什么会出现原始 p-s 曲线的直线段不通过原点的情况?在资料整理中如何修正?
4. 静力触探的适用条件是什么?
5. 静力触探成果主要应用在哪几方面?
6. 什么是圆锥动力触探?圆锥动力触探试验成果的影响因素有哪些?
7. 为什么圆锥动力触探试验指标击数可以反映地基土的力学性能?
8. 什么是标准贯入试验?标准贯入试验的目的和原理是什么?
9. 标准贯入试验成果在工程上有哪些应用?
10. 什么是十字板剪切试验?说明试验目的及其适用条件。
11. 十字板剪切试验能获得土体的哪些物理力学性质参数?
12. 扁胀试验的工作原理是什么?
13. 简述现场剪切试验的种类和试验目的。

第 **4** 章

加固地基检测技术

【本章导读】

本章主要介绍各种加固地基的检测方法,其中部分为第 3 章原位测试方法在人工地基中的应用。通过本章的学习,读者可以通过掌握的各种加固地基的检测方法完成的有关检测工作。

【本章重点】

(1) 载荷试验在加固地基中的应用;

(2) 不同加固地基所适用的检测方法;

(3) 各种桩式复合地基适用的检测方法。

4.1 概述

地基加固是指为提高地基承载力,改善其变形性质、渗透性质、动力特性以及特殊土的不良地基特性而采取的人工加固地基的方法。我国地域辽阔、幅员广大、自然地理环境不同、土质各异、地基条件区域性强。随着我国国民经济的飞速发展,地质条件不良的地基上也有修建建筑物的需求;同时,随着科学技术的日新月异,结构物的载荷日益增大,对变形要求也越来越严,因而原来一般可被评为良好的地基,也可能在特定条件下必须进行地基加固。目前,各种地基加固方法已大量在工程实践中应用,并取得了显著的技术和经济效果,但是,至今难以对地基加固方法进行严密的理论分析,不能在设计时做精密的计算和定量的预测。因此,为了保证地基加固质量,往往需要通过现场测试对加固效果进行严格的检验与检测,现场测试便成为地基加固的重要环节。

现场测试的目的是:①为工程设计提供依据;②对施工过程进行控制、检验和指导;③为理论研究提供试验手段。常用的现场测试方法如图 4-1 所示。

为检验地基加固的效果,通常在同一地点分别在加固前和加固后进行测试,以便对比。并应注意下列问题:

(1) 加固后的现场测试应在地基加固施工结束后,经一定时间的休止恢复后再进行;

(2) 为了有较好的可比性,前后两次测试应尽量由同一组人员、用同一仪器、按同一标准进行;

(3) 由于各种测试方法都有一定的适用范围,故必须根据测试目的和现场条件,选用最有效的方法,表 4-1 可作为参考;

(4) 无论何种测试方法都有一定的局限性,故应尽可能采用多种方法,进行综合评价。

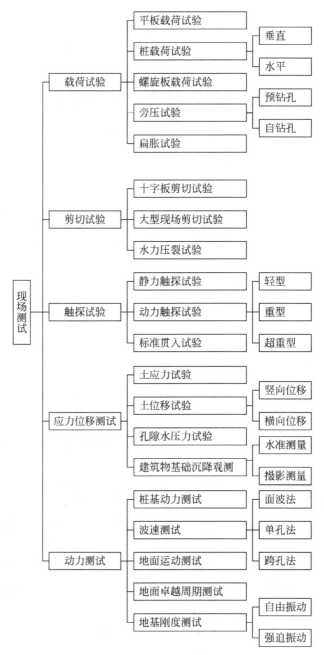

图 4-1   加固地基常用的现场测试方法

表 4-1   现场测试方法的适用范围

现场测试方法	地基处理方法									
	浅基处理	排水固结	挤密	振冲	强夯	灌浆	搅拌	土工聚合	旋喷物	基础托换
平板载荷试验	○	○	○	○	○	○	○	○	○	○
静力触探试验	○	○	○	○	○	×	△	×	×	△
动力触探试验	○	○	○	○	○	△	△	△	△	△

续表

现场测试方法	地基处理方法									
	浅基处理	排水固结	挤密	振冲	强夯	灌浆	搅拌	土工聚合	旋喷物	基础托换
标准贯入试验	○	○	○	○	○	△	△	×	△	△
旁压试验	○	○	○	○	○	△	△	×	△	△
十字板剪切试验	△	○	△	△	△	×	×	×	△	△
大型现场剪切试验	△	△	△	△	△	△	△	△	△	△
土压力、孔隙水压力土位移测试	○	○	○	△	○	△	○	○	○	△
土动力测试	△	△	△	△	△	△	△	△	△	△
建筑物与地面变形观测	○	○	○	○	○	○	○	○	○	○

注：○表示适用；△表示部分情况适用；×表示不适用。

现场测试一般具有直观、代表性强、工效高、避免取样运输过程中的扰动等优点，但也有不能测定土的基本参数、不易控制应力状态等不足之处，故有时仍需辅以一定的室内试验。

4.2 各类加固地基的检测

1. 复合地基载荷试验

（1）承压板。

承压板应为刚性，并具有足够的刚度。单桩复合地基载荷试验的承压板可用圆形或方形，面积为一根单桩承担的处理面积，即应根据设计计算置换率来确定。多桩复合地基载荷试验的承压板可用方形或矩形，其尺寸按实际桩数所承担的处理面积确定，中心（或形心）应与承压板中心保持一致，并与载荷作用点重合。

（2）试坑深度、长度和宽度。载荷板底高程应与基础底面设计高程相同。试验标高处的试坑长度和宽度一般应大于载荷板尺寸的3倍。基准梁支点应在试坑之外。

（3）垫层。载荷板下宜设中、粗砂找平层，其厚度为 50～150mm，且铺设垫层和安装载荷板时坑底不宜积水。

（4）载荷及等级。设计计算总加荷量宜大于设计要求值的2倍，设计加荷等级可分为 8～12级，第1级载荷可加倍。

（5）沉降测读时间。每加一级载荷前后均应各读记承压板沉降量一次，以后每半小时读记一次。当一小时内沉降量小于 0.1mm 时，即可加下一级载荷。

当出现下列现象之一时，可终止试验：①沉降急剧增大，土被挤出或承压板周围出现明显的隆起；②承压板的累计沉降量已大于其宽度或直径的 6%；③当达不到极限载荷，而最大加载压力已大于设计要求压力值的2倍。

卸载级数可为加载级数的一半，等量进行，每卸一级，间隔30min，读记回弹量，待卸完全部载荷后间隔3h读记总回弹量。

（6）复合地基的变形模量。根据复合地基载荷试验，见《建筑地基处理技术规范》（JGJ 79—2012），得承压板底下(2～3)B（B 为承压板直径或宽度）深度范围内复合地基的

平均变形模量 E。

2. 干渣垫层质量检测

干渣垫层质量检测包括分层施工质量检测和工程质量验收。分层施工质量检测应达到表面坚实、平整，无明显软陷，压陷差小于 2mm。工程质量验收可通过载荷试验进行，在有充分试验依据时，也可采用标准贯入试验或静力触探试验。当有成熟经验表明，通过分层施工质量检测能满足工程要求时，也可不进行工程质量的整体验收。

3. 堆载预压、真空预压加固效果的检测

对以稳定性控制的重要工程，应在预压区内选择有代表性地点预留孔位。对堆载预压法在堆载不同阶段和对真空预压法在抽真空结束后，进行不同深度的十字板抗剪强度试验和取土进行室内试验，以验算地基的抗滑稳定性。检测地基在预压期间应及时整理变形与时间、孔隙水压力与时间等关系曲线，推算地基的最终固结变形量、不同时间的固结度和相应的变形量，分析加固效果，为确定卸载时间提供依据。真空预压加固地基除应进行地基变形和孔隙水压力观测外，应量测膜下真空度和砂井不同深度的真空度。真空度应满足设计要求。

4. 强夯加固效果的检测

强夯施工结束后应间隔一定时间才能对地基加固质量进行检测。对碎石土和砂土地基，其间隔时间可取 1~2 周；对低饱和度的粉土和黏性土地基可取 3~4 周。应采用室内土工试验和原位测试。

（1）室内土工试验：主要通过夯击前后土的物理力学性质指标的变化来判断其加固效果。其项目包括抗剪强度指标、压缩模量（或压缩系数）、孔隙比、重度、含水量等。

（2）原位试验：包括十字板试验、动力触探试验（包括标准贯入试验）、静力触探试验、旁压仪试验、载荷试验、波速试验、扁胀试验。

检测点位置可分别布置在夯坑内、外和夯击区边缘，其数量应根据场地复杂程度和建筑物的重要性确定。对简单场地上的一般建筑物，每个建筑物地基的检测点不应少于 3 处；对复杂场地或重要建筑物地基应增加检测点数。检测深度应不小于设计处理的深度。

质量检测还包括检查强夯施工过程中的各项测试数据和施工记录。不符合设计要求时应补夯或采取其他有效措施。

了解地表隆起的影响范围及垫层的密实度变化。

研究夯击能与夯沉量的关系，用以确定单点最佳夯击能量；此外，在大面积施工之前应选择面积不小于 $400m^2$ 的场地进行现场试验，取得设计数据。测试工作一般有以下几个方面内容：

（1）地面及深层变形。地面变形研究的目的有：确定场地平均沉降和打夯的沉降量，用以研究强夯的加固效果。变形研究的手段有地面沉降观测、深层沉降观测和水平位移观测。地面变形的测试是对夯击后土体变形的研究。每夯击一次随及测量夯击量及其周围的沉降量、隆起量和挤出量。对场地的夯前和夯后平均标高的水平推测，可直接观测出强夯法加固地基的变形效果。在分层土面上或同一土层上的不同标高处埋设一般深层沉降标，用

以观测各分层土的沉降量,以及强夯法对地基土的有效加固深度;在夯坑周围埋设带有滑槽的测斜导管,管内放入测斜仪,每一定深度范围内测定土体在夯击作用下的侧向位移情况。

(2) 孔隙水压力。一般可在试验现场沿夯击点等距离的不同深度以及等深度的不同距离埋设双管封闭式孔隙水压力仪或钢弦式孔隙水压力仪。研究在夯击作用下,孔隙水压力沿深度和水平距离的增长和消散的分布规律,确定两个夯击点间的夯距、夯击的影响范围、间歇时间以及饱和夯击能等参数。

(3) 侧向挤压力。将带有钢弦式土压力盒的钢板桩埋入土中后,在强夯加固前,各土压力盒沿深度分布的土压力规律,应与静止土压力相似。在夯击作用下,可测试每夯击一次的压力增量沿深度的分布规律。

(4) 振动加速度。研究地面振动加速度的目的是为了便于了解强夯施工时的振动对现有建筑物的影响。为此,在强夯时应沿不同距离测试地表面的水平振动加速度,绘成加速度与距离的关系曲线。地表的最大振动加速度为 $0.98\mathrm{m/s^2}$ 处(即认为相当于七度地震烈度)作为设计时振动影响安全距离。

5. 碎(砂)石桩、石灰桩、土(或灰土、二灰)桩加固效果的检测

1) 碎(砂)石桩加固效果的检测

碎(砂)石桩施工结束后,除砂土地基外,应间隔一定时间方可进行质量检测。对黏性土地基、间隔时间可取 3~4 周,对粉土地基可取 2~3 周。常用的方法有单桩载荷试验和动力触探试验以及单桩复合地基和多桩复合地基大型载荷试验。单桩载荷试验可按每 200~400 根桩随机抽取一根进行检测,但总数不得少于 3 根。对砂土或粉土层中碎(砂)石桩,除用单桩载荷试验检测外,尚可用标准贯入、静力触探等试验对桩间土进行处理前后的对比试验。对砂桩还可采用标准贯入或动力触探等方法检测桩的挤密质量。复合地基加固效果的检测,检验点数量可按处理面积的大小取 2~4 组。

2) 石灰桩加固效果的检测

(1) 桩身质量的保证与检测。包括①控制灌灰量;②静力触探测定桩身阻力,并建立比贯入阻力 p_s 与压缩模量 E_s 关系;③挖桩检测与桩身取样试验,这是最为直观的检测方法;④载荷试验是比较可靠的检测桩身质量的方法,如再配合桩间土小面积载荷试验,可推算复合地基的承载力和变形模量。此外,也可采用轻便触探法进行检测。

(2) 桩周土检测。桩周土用静力触探、十字板和钻孔取样方法进行检测,一般可获得较满意的结果。有的地区已建立了利用静力触探和标准贯入的资料反映加固效果,以检测施工质量,确定设计参数的关系。

(3) 复合地基检测。对重要工程可采用大面积载荷板的载荷试验来检测石灰桩的加固效果。

3) 土(或灰土、二灰)桩加固效果的检测

抽样检测的数量不应小于桩孔总数的 2%,不合格处应采取加桩或其他补救措施。夯实质量的检测方法有下列几种:

(1) 轻便触探检测法。先通过试验,求得"检定锤击数",施工检测时以实际锤击数不小于检定锤击数为合格。

（2）环刀取样检测法。先用洛阳铲在桩孔中心挖孔或通过开剖桩身，从基底算起沿深度方向每 1.0 ～1.5m 用带长把的小环刀分层取出原状夯实土样，测定其干密度。

（3）载荷试验法。对重要的大型工程应进行现场载荷试验和浸水载荷试验，直接测试承载力，其中对灰土桩应在桩孔夯实后 48h 内进行，二灰桩应在 36h 内进行，否则将由于灰土或二灰的胶凝强度的影响而无法进行检测。

对一般工程，主要应检查桩和桩间土的干密度和承载力；对重要或大型工程，也可在地基处理的全部深度内取样测定桩间土的压缩性和湿陷性。

6．CFG 桩加固效果的检测

CFG 桩施工后，应隔 28d 方可进行加固效果的检测。

（1）桩间土检测。桩间土质量检测可用标准贯入、动力触探和钻孔取样试验对桩间土进行处理前后的对比试验。对砂土地基可采用标准贯入或动力触探等方法检测挤密程度。

（2）单桩和复合地基检测。可采用单桩载荷试验、单桩或多桩复合地基载荷试验进行加固效果的检测。检测点数量可按处理面积大小取 2～4 点。

7．灌浆效果的检测

灌浆质量与灌浆效果的概念不完全相同，灌浆质量一般是指灌浆施工是否严格按设计和施工规范进行，如灌浆材料的品种规格、浆液的性能、钻孔角度、灌浆压力等，都要求符合规范要求，不然则应根据具体情况采取适当的补救措施；灌浆效果则指灌浆后能将地基土的物理力学性质提高的程度。

灌浆质量高不等于灌浆效果好。因此，设计和施工中，除应明确规定某些质量指标外，还应规定所要达到的灌浆效果及检测方法。

灌浆效果的检测，通常在注浆结束后 28d 才可进行，检测方法如下：

（1）统计计算灌浆量。可利用灌浆过程中的流量和压力自动曲线进行分析，从而判断灌浆效果。

（2）利用静力触探测试加固前后土力学指标的变化，用以了解加固效果。

（3）在现场进行抽水试验，测定加固土体的渗透系数。

（4）采用现场静载试验，测定加固土体的承载力和变形模量。

（5）采用钻孔弹性波试验，测定加固土体的动弹性模量和剪切模量。

（6）采用标准贯入试验或轻便触探等动力触探方法测定加固土体的力学性能，此法可直接得到灌浆前后原位土的强度，进行对比。

（7）进行室内试验。通过室内加固前后土的物理力学指标的对比试验，判定加固效果。

（8）采用 γ 射线密度计法。它属于物理探测方法的一种，在现场可测定土的密度，用以说明灌浆效果。

（9）使用电阻率法。将灌浆前后对土所测定的电阻率进行比较，根据电阻率差说明土体孔隙中浆液的存在情况。

检测点一般为灌浆孔数的 2%～5%，如检测点的不合格率大于或等于 20%，或虽小于20%但检测点的平均值达不到设计要求，在确认设计原则正确后应对不合格的注浆区实施重复注浆。

8．水泥土搅拌桩加固效果的检测

1）施工期质量检验

在施工期,每根桩均应有一份完整的质量检验单,施工人员和监理人员签名后作为施工档案。质量检验主要有下列几项:

(1)桩位。通常定位偏差不应超出50mm。施工前在桩中心插桩位标,施工后将桩位标复原,以便验收。

(2)桩顶、桩底高程均不应低于设计值。桩底一般应超深100～200mm,桩顶应超过0.5m。

(3)桩身垂直度。每根桩施工时均应用水准尺或其他方法检查导向架和搅拌轴的垂直度,间接测定桩身垂直度。通常垂直度误差不应超过1‰。没有严格要求时,应按设计标准检验。

(4)桩身水泥掺量。按设计要求检查每根桩的水泥用量。通常考虑到按整包水泥计量的方便,允许每根桩的水泥用量在±25kg内调整。

(5)水泥强度等级。水泥品种按设计要求选用。对有质保书的水泥产品,可在搅拌施工时进行抽查试验。

(6)搅拌头上提喷浆或喷粉的速度。一般均在上提喷浆或喷粉,在第二次搅拌时不允许出现搅拌头未到桩顶,浆液已拌的现象。在剩余时间第三次搅拌。

(7)外掺剂的选用。采用的外掺剂有碳酸钠、三乙醇胺、木质素磺酸钙、水玻璃等。

(8)浆液水灰比。通常为0.4～0.5,不宜超过0.5,浆液拌和时应按水灰比定量加水。

(9)水泥浆液搅拌均匀性。应注意储浆桶内浆液的均匀性和连续性。不允许出现输浆管道堵塞或爆裂的现象。

(10)喷粉搅拌的均匀性。应有水泥自动计量装置,随时显示喷粉过程中的各项参数,包括压力、喷粉速度和喷粉量等。

到距地面1～2m时,应无大量粉末飞扬,通常需适当减小压力,在孔口加防护罩。

(11)基坑开挖工程中的侧向围护桩施工,相邻桩体要搭接施工,施工应连续,其间歇时间不宜超过10h。

2）工程竣工后加固效果的检测

(1)标准贯入试验或轻便触探等动力试验

标准贯入试验:用这种方法可通过贯入阻抗估算土的物理力学指标,检验不同龄期的桩体强度变化和均匀性,所需设备简单,操作方便。用锤击数估算桩体强度需积累足够的工程资料,在目前尚无规范可作为依据时,可借鉴同类工程。

轻便动力触探试验:根据现有的轻便触探击数 N_{10} 与水泥土强度对比关系分析,当桩身 1d 龄期的击数 N_{10} 已大于 15 击时,或者 7d 龄期的击数 N_{10} 已大于原天然地基击数 N_{10} 的 2 倍以上时,桩身强度已能达到设计要求。当每贯入 10mm,其击数大于 30 击时即应停止贯入,继续贯入则桩头可能发生开裂或损坏,影响桩头质量。同时,可用轻便触探器中附带的勺钻在水泥土钻孔,取出水泥土桩芯,观察其颜色是否一致,是否有水泥浆聚集的结核或未被搅拌均匀的土团。

(2)静力触探试验

静力触探可连续检查桩体长度内的强度变化。用比贯入阻力 p_s 估算桩体强度需有足够的工程试验资料,在目前积累资料尚不够的情况下,可借鉴同类工程经验或用式(4-1)估算桩体无侧限抗压强度 f_{cu}。

$$f_{cu} = (1/10)p_s \tag{4-1}$$

水泥土搅拌桩制桩后用静力触探测试强度沿深度的分布图,并与原始地基的静力触探曲线比较,可得桩身强度的增长幅度;并能测得断浆(粉)、少浆(粉)的位置和桩长。

（3）取芯检测

用钻孔方法连续取水泥搅拌桩芯,可直观地检测强度和搅拌的均匀性。取芯通常用 106 岩芯管,取出后可当场检查芯的连续、均匀性和硬度并用锯、刀切割成试块做无侧限抗压强度试验。但由于桩的不均匀性,在取样过程中水泥很易产生破碎,取出的试件做强度试验很难保证其真实性。使用钻孔方法取芯时应具有良好的取芯设备和技术,确保桩芯的完整性和原状强度。进行无侧限强度试验时,可视取位时对桩芯的损坏程度,将设计强度指标乘以 0.7～1.9 的系数。

（4）截取桩段做抗压强度试验

在桩体上部不同深度现场挖取 50cm 桩段,上、下截面用水泥砂浆整平,装入压力架后用千斤顶加压,即可测定桩身抗压强度及桩身变形量。

（5）静载试验

对承受垂直载荷的水泥搅拌桩,静载试验是最可靠的质量检测方法。

对于单桩复合地基载荷试验,载荷板的大小应根据设计置换率来确定,即载荷板面积应为一根桩所承担的处理面积,否则应予以修正。试验标高应与基础底面设计标高相同。对单桩静载试验,在板顶上要做一个桩帽,以便受力均匀。

载荷试验应在 28d 龄期后进行,检测点数每个场地不得少于 3 点。若试验值不符合设计要求时,应增加检测点的数量,若用于地基工程,其检测点数量应不少于第一次的检测量。

（6）开挖检验

可根据工程设计要求,选取一定数量的桩体进行开挖,检查加固桩体的外观质量、搭接质量和整体性等。

（7）沉降观测

建筑物竣工后,还应进行沉降、侧向位移等观测。这是最为直观检测加固效果的理想方法。

3) 对作为侧向围护的水泥土搅拌桩,开挖时主要检测项目

墙面渗漏水情况;桩墙的垂直和整齐度情况;桩体的裂缝、缺损和漏桩情况;桩体强度和均匀性;桩顶和路面顶板的连接情况;桩顶水平位移量;坑底渗漏情况;坑底隆起情况。

对于水泥土搅拌桩的检测,由于试验设备等因素的限制,只能限于浅层。对于深层强度与变形、施工桩长及深度方向水泥土的均匀性等的检测,目前尚没有更好的方法,有待今后进一步研究解决。

9. 高压喷射注浆加固效果的检测

1) 检测内容

固结体的整体性和均匀性;固结体的有效直径;固结体的垂直度;固结体的强度特性(包括桩的轴向压力、水平力、抗酸碱性、抗冻性和抗渗性等);固结体的溶蚀和耐久性能。

喷射质量的检测：施工前，主要通过现场旋喷试验，了解设计采用的旋喷参数、浆液配方和选用的外加剂材料是否合适，固结体质量能否达到设计要求。如某些指标达不到设计要求时，则可采取相应措施，使喷射质量达到设计要求。施工后，对喷射施工质量的鉴定，一般在喷射施工过程中或施工告一段落时进行。检查数量应为施工总数的 2%～5%，少于 20 个孔的工程，至少要检验 2 个点。检验对象应选择地质条件较复杂的地区及喷射时有异常现象的固结体。凡检验不合格者，应在不合格的点位附近进行补喷或采取有效补救措施，然后再进行质量检验。高压喷射注浆处理地基的强度较低，28d 强度在 1～10MPa，强度增长速度较慢，检验时间应在喷射注浆后 28d 进行，以防在固结度强度不高时，因检验而受到破坏，影响检验的可靠性。

2）检测方法

（1）开挖检验。待浆液凝固具有一定强度后，即可开挖检查固结体垂直度和固结形状。

（2）钻孔取芯。在已旋喷好的固结体中钻取岩芯，并将岩芯做成标准试件进行室内物理和化学性能的试验。根据工程的要求也可在现场进行钻孔，做压力注水和抽水两种渗透试验，测定其抗渗能力。

（3）标准贯入试验。在旋喷固结体的中部可进行标准贯入试验。

（4）载荷试验。静载试验分垂直和水平载荷试验两种。做垂直载荷试验时，需在顶部 0.5～1.0m 内浇筑 0.2～0.3m 厚钢筋混凝土桩帽。做水平推力载荷试验时，在固结体的加载受力部位浇筑 0.2～0.3m 厚钢筋混凝土加载荷面，混凝土的强度等级不低于 C20。

10. 土钉、锚杆加固效果的检测

在土钉、锚杆上连接钢筋计或贴电阻应变片，可用以量测土钉、锚杆应力分布及其变化规律，也可在锚杆端部安装锚杆反力计，量测锚杆的受力大小及其变化发展。对一般的土钉墙、锚杆工程，抗拔力试验是必要的，试验数量应为其总数的 1%，且不少于 3 根。检测的合格标准为：抗拔力平均值应大于设计极限抗拔力；抗拔力最小值应大于设计极限抗拔力的 90%。抗拔力设计安全系数：对临时性工程可取 1.5；对永久性工程可取 2.0。

对支护系统整体效果最为主要的检测是对墙体或斜坡在施工期间或竣工后的变形观测。最为直观重要的监测是土钉墙或锚杆顶面的水平位移和垂直位移；对土体内部变形的监测可在坡面后不同距离的位置布置测斜管，用测斜仪进行观测。

土钉应力、锚杆应力、土压力和面层应力等监测项目，可根据实际工程需要，做好施工期间监测，从而达到信息化施工目的，这对保证工程质量和工程安全具有极为重要的意义。

思考题

1．叙述堆载预压、真空预压加固效果的检测方法。

2．简述强夯加固效果的检测方法。

3．论述碎石桩、土桩、CFG 桩加固效果的检测方法。

4．简述灌浆效果的检测方法。

5．简述水泥土搅拌桩加固效果的检测方法。

6．简述高压喷射注浆加固效果的检测方法。

第 5 章

基桩检测技术

【本章导读】

本章主要介绍常用的基桩检测技术,包括各种载荷试验以及一些无损检测技术。通过本章的学习,读者可以掌握各种检测技术的原理方法,能够完成基桩检测的有关工作。

【本章重点】

(1) 承载力检测的有关方法;

(2) 完整性检测的有关方法;

(3) 声波透射法检测的主要原理;

(4) 钻芯法检测的过程。

桩基是现代土木工程中应用最多的一种深基础形式,桩基工程属于隐蔽工程,一旦出现质量问题,后果非常严重。所以需要对桩基质量进行检测,粗略分为承载力检测和完整性检测两大类。本章重点介绍《建筑基桩检测技术规范》(JGJ 106—2014)中列举的几种常用方法,包括单桩竖向抗压、竖向抗拔、水平静载试验、低应变动测技术、高应变动测技术、声波透射法检测、钻芯法检测、自平衡试桩法和静动试桩法,以及较新的桩基分布式光纤检测等。常用基桩检测方法及检测目的见表 5-1。

表 5-1　检测方法及检测目的

检 测 方 法	检 测 目 的
单桩竖向抗压静载试验	确定单桩竖向抗压极限承载力; 判定竖向抗压承载力是否满足设计要求; 通过桩身内力及变形测试,测定桩侧、桩端阻力; 验证高应变法的单桩竖向抗压承载力检测结果
单桩竖向抗拔静载试验	确定单桩竖向抗拔极限承载力; 判定竖向抗拔承载力是否满足设计要求; 通过桩身内力及变形测试,测定桩的抗拔摩阻力
单桩水平静载试验	确定单桩水平临界和极限承载力,测定土抗力参数; 判定水平承载力是否满足设计要求; 通过桩身内力及变形测试,测定桩身弯矩和挠曲
钻芯法	检测灌注桩桩长,桩身混凝土强度、桩底沉渣厚度,判定或鉴别桩底岩土性状,判定桩身完整性类别
低应变法	检测桩身缺陷及其位置,判定桩身完整性类别

续表

检 测 方 法	检 测 目 的
高应变法	判定单桩竖向抗压承载力是否满足设计要求； 检测桩身缺陷及其位置，判定桩身完整性类别； 分析桩侧和桩端土阻力
声波透射法	检测灌注桩桩身缺陷及其位置，判定桩身完整性类别

5.1 单桩竖向抗压静载试验

桩基静载试验是运用在工程上对桩基承载力检测的一项技术。在确定单桩极限承载力方面，它是目前最为准确、可靠的检验方法，作为判定某种动载检验方法是否成熟，均以静载试验成果的对比误差大小为依据。因此，每种地基基础设计处理规范都把单桩静载试验列入首要位置。

单桩竖向抗压静载试验是指将竖向载荷均匀地传至建筑物基桩上，通过实测单桩在不同载荷作用下的桩顶沉降，得到静载试验的 $Q\text{-}S$ 曲线及 $S\text{-}\lg t$ 等辅助曲线。压重平台反力装置示意如图 5-1 所示。

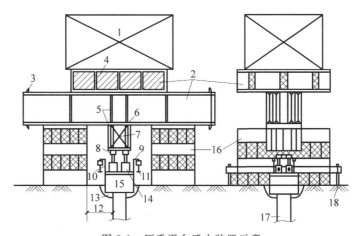

图 5-1 压重平台反力装置示意

1—堆载；2—堆载平台；3—连接螺杆；4—木垫块；5—加筋板；6—通用梁；7—十字撑；8—测力环；9—支架；10—千分表；11—槽钢；12—最小距离；13—空隙；14—液压千斤顶；15—桩帽；16—土垛；17—试桩；18—千分表支架

5.1.1 检测目的

确定单桩竖向抗压极限承载力；判定竖向抗压承载力是否满足设计要求；通过桩身应变、位移测试，测定桩侧、桩端阻力，验证高应变法的单桩竖向抗压承载力检测结果。

5.1.2 规范方法

（1）试验桩应加载至破坏；

（2）工程桩加载量不应小于设计单桩承载力特征值的 2 倍；

（3）千斤顶应并联同步工作，型号规格一致，合力中心与桩轴线重合；

（4）反力装置提供的反力不得小于最大加载量的 1.2 倍；

（5）工程桩用作锚桩时数量不应少于 4 根；

（6）压重宜在检测前一次加足；

（7）压重施加于地基的压应力不宜大于地基承载力特征值的 1.5 倍（可用工程桩作为堆载支点）；

（8）传感器测量误差≤1%，压力表精度≥0.4 级；

（9）压力表最大加载时，压力不应超过规定工作压力的 80%；

（10）位移传感器测量误差<0.1%FS（FS 表示满量程），百分表分辨力 0.01mm；

（11）直径或边长>500mm 的桩应对称安装 4 个位移计，直径或边长≤500mm 的桩可安装 2 个位移计；

（12）沉降测定平面宜在桩顶 200mm 以下位置，测点牢固固定于桩身，不得在承压板上或千斤顶上设置沉降观测点；

（13）位移测量系统应避免气温、振动等外界因素的影响；

（14）桩中心距离小于 4D 时取 3D 且>2.0m；

（15）桩头加固参照高应变桩头处理方案，高度满足试验装置要求。

5.1.3　现场检测

加载采用逐级等量加载，分级载荷为最大加载量的 1/10，第一级取分级载荷的 2 倍；每级卸载量取加载分级载荷的 2 倍。加载和卸载时应均匀、连续、无冲击，载荷维持中变化幅度不超过分级载荷的±10%。试验桩应采用慢速法；工程桩宜采用慢速法，有成熟地区经验时，可采用快速法。这里只介绍慢速法试验步骤。

（1）加载：每级载荷施加后按第 5min、15min、30min、45min、60min、90min、120min 测读沉降量（如未达到稳定，继续按 30min 间隔读数）。沉降相对稳定标准：1h 内沉降量不超过 0.1mm，并连续出现 2 次；达到标准时再施加下一级载荷。

（2）卸载：每级载荷维持 1h，按第 15min、30min、60min 测读沉降量，即可卸下一级载荷，卸载至 0 后，维持 3h，按第 15min、30min、60min、90min、120min、150min、180min 测读沉降量。注：快速法每级载荷维持时间至少为 1h。

（3）终止加载条件：①某级载荷作用下，桩顶沉降量大于前一级载荷作用下沉降量的 5 倍；②某级载荷作用下，桩顶沉降量大于前一级载荷作用下沉降量的 2 倍，且经 24h 尚未达到相对稳定标准；③已达到设计要求的最大加载量；④当工程桩作为铺桩时，锚桩上拔量已达到允许值。

5.1.4　单桩竖向抗压承载力的确定

1. 单桩竖向抗压极限承载力的确定

《建筑基桩检测技术规范》（JGJ 106—2014）按下列方法综合分析确定单桩竖向抗压极

限承载力 Q_u。

（1）根据沉降随载荷变化的特征确定：对于陡降型的 $Q\text{-}S$ 曲线，取其发生明显陡降的起始点对应的载荷值。

（2）根据沉降随时间变化的特征确定：取 $S\text{-}\lg t$ 曲线尾部出现明显向下弯曲的前一级载荷值。

（3）某级载荷作用下，桩顶沉降量大于前一级载荷作用下沉降的 2 倍，且经 24h 尚未达到相对稳定标准，则取前一级载荷值。

（4）对于缓变型 $Q\text{-}S$ 曲线可根据沉降量确定，宜取 $S=40\text{mm}$ 对应的载荷值；当桩长大于 40m 时，宜考虑桩身弹性压缩量；对于直径大于或等于 800mm 的桩，可取 $S=0.05D$（D 为桩端直径）对应的载荷值。

当按上述四条判定桩的竖向抗压承载力未达到极限时，桩的竖向抗压极限承载力应取最大试验载荷值。

2. 单桩竖向抗压承载力特征值的确定

《建筑地基基础设计规范》(GB 50007—2011)规定的单桩竖向抗压承载力特征值按单桩竖向抗压极限承载力统计值除以安全系数 2 得到。

单桩竖向抗压极限承载力统计值的确定应符合下列规定：

（1）参加统计的试桩结果，当满足其级差不超过平均值的 30% 时，取其平均值为单桩竖向抗压极限承载力。

（2）当其级差超过平均值的 30% 时，应分析级差过大的原因，结合工程具体情况综合确定，必要时可增加试桩数量。

（3）对桩数为 3 根或 3 根以下的柱下承台，或工程桩抽检数量少于 3 根时，应取低值。

5.1.5　桩身内力测试

桩身埋设钢筋计，安装在两种不同性质土层的界面处，每个界面按正交方向布置 4 只。桩底埋设土压力计。信号线顺钢筋笼直穿至桩顶。注意保护和存活率问题。

内力测试原理为：在桩顶载荷逐级增加过程中桩的上部侧摩阻力逐步发挥，向下传递，直至桩端承载力发挥。测得在不同载荷下，桩身侧摩阻力、桩端阻力的变化。得到极限载荷状态下，桩身侧摩阻力和桩端阻力的发挥，继而核实地质资料侧摩阻系数、端阻系数。

5.1.6　注意事项

锚桩、反力梁装置提供的反力不应小于预估最大试验载荷的 1.2 倍；当采用工程桩作为锚桩时，锚桩数量不得少于 4 根，当要求加载值较大时，有时需要 6 根甚至更多。当试桩直径（或边长）小于或等于 800mm 时，锚桩与试桩的中心间距可为试桩直径（或边长）的 5 倍；当试桩直径大于 800mm 时，锚桩与试桩的中心间距不得小于 4m。

单桩竖向抗压静载试验是目前公认的检测基桩竖向抗压承载力最直接、最可靠的试验方法。静载试验法包括基桩竖向和水平承载力检测，工程中多用到竖向静载试验。静载试验法显著的优点是其受力条件比较接近桩基础的实际受力状况，主要适用于工程试桩的承载力检测,其检测精度高,相对误差在 10％内。

优点:操作过程比较简单,最直接、最可靠,适用性强。

缺点:劳动强度大,危险性高,测试人员几十小时长期工作,容易疲劳,影响测试工作,人为干扰因素多。

5.2　单桩竖向抗拔静载试验

高耸建(构)筑物往往要承受较大的上拔载荷,而桩基础是建(构)筑物抵抗上拔载荷的重要基础形式。迄今为止,桩基础上拔承载力的计算还是一个没有从理论上解决的问题,在这种情况下,现场原位试验在确定单桩竖向抗拔承载力中的作用就显得尤为重要。单桩竖向抗拔静载试验就是采用接近于竖向抗拔桩实际工作条件的试验方法,在桩顶部逐级施加竖向拔力,观测桩顶部随时间产生抗拔位移,确定单桩的竖向抗拔极限承载能力。

5.2.1　试验设备

单桩竖向抗拔承载力试验示意如图 5-2 所示。它主要由试验加载装置和量测装置组成。

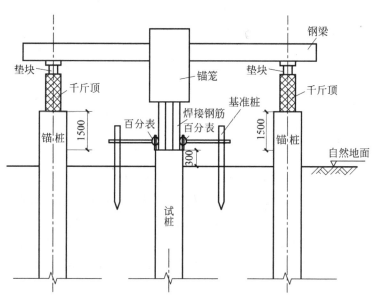

图 5-2　单桩竖向抗拔承载力试验示意

1. 试验加载装置

试验加载装置一般采用油压千斤顶,千斤顶的加载反力装置可根据现场情况确定,可以利用工程桩为反力锚桩,也可采用天然地基提供支座反力。若工程桩中的灌注桩作为反力锚桩时,宜沿灌注桩桩身通长配筋,以免出现桩身的破损;采用天然地基提供反力时,施加于地基的压应力不宜超过地基承载力特征值的 1.5 倍;反力梁支点重心应与支柱中心重合;反力桩顶面应平整并具有一定的强度。

2．载荷与变形量测装置

载荷可用放置于千斤顶上的应力环、应变式压力传感器直接测定,也可采用连接于千斤顶上的标准压力表测定油压,根据千斤顶载荷-油压率定曲线换算出实际载荷值。试桩上拔变形一般用百分表量测。

5.2.2　试验方法

1．现场检测

从成桩到开始试验的时间间隔一般应遵循下列要求:在确定桩身强度已达要求的前提下,对于砂类土,不应少于 10d;对于粉土和黏性土,不应小于 15d;对于淤泥或淤泥质土,不应少于 25d。

单桩竖向抗拔静载试验一般采用慢速维持载荷法,需要时也可采用多循环加、卸载法,慢速维持载荷法的加载分级、试验方法可按单桩竖向抗压静载试验的规定执行。

2．终止加载条件

试验过程中,当出现下列情况之一时,即可终止加载:

(1) 按钢筋抗拉强度控制,桩顶上拔载荷达到钢筋强度标准值的 90%;

(2) 某级载荷作用下,桩顶上拔位移量大于前一级上拔载荷作用下上拔量的 5 倍;

(3) 试桩的累计上拔量超过 100mm;

(4) 对于抽样检测的工程桩,达到设计要求的最大上拔载荷值。

5.2.3　试验资料整理

单桩竖向抗拔静载试验报告资料的整理应包括以下内容,参见《建筑基桩检测技术规范》(JGJ 106—2014):

(1) 单桩竖向抗拔静载试验概况;

(2) 单桩竖向抗拔静载试验记录表;

(3) 绘制单桩竖向抗拔静载试验上拔载荷(U)和上拔量(δ)之间的 U-δ 曲线以及 δ-$\lg t$ 曲线;

(4) 当进行桩身应力、应变量测时,应根据量测结果整理出有关表格,绘制桩身应力、桩侧阻力随桩顶上拔载荷的变化曲线;

(5) 必要时绘制桩土相对位移曲线,以了解不同入土深度对抗拔桩破坏特征的影响。

5.2.4　确定单桩竖向抗拔承载力

1．单桩竖向抗拔极限承载力的确定

(1) 对于陡变型的 U-δ 曲线(图 5-3),可根据 U-δ 曲线的特征点确定。大量试验结果表明,单桩竖向抗拔 U-δ 曲线大致可划分为三段:第Ⅰ段直线段,U-δ 按比例增加;第Ⅱ段为曲线段,随着桩土相对位移的增大,上拔位移量比侧阻力增加的速率快;第Ⅲ段又呈直线段,此时即使上拔载荷增加很小,桩的位移量仍继续上升,同时桩周地面往往出现环向裂缝,第Ⅲ段起始点 U_0 所对应的载荷值即为桩的竖向抗拔极限承载力。

（2）对于缓变型的 U-δ 曲线,可根据 δ-$\lg t$ 曲线的变化情况综合判定,一般取 δ-$\lg t$ 曲线尾部显著弯曲的前一级载荷为竖向抗拔极限承载力,如图 5-4 所示。

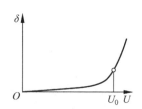

图 5-3　陡变型 U-δ 曲线确定单桩竖向抗拔极限承载力

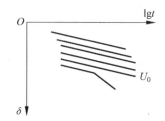

图 5-4　缓变型 U-δ 曲线根据 δ-$\lg t$ 曲线确定单桩竖向抗拔极限承载力

（3）根据 δ-$\lg U$ 曲线来确定单桩竖向抗拔极限承载力时,可取 δ-$\lg U$ 曲线的直线段起始点所对应的载荷作为桩的竖向抗拔极限承载力。将直线段延长与横坐标相交,交点的载荷值为极限侧阻力,其余部分为桩端阻力,如图 5-5 所示。

（4）根据桩的上拔位移量大小来确定单桩竖向抗拔极限承载力也是常用的一种方法。

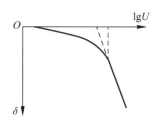

图 5-5　根据 δ-$\lg U$ 曲线确定单桩竖向抗拔极限承载力

2. 单桩竖向抗拔承载力特征值的确定

（1）单桩竖向抗拔极限承载力统计值的确定方法与单桩竖向抗压统计值的确定方法相同。

（2）单位工程同一条件下的单桩竖向抗拔承载力特征值应按单桩竖向抗拔极限承载力统计值的一半取值。

（3）当工程桩不允许带裂缝工作时,取桩身开裂的前一级载荷与按极限承载力一半取值确定的承载力相比取小值作为单桩竖向抗拔承载力特征值。

5.3　单桩水平静载试验

单桩水平静载试验一般以桩顶自由的单桩为对象,采用接近于水平受荷桩实际工作条件的试验方法来达到以下目的:

（1）确定试桩的水平承载力。检验和确定试桩的水平承载力是单桩水平静载试验的主要目的。试桩的水平承载力可直接由水平载荷（H）和水平位移（X）之间的曲线确定,也可根据实测桩身应变来判定。

（2）确定试桩在各级水平载荷作用下桩身弯矩的分配规律。当桩身埋设量测元件时,可以比较准确地量测出各级水平载荷作用下桩身弯矩的分配情况,从而为检测桩身强度、推求不同深度处的弹性地基系数提供依据。

（3）确定弹性地基系数。在进行水平载荷作用下单桩的受力分析时，弹性地基系数的选取至关重要。C 法、m 法和 K 法各自假定了弹性地基系数沿不同深度的分布模式，而且它们也有各自的适用范围，通过试验，可以选择一种比较符合实际情况的计算模式及相应的弹性地基系数。

（4）推求桩侧土的水平抗力（q）和桩身挠度（y）之间的关系曲线。求解水平受荷桩的弹性地基系数法虽然应用简便，但误差较大，事实上，弹性地基系数沿深度的变化是很复杂的，它随桩身侧向位移的变化是非线性的，当桩身侧向位移较大时，这种现象更加明显。因此，通过试验可直接获得不同深度处地基土的抗力和桩身挠度之间的关系，绘制桩身不同深度处的 q-y 曲线，并用它来分析工程桩在水平载荷作用下的受力情况更符合实际。

5.3.1 试验设备

单桩水平静载试验设备通常包括加载装置、反力装置、量测装置三部分，如图 5-6 所示。

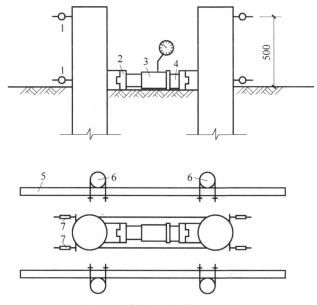

图 5-6 单桩水平静载试验设备

1—百分表；2—球铰；3—千斤顶；4—垫块；5—基准梁；6—基准桩；7—百分表

1. 加载装置

试桩时一般都采用卧式千斤顶加载，加载能力不小于最大试验载荷的 1.2 倍，用测力环或测力传感器测定施加的载荷值，对往复式循环试验可采用双向往复式油压千斤顶，水平力作用线应通过地面标高处（地面标高处应与实际工程桩基承台地面标高一致）。为防止桩身载荷作用点处局部的挤压破坏，一般需用钢块对载荷作用点进行局部加强。

单桩水平静载试验的千斤顶一般应有较大的引程。为保证千斤顶施加的作用力能水平通过桩身曲线，宜在千斤顶与试桩接触处安置一球形铰座。

2. 反力装置

反力装置的选用应考虑充分利用试桩周围的现有条件,必须满足其承载力大于最大预估载荷的 1.2 倍,其作用力方向上的刚度不应小于试桩本身的刚度。常用的方法是利用试桩周围的工程桩或垂直静载试验用的锚桩作为反力墩,也可根据需要把两根或更多根桩连成一体作为反力墩,条件许可时也可利用周围现有结构物作为反力装置。必要时,也可浇筑专门支墩来作反力装置。

3. 量测装置

1) 桩顶水平位移量测

桩顶的水平位移采用大量程百分表来量测,每一试桩都应在载荷作用平面和该平面以上 50cm 左右各安装一只或两只百分表,下表量测桩身在地面处的水平位移,上表量测桩顶水平位移,根据两表位移差与两表距离的比值求出地面以上桩身的转角。如果桩身露出地面较短,也可只在载荷作用水平面上安装百分表量测水平位移。

位移测量基准点设置不应受试验和其他因素的影响,基准点应设置在与作用面垂直且与位移方向相反的试桩侧面,基准点与试桩净距不应小于 1 倍桩径。

2) 桩身弯矩量测

水平载荷作用下桩身的弯矩并不能直接量测得到,只能通过量测桩身的应变来推算。因此,当需要研究桩身弯矩的分布规律时,应在桩身粘贴应变量测元件。一般情况下,量测预制桩和灌注桩桩身应变时,可采用在钢筋表面粘贴电阻应变片制成的应变计。

各测试断面的测量传感器应沿受力方向对称布置在远离中性轴的受拉和受压主筋上;埋设传感器的纵剖面与受力方向之间的夹角不大于 10°。在地面下 10 倍桩径的主要受力部分应加密测试断面,断面间距不宜超过 1 倍桩径;超过此深度,测试断面间距可适当加大。

3) 桩身挠曲变形量测

量测桩身的挠曲变形,可在桩内预埋测斜管,用测斜仪量测不同深度处桩截面倾角,利用桩顶实测位移或桩端转角和位移为零的条件(对于长桩),求出桩身的挠曲变形曲线,由于测斜管埋设比较困难,系统误差较大,较好的方法是利用应变片测得各断面的弯曲应变直接推算桩轴线的挠曲变形。

5.3.2   试验方法

1. 试桩要求

(1) 试桩的位置应根据场地地质、地形条件和设计要求及地区经验等因素综合考虑,选择有代表性的地点,一般应位于工程建设或使用过程中可能出现最不利条件的地方。

(2) 试桩前应在离试桩边 2～6m 内布置工程地质钻孔,在 16D 的深度范围内,按间距为 1m 取土样进行常规物理力学性质试验,有条件时也应进行其他原位测试,如十字板剪切试验、静力触探试验、标准贯入试验等。

(3) 试桩数量应根据设计要求和工程地质条件确定,一般不少于 2 根。

(4) 试桩时桩顶中心偏差不大于 $D/8$ 且不大于 10cm,轴线倾斜度不大于 0.1%。当桩

身埋有量测元件时,应严格控制试桩方向,使最终实际受荷方向与设计要求的方向夹角在
$-10°\sim10°$。

(5) 从成桩到开始试验的时间间隔,砂性土中的打入桩不应少于 3d;黏性土中的打入
桩不应少于 14d;钻孔灌注桩从灌入混凝土到试桩的时间间隔一般不少于 28d。

2. 加载和卸载方式

实际工程中,桩的受力情况十分复杂,载荷稳定时间,加载形式、周期、加荷速率等因素
都将直接影响桩的承载能力。常用的加、卸荷方式有单向多循环加卸载法、双向多循环加卸
载法和慢速维持载荷法。

《建筑桩基技术规范》(JGJ 94—2008)推荐进行单桩水平静载试验时应采用单向多循环
加卸载法,可取预估单桩水平极限承载力的 $1/15\sim1/10$ 作为每级载荷的加载增量。根据桩
径的大小并适当考虑土层的软硬程度,对于直径为 $300\sim1000mm$ 的桩,每级载荷增量可取
$2.5\sim20kN$。每级载荷施加后,恒载 4min 后测读水平位移,然后卸载到零,停 2min 后测读
残余水平位移,完成一个加、卸载循环,如此循环 5 次便完成一级载荷的试验观测,试验不得
中间停顿。单向多循环加卸载法的分级载荷应小于预估水平极限承载力或最大试验载荷的
1/10。测量桩身应力或应变时,测试数据的测读和水平位移的测量同步进行。

慢速维持载荷法的加卸载分级、试验方法及稳定标准同单桩竖向静载试验。

3. 终止试验条件

当试验过程出现下列情况之一时,即可终止试验:
(1) 桩身折断;
(2) 桩身水平位移超过 $30\sim40mm$(软土中取 40mm);
(3) 水平位移达到设计要求的水平位移允许值。

5.3.3 试验资料的整理

1. 单桩水平静载试验概况的记录

记录试验基本情况,并对试验过程中发生的异常现象加以记录和补充说明。

2. 整理单桩水平静载试验记录表

将单桩水平静载试验记录表按表 5-2 的形式整理,以备进一步分析计算使用。

表 5-2 单桩水平静载试验记录表

工程名称				桩号		日期		上下表距	
油压/MPa	载荷/kN	观测时间	循环数	加载 上表	加载 下表	卸载 上表	卸载 下表	水平位移/mm 加载	水平位移/mm 卸载	加载上下表读数差	转角	备注

检测单位:　　　　校核:　　　　记录:

3. 绘制单桩水平静载试验曲线

绘制单桩水平静载试验水平力-时间-位移(H-t-X)关系曲线、水平力-位移梯度(H-$\Delta X/\Delta H$)曲线。

4. 计算弹性地基系数的比例系数

地基土弹性地基系数的比例系数一般按下面的公式计算：

$$m = \frac{(H_{cr}/X_{cr}V_{x})^{\frac{5}{3}}}{B(EI)^{\frac{2}{3}}} \tag{5-1}$$

式中：m——地基土弹性地基系数的比例系数（MN/m⁴），该数值为地面以下 $2(D+1)$ 深度内各土的综合值；

　　　　H_{cr}——单桩水平临界载荷（kN）；

　　　　X_{cr}——单桩水平临界载荷对应的位移（m）；

　　　　V_{x}——桩顶水平位移系数，按规范采用；

　　　　B——桩身计算宽度（m），按以下规定取值：

圆形桩：当桩径 $D \leqslant 1.0$ m 时，$B = 0.9(1.5D + 0.5)$；当桩径 $D > 1.0$ m 时，$B = 0.9(D + 1)$。

方形桩：当桩径 $b \leqslant 1.0$ m 时，$B = 0.5b + 0.5$；当桩径 $b > 1.0$ m 时，$B = b + 1$。

5.3.4　单桩水平临界载荷和单桩水平极限载荷及承载力特征值的确定

1. 单桩水平临界载荷的确定方法

单桩水平临界载荷（桩身受拉区混凝土明显退出工作前的最大载荷），一般按下列方法综合确定：

（1）H-t-X 曲线出现突变点的前一级载荷为水平临界载荷 H_{cr}；

（2）取 H-$\Delta X/\Delta H$ 曲线第一条直线段的终点所对应的载荷为水平临界载荷 H_{cr}；

（3）当桩身埋有钢筋应力计时，取 H-σ_{g}（最大弯矩点钢筋应力）曲线第一突变点所对应的载荷为水平临界载荷 H_{cr}。

2. 单桩水平极限载荷的确定方法

单桩水平极限载荷可根据下列方法综合确定：

（1）取 H-t-X 曲线陡降的前一级载荷为水平极限载荷 H_{u}；

（2）取 H-$\Delta X/\Delta H$ 曲线第二直线段的终点所对应的载荷为水平极限载荷 H_{u}；

（3）取桩身折断或受拉钢筋屈服时的前一级载荷为水平极限载荷 H_{u}；

（4）当试验项目对加载方法或桩顶位移有特殊要求时，可根据相应的方法确定水平极限载荷 H_{u}。

当作用于桩顶的轴向载荷达到或超过其竖向载荷 20% 时，单桩水平临界载荷、极限载荷都将有一定程度的提高。因此,当条件许可时,可模拟实际载荷情况,进行桩顶同时施加轴向压力的水平静载试验,以更好地了解桩身的受力情况。

3. 单桩水平承载力特征值确定

水平极限承载力和水平临界载荷统计值确定后(按照单桩竖向抗压承载力统计值的方法确定),单位工程同一条件下的单桩水平承载力特征值的确定应符合下列规定:

(1) 当水平承载力按桩身强度控制时,取水平临界载荷统计值为单桩承载力特征值;

(2) 当桩受长期水平载荷作用且桩不允许开裂时,取水平载荷统计值的80%作为单桩水平承载力特征值;

(3) 当水平承载力按设计要求的允许水平位移控制时,可取设计要求的水平允许位移对应的水平载荷作为单桩水平承载力特征值,但应满足有关规范抗裂相关要求。

5.4 基桩低应变动测技术

基桩的低应变动测就是通过对桩顶施加激振能量,引起桩身及周围土体的微幅振动,同时用仪表量测和记录桩顶的振动速度和加速度,利用波动理论或机械阻抗理论对记录结果加以分析,从而达到检验桩基施工质量、判断桩身完整性、判定桩身缺陷程度及位置等目的。低应变法具有快速、简便、经济、实用等优点。

基桩低应变动测的一般要求是:检测前的准备工作、检测数量的确定、仪器设备及保养。

检测前必须收集场地工程地质资料、施工原始记录、基础设计图和桩位布置图,明确测试目的和要求。

通过现场调查,确定需要检测桩的位置和数量,并对这些桩进行检测前的处理。桩基的检测数量应根据建(构)筑物的特点、材料特点、桩的类型、场地工程、地质条件、检测目的、施工记录等因素综合考虑决定。对于一柱一桩的建(构)筑物,全部桩基都应进行检测;非一柱一桩时,若检测混凝土灌注桩桩身完整,则抽测数不得少于该批桩总数的30%,且不得少于10根。如抽测结果不合格的桩数超过抽测数的30%,应加倍抽测;加倍抽测后,不合格的桩数仍超过抽测数的30%时,则应全面检测。

及时对仪器设备进行检查和调试,选定合适的测试方法和仪器参数。用于基桩低应变动测的仪器设备,其性能应满足各种检测方法的要求。检测仪器应具有防尘、防潮性能,并可在−10~50℃的环境温度下正常工作。对桩身材料强度进行检测时,如工期较紧,也可根据桩身混凝土实测纵波波速来推求桩身混凝土的强度。

基桩低应变法动测的方法很多,本节主要介绍在工程中应用比较广泛、效果较好的反射波法、机械阻抗法、动力参数法等。

5.4.1 反射波法

埋设于地下的桩长度要远大于其直径,因此可将其简化为无侧限约束的一维弹性杆件,在桩顶初始扰力作用下产生的应力波沿桩身向下传播,如图5-7所示。并且满足一维波动方程：

$$\frac{\partial^2 u}{\partial t^2} = c^2 \frac{\partial^2 u}{\partial x^2} \qquad (5-2)$$

式中：u——x 方向位移(m)；

　　　c——桩身材料的纵波波速(m/s)。

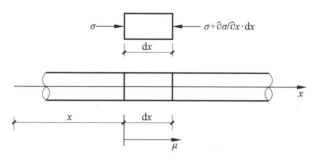

图 5-7　一维弹性杆件的纵向振动

弹性波沿桩身传播过程中,在桩身夹泥、离析、扩颈、缩颈、断裂、桩端等桩身阻抗变化处将会发生反射和透射,用记录仪记录下反射波在桩身中传播的波形,通过对反射波曲线特征的分析即可对桩身的完整性、缺陷的位置进行判定,并对桩身混凝土的强度进行评估。

1. 检测设备

用于反射波桩基动测的仪器一般有传感器、放大器以及激振设备等。

1) 传感器

传感器是反射波法桩基动测的重要仪器,传感器一般可选用宽频带的速度传感器或加速度传感器。速度传感器的频率范围宜为 $10 \sim 500 \mathrm{Hz}$,灵敏度应高于 $300 \mathrm{mV/(cm/s)}$。加速度传感器的频率范围宜为 $1 \mathrm{Hz} \sim 10 \mathrm{kHz}$,灵敏度应高于 $100 \mathrm{mV/g}$。

2) 放大器

放大器的增益应大于 $60 \mathrm{dB}$,长期变化量小于 1%,折合输入端的噪声水平应低于 $3 \mu \mathrm{V}$,频宽度应宽于 $1 \mathrm{Hz}$,滤波频率可调。模数转换器的位数至少应为 $8 \mathrm{bit}$,采样时间间隔至少为 $50 \mu \mathrm{s}$,每个通道数据采集暂存器的容量应不小于 $1 \mathrm{kbit}$,多通道采集系统应具有良好的一致性,其振幅偏差应小于 3%,相位偏差应小于 $0.1 \mathrm{ms}$。

3) 激振设备

激振设备应有不同材质、不同质量之分,以便于改变激振频谱和能量,满足不同的检测目的。目前工程中常用的锤头有塑料锤头和尼龙锤头,它们激振的主频分别为 $2000 \mathrm{Hz}$ 左右和 $1000 \mathrm{Hz}$ 左右;锤柄有塑料柄、尼龙柄、铁柄等,柄长可根据需要而变化。一般来说,柄长越短则由柄本身振动所引起的噪声越小,而且短柄产生的力脉冲宽度小、力谱宽度大。当检测深部缺陷时,应选用柄长、重的尼龙锤来加大冲击能量;当检测浅部缺陷时,可选用柄短、轻的尼龙锤。

2. 检测方法

反射波法检测基桩质量的仪器布置如图 5-8 所示。

现场检测工作一般应遵循下面的一些基本程序：

（1）对被测桩头进行处理，凿去浮浆，平整桩头，割除外露的过长钢筋。

（2）接通电源，对测试仪器进行预热，进行激振和接收条件的选择性试验，确定最佳激振方式和接收条件。

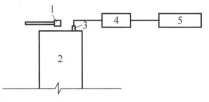

图 5-8　反射波检测基桩质量仪器布置
1—手锤；2—桩；3—传感器；
4—桩基分析仪；5—显示器

（3）对于灌注桩和预制桩，激振点一般选在桩头的中心部位；对于水泥土桩，激振点应选择在 1/4 桩径处；传感器应稳固地安置于桩头上，为了保证传感器与桩头的紧密接触，应在传感器底面涂抹凡士林或黄油；当桩径较大时，可在桩头安放两个或多个传感器。

（4）为了减少随机干扰的影响，可采用信号增强技术进行多次重复激振，以提高信噪比。

（5）为提高反射波的分辨率，应尽量使用小能量激振并选用截止频率较高的传感器和放大器。

（6）由于面波的干扰，桩身浅部的反射比较紊乱，为有效识别桩头附近的浅部缺陷，必要时可采用横向激振水平接收的方式进行辅助判别。

（7）每根试桩应进行 3～5 次重复测试，出现异常波形应立即分析原因，排除影响测试的不良因素后再重复测试，重复测试的波形应与原波形具有良好的相似性。

3．检测结果的应用

1）确定桩身混凝土的纵波波速

桩身混凝土纵波波速可按下式计算：

$$C = \frac{2L}{t_r} \tag{5-3}$$

式中：C——桩身纵波波速（m/s）；

　　　L——桩长（m）；

　　　t_r——桩底反射波到达时间。

2）评价桩身质量

反射波形的特征反应桩身质量，利用反射波曲线进行桩身完整性判定时，应根据波形、相位、振幅、频率及波至时刻等因素综合考虑，桩身不同缺陷反射波特征如下：完整性好的基桩反射波具有波形规则、清晰，桩底反射波明显，反射波至时间容易读取，桩身混凝土平均纵波波速较高的特性，同场地完整桩反射波形具有较好的相似性。离析和缩颈桩桩身混凝土纵波波速较低，反射波幅减少，频率降低。桩身断裂时其反射波到达时间小于桩底反射波到达时间，波幅较大，往往出现多次反射，难以观测到桩底反射。

3）确定桩身缺陷的位置与范围

桩身缺陷离桩顶的位置 L' 由下式计算：

$$L' = \frac{1}{2} t'_r C_0 \tag{5-4}$$

式中：L'——桩身缺陷的位置(m)；

t'_r——桩身缺陷的部位反射波至时间(s)；

C_0——场地范围内桩身纵波波速平均值(m/s)。

桩身缺陷范围是指桩身缺陷沿轴向的经历长度。桩身缺陷范围可按下面方法计算：

$$l = \frac{1}{2} \Delta t C' \tag{5-5}$$

式中：l——桩身缺陷的位置(m)；

Δt——桩身缺陷的上、下面反射波至时间差(s)；

C'——桩身缺陷段纵波波速(m/s)，可由表 5-3 确定。

表 5-3   桩身缺陷段纵波速度

缺陷类别	离析	断层夹泥	裂缝空间	缩颈
纵波速度/(m/s)	1500~2700	800~1000	<600	正常纵波速度

4) 推求桩身混凝土强度

推求桩身混凝土强度是反射波法基桩动测的重要内容,桩身纵波波速与桩身混凝土强度之间的关系受施工方法、检测仪器的精度、桩周土性等因素的影响。根据实践经验,表 5-4 中桩身纵波波速与混凝土强度之间的关系比较符合实际,效果较好。

表 5-4   桩身纵波波速与混凝土强度关系

纵波波速/(m/s)	混凝土强度等级	纵波波速/(m/s)	混凝土强度等级
>4100	>C35	2500~3500	C20
3700~4100	C30	<2500	<C20
3500~3700	C25		

5.4.2   机械阻抗法

埋设于地下的桩与其周围的土体构成连续系统,即无限自由度系统。但当桩身存在一些缺陷,如断裂、夹泥、扩颈、离析时,桩-土体系可视为有限自由度系统,而且这有限自由度的共振频率是可以分离的。因此,在考虑每一级共振时可将系统看成单自由度系统,在测试频率范围内可依次激发出各阶共振频率。这就是机械阻抗法检测基桩质量的理论依据。

依据频率不同的激振方式,机械阻抗法可分为稳态激振和瞬态激振两种。实际工程中多采用稳态正弦激振法。利用机械阻抗法进行基桩动测,可以达到检测桩身混凝土的完整性,判定桩身缺陷的类型和位置等目的。对于摩擦桩,机械阻抗法测试的有效范围为 $L/D \leqslant 30$(L 为桩长,D 为桩断面直径或宽度)；对于摩擦-端承桩或端承桩,测试的有效范围可达 $L/D \leqslant 50$。

1. 检测设备

机械阻抗法的主要设备由激振器、传感器、信号分析系统三部分组成。

(1) 稳态激振应选用电磁激振器,应满足以下技术要求。

频率范围:5~1500Hz;最大出力:当桩径小于1.5m时,应大于200N;当桩径在1.5~3.0m时,应大于400N;当桩径大于3.0m时,应大于600N。

悬挂装置可采用柔性悬挂(橡皮绳)或半刚性悬挂,采用柔性悬挂时应注意避免高频段出现的横向振动。采用半刚性悬挂时,在激振频率为10~1500Hz时,系统本身特性曲线出现的谐振(共振及反共振)峰不应超过1个,为了减少横向振动的干扰,激振装置在初次使用及长距离运输后正式使用前应进行仔细的调整。当激振设备使用力锤时,所选用的力锤设备应优于1kHz,最大激振力小于300N。

(2) 量测系统主要由力传感器、速度(加速度)传感器等组成。传感器的技术特性应符合下列要求:力传感器频率响应为5~10kHz,幅度畸变小于1dB,灵敏度不小于10pc/kN,量程应视激振最大值而定,但不应小于1000N。速度、加速度传感器频率响应为:速度传感器5~1500Hz,加速度传感器1Hz~10kHz;灵敏:当桩径小于60cm时,速度传感器的灵敏度 $S_v > 300mV/(cm/s)$,加速度传感器的灵敏度 $S_a > 1000pc/g$;当桩径大于60cm时 $S_v > 800mV/(cm/s)$,$S_a > 2000pc/g$。横向灵敏度不大于0.05。加速度传感器的量程,稳态激振时不小于5g,瞬态激振时不小于20g。速度、加速度传感器的灵敏度应每年标定一次,力传感器可用振动台进行相对标定,或采用压力试验机做准静态标定。进行准静态标定所采用的电荷放大器,输入阻抗应不小于10Ω,测量响应的传感器可采用振动台进行相对标定。在有条件时,可进行绝对标定。

(3) 信号分析系统可采用专用的机械阻抗分析系统。也可采用由通用的仪器设备组成的分析系统。压电加速度传感器的信号放大器应采用电荷放大器,磁电式速度传感器的信号放大器应采用电压放大器。带宽应大于5Hz,增益应大于80dB,动态范围应在40dB以上,折合输入端的噪声应小于10μV。在稳态测试中,为减少其他振动的干扰,必须采用跟踪滤波器或在放大器内设置性能相似的滤波系统,滤波器的阻尼衰减应不小于40dB。在瞬态测试分析仪中,应具有频率均匀和计算相干函数的功能。

2. 检测方法

在进行正式测试前,必须认真做好被测桩的准备工作,以确保得到准确的测试结果。首先应进行桩头的清理,去除覆盖在桩头上的松散层,露出密实的桩顶。将桩头顶面修凿平整,并与周围地面保持齐平。桩径小于60cm时,可布置一个测点;桩径为60~150cm时,应布置2~3个测点;桩径大于150cm时,应在互相垂直的两个方向布置4个测点。

粘贴在桩顶的圆形钢板,放置激振装置和传感器的一面用铣床加工成光洁表面。接触桩顶的一面则应粗糙些,使其与桩头粘贴牢固。将加工好的圆形钢板用浓稠的环氧树脂进行粘贴。大钢板粘贴在桩头正中处,小钢板粘贴在桩顶边缘处。粘贴之前应先将桩顶粘贴表面处修凿平整清扫干净,再摊铺填满浓稠的环氧树脂,贴上钢板并挤压,使钢板四周有少许粘贴剂挤出,然后立即用水平尺反复校正,使钢板表面保持平整,待10~20h环氧树脂完全固化后即可进行测试。如不立即测试,可在钢板上涂上黄油,以防锈蚀。桩头上不要放置与测试无关的东西,桩身主筋不要露出过长以免产生谐振干扰。半刚性悬挂装置和传感器必须用螺丝固定在桩头钢板上。安装和连接测试仪器时,必须妥善设置接地线,要求整个检测系统一点接地,以减少电噪声干扰。传感器的接地电缆应采用屏蔽电缆且不宜过长,加速度传感器在标定时应使用和测试时等长的电缆线连接,以减少量测误差。

　　安装好全部测试设备并确认各仪器装置处于正常工作状态后方可开始测试。在正式测试前必须正确选定仪器系统的各项工作参数,使仪器能在设定的状态下完成试验工作。在测试过程中应注意观察各设备的工作状态,如未出现不正常状态,则该次测试为有效测试。

　　在同一工地中如果某桩实测的导纳曲度明显过大,则有可能在接近桩顶部位存在严重缺陷,此时应增大扫频频率上限,以判定缺陷位置。

3. 检测结果及应用

1) 计算有关参数

根据记录到的桩的导纳曲线,如图 5-9 所示。可以计算出以下参数:

(1) 导纳的几何平均值

$$N_m = \sqrt{PQ} \tag{5-6}$$

式中:N_m——导纳的几何平均值(m/(kN·s));

　　　P——导纳的极大值(m/(kN·s));

　　　Q——导纳的极小值(m/(kN·s))。

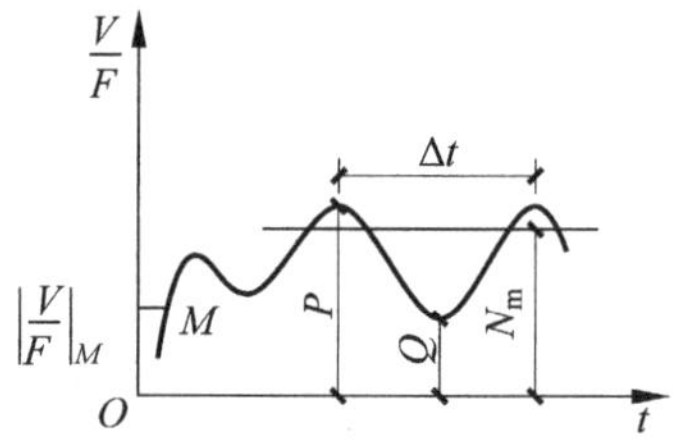

(2) 完整桩的桩身纵波波速

$$C = 2L\Delta f \tag{5-7}$$

式中:Δf——两个谐振峰之间的频差(Hz)。

(3) 桩身动刚度

$$K_d = \frac{2\pi f_m}{\left|\dfrac{V}{F}\right|_M} \tag{5-8}$$

图 5-9　桩的导纳曲线

式中:K_d——桩的动刚度(kN/m);

　　　f_m——导纳曲线初始线段上任一点的频率(Hz);

　　　$\left|\dfrac{V}{F}\right|_M$——导纳曲线初始直线段上任一点的导纳(m/(kN·s));

　　　V——振动速度(m/s);

　　　F——激振力(kN)。

(4) 检测桩的长度

$$L_m = \frac{C}{2\Delta f} \tag{5-9}$$

式中:L_m——桩的检测长度(m)。

(5) 计算导纳的理论值

$$N_c = \frac{1}{\rho C A_p} \tag{5-10}$$

式中:N_c——导纳曲线的理论值(m/kN·s);

　　　ρ——桩身材料的密度(kg/m³);

　　　A_p——桩截面面积(m²);

　　　C——桩身纵波速度。

2) 分析桩身质量

计算出上述各参数后,结合导纳曲线形状,可以判断桩身混凝土完整性,判定桩身缺陷类型,计算缺陷出现的部位。

(1) 完整桩的导纳特征:①动刚度 K_d 大于或等于场地桩的平均动刚度 $\overline{K}_d$;②实测导纳几何平均值 N_m 小于或等于导纳理论值 N_c;③纵波波速值 C 不小于场地桩的平均纵波波速 C_0;④导纳曲线谱形状特征正常;⑤导纳曲线谱中一般有完整桩振动特性反映。

(2) 缺陷桩的导纳特征:①动刚度 K_d 小于场地桩的平均动刚度 $\overline{K}_d$;②导纳几何平均值 N_m 大于导纳理论值 N_c;③纵波波速值 C 不大于场地桩的平均纵波波速 C_0;④导纳曲线谱形状特征异常;⑤导纳曲线谱中一般有缺陷桩振动特性反映。

5.4.3 动力参数法

动力参数法检测桩基承载力的实质是用敲击法测定桩的自振频率,或同时测定桩基频率和初速度,用以换算基桩的各种设计参数。在桩顶竖向干扰力作用下,桩身将和桩周部分土体一起做自由振动,我们可以将其简化为单自由度的质量-弹簧体系,该体系的弹簧刚度 K 与频率间的关系为:

$$K = \frac{(2\pi f)^2}{g} Q \tag{5-11}$$

式中:f——体系自振频率(Hz);

Q——参振的桩(土)重量(kN);

g——力加速度,$g = 9.8 \text{m/s}^2$。

如果先按桩和其周围土体的原始数据计算出参振总质量,则只要实测出桩基的频率就可进行承压桩参数的计算,这就是频率法;如果同时量测桩基频率和初速度,则无须桩和土的原始数据也可算出参振质量,从而求出桩基承载力及其他参数,这种方法称为频率-初速度法,下面将分别介绍频率-初速度法和频率法。

1. 频率-初速度法

1) 检测设备

动力参数法检测桩基的仪器和设备主要有激振装置、量测装置和数据处理装置三部分。

(1) 激振装置宜采用带导杆的穿心锤,从规定的落距自由下落撞击桩顶中心,以产生额定的冲击能量。穿心锤的重量从 $25\sim1000\text{kN}$ 形成系列,落距自 $180\sim500\text{mm}$ 分 $2\sim3$ 挡,以适应不同承载力的基桩检测要求。对不同承载力的基桩应调节冲击能量,使振动波幅基本一致。穿心锤底面应加工成球面。穿心孔直径应比导杆直径大 3mm 左右。

(2) 量测装置拾振器宜采用竖、横两向兼用的速度传感器,传感器的频响范围为 $10\sim300\text{Hz}$,最大可测位移量的峰值不小于 2mm,速度灵敏度应不低于 $200\text{mV}/(\text{cm/s})$。传感器的固有频率不得处于基桩的主频附近;检测桩基承载力时,有源低通滤波器的截止频率宜取 120Hz 左右;放大器增益应大于 40dB,长期绝对变化量应小于 1%,折合到输入端的噪声信号不大于 10mV,频响范围应为 $10\sim1000\text{Hz}$。

(3) 数据处理装置接收系统宜采用数字式采集、处理和存储系统,并具有定时时域显示及频谱分析功能,模-数转换器的位数至少应为 8bit,采样时间间隔应在 $50\sim1000\mu\text{s}$ 内,分数挡可调,每道数据采集暂存器的容量不小于 1kB。

　　为保证仪器的正常工作,传感器和仪器每年至少应在标准振动台上进行一次系统灵敏度系数的标定,在 10～300Hz 内至少标定 10 个频点并描出灵敏度系数随频率变化的曲线。测试设备现场布置如图 5-10 所示。

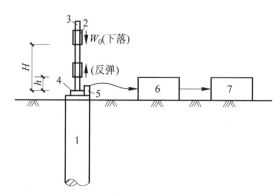

图 5-10　动参数法测试设备现场布置

1—桩;2—穿心锤;3—导杆;4—垫板;5—传感器;6—滤波及放大器;7—采集、记录及处理器

　　2) 检测方法

　　现场检测前应做好下列准备工作:

　　(1) 清除桩身上段浮浆及破碎部分。

　　(2) 凿平桩顶中心部位,用胶黏剂(如环氧树脂等)粘贴一块钢垫板,待胶黏剂固化后方可检测。对预估承载力标准值小于 2000kN 的桩,钢垫板尺寸约 100mm×100mm,厚10mm,中心一盲孔,孔深约 8mm,孔径 12mm。对于承载力较大的桩,钢垫板面积及厚度应适当加大。

　　(3) 用胶黏剂(如环氧树脂等)在冲击点与桩身钢筋之间粘贴一块小钢板,用磁性底座吸附的方法将传感器竖向安装在钢板上。

　　(4) 用屏蔽导线将传感器、滤波器、放大器与接收系统连接。设置合适的仪器参数,检查仪器、接头及钢板与桩顶粘接情况,确保一切处于正常工作状态。在检测时应暂时中断邻区振源。测试系统不可多点接地。

　　激振时,将导杆插入钢垫板的盲孔中,按选定的穿心锤(质量 m)从落距 H 处提起穿心锤,任其自由下落并在撞击垫板后自由回弹再自由下落,以完成一次测试,加以记录。重复测试三次,以便比较。波形记录应符合下列要求:每次激振后,应通过屏幕观察波形是否正常;要求出现清晰而完整的第一次及第二次冲击振动波形,并且第一次冲击时的振动波形振幅值符合规定的范围,否则应改变冲击能量,确认波形合格后进行记录。

　　3) 检测数据的处理与计算

　　对检测数据进行处理时,首先要对振动波形记录进行“掐头去尾”处理,即要排除敲击瞬间出现的高频杂波及后段的地面脉冲波,仅取前面 1～2 个主波进行计算。可以由下式计算单桩竖向承载力的标准值:

$$R_k = \frac{f_r(1+\varepsilon)W_0\sqrt{H}}{kv_0}\beta_v \tag{5-12}$$

式中：R_k——单桩竖向承载力标准值；

f_r——桩-土体系的固有频率，$f_r = V/\lambda$，V 表示记录纸移动速度（mm/s）；λ 表示主波波长（mm）；

W_0——穿心锤重量；

ε——回弹系数，$\varepsilon = \sqrt{h/H}$，h 表示穿心锤的回弹高度（m），H 表示穿心锤落距（m）；

v_0——桩头振动的初速度，$v_0 = \alpha A_d$，α 表示与 f_r 相应的测试系统灵敏度系数（(m/s)/mm），A_d 表示第一次冲击振动波形形成的最大峰幅值（mm）；

β_v——频率-速度法的调整系数，与仪器性能、冲击量的大小、桩长、桩端支承条件及成桩方式等有关，应预先积累动、静对比资料，经统计分析加以调整；

k——安全系数（一般取 2，对沉降敏感的建筑物及在新填土中，k 值可适当增加）。

2. 频率法

上面介绍了动力参数法中的频率-初速度法，下面简要介绍一下动力参数法中的另一种方法——频率法。一般来说，频率法的适用范围仅限于摩擦桩，并要求有准确的地质勘探及土工试验资料供计算选用，桩的入土深度不宜大于 40m 且不宜小于 5m。频率法所使用的仪器与频率-初速度法相同，但频率法不要求进行系统灵敏度系数的标定，激振设备可用穿心锤，也可采用其他能引起桩-土体系振动的激振方式。当用频率法进行桩基承载力检测时，基桩竖向容许承载力标准值 R_k 可按下面方法得到。

（1）计算单桩竖向抗压强度

$$K_z = \frac{(2\pi f_r)^2 (Q_1 + Q_2)}{2.365g} \tag{5-13}$$

式中：Q_1——折算后参振桩重（kN）；

Q_2——折算后参振土重（kN）。

（2）计算单桩临界载荷

$$P_{cr} = \eta K_z \tag{5-14}$$

式中：η——静测临界载荷与动测抗压强度之间比例系数，可取 0.004。

（3）计算单桩竖向容许承载力标准值 R_k

对于端承桩

$$R_k = P_{cr} \tag{5-15}$$

对于摩擦桩

$$R_k = P_{cr}/K \tag{5-16}$$

式中：K——系数（一般取 2，对新近填土，可适当增大安全系数）。

动力参数法也可用来检测桩的横向承载力，其测试方法与桩竖向承载力检测方法类似，但所需能量较小，而且波形也较为规则。

5.5 基桩高应变动测技术

基桩高应变动测就是在动测过程中利用外力使桩身产生较大的位移，进而可以对桩身的质量和其承载能力进行判断。高应变动测常用的方法有锤击贯入法、Smith 波动方程法、Case 法等。

5.5.1 锤击贯入法

锤击贯入法简称锤贯法。它是指用一定质量的重锤以由低到高的落距依次锤击桩顶,同时用力传感器量测桩顶锤击力 Q_d,用百分表量测每次贯入所产生的贯入度 e,通过对测试结果的分析,判断桩身缺陷,确定单桩的承载力。在桩基工程的实践中,人们早已从直观上认识到同一场地、同一种桩在相同的打桩设备条件下,桩容易打入土中时,表明土对桩的阻力小,桩的承载力低;不易打入土中时,表明土对桩的阻力大,桩的承载力高。因此,打桩过程中最后几击的贯入度常作为沉桩的控制标准。也就是说,桩的静承载力和其贯入过程中的动阻力是密切相关的。这就是用锤击贯入法检验桩基质量、确定桩基承载力的客观依据。

1. 检测设备

锤贯法试验仪器和设备由锤击装置、锤击力量测和记录设备、贯入度量测设备三部分组成。

1)锤击装置

锤击装置由重锤、落锤导向柱、起重机具等部分组成。目前常用的锤击装置有多种形式,如钢管脚手架搭设的锤击装置、卡车式锤击装置和全液压步履式试桩机等。但无论采用什么样的锤击装置,都应保证设备移动方便,操作灵活,并能提供足够的锤击力。高应变检测用重锤应材质均匀、形状对称、锤底平整、高径(宽)比不得小于 1,并采用铸铁或铸钢制作。当采取自由落锤安装加速度传感器的方式实测锤击力时,重锤应整体铸造,且高径(宽)比应在 $1.0\sim1.5$。

进行高应变检测时,锤的重量应为预估单桩极限承载力的 $1.0\%\sim1.5\%$,混凝土桩的桩径大于 600mm 或桩长大于 30m 时取高值。锤垫宜采用 $2\sim6$cm 厚的纤维夹层橡胶板,试验过程中如发现锤垫已损伤或材料性能已显著发生变化应及时更换。

2)锤击力量测和记录设备

(1)锤击力传感器。锤击力传感器的弹性元件应采用合金结构钢和优质碳素钢。应变元件宜采用电阻值为 120Ω 的箔式应变片,应变片的绝缘电阻应大于 $50M\Omega$。传感器的量程可分为 2000kN、3000kN、4000kN 和 5000kN,额定载荷范围内传感器的非线性误差不得大于 3%。由于目前使用的锤击力传感器尚无定型产品,多为自行设计制造,因此传感器除满足工作要求外尚应符合规定材质和绝缘。试验过程中,要合理选择传感器的量程。承载力低的桩使用大量程传感器会降低精度;而承载力高的桩使用小量程传感器,不仅测不到桩的极限承载力,甚至还会使传感器损坏。

(2)动态电阻应变仪和光线示波器。锤击力的量程是通过动态电阻应变仪和光线示波器来实现的。动态电阻应变仪应变量测范围为 $0\sim1000\mu\varepsilon$,标定误差不得大于 1%,工作频率范围不得小于 150Hz,光线示波器振子非线性误差不得大于 3%,记录纸移动速度的范围宜为 $5\sim2500$m/s。

3)贯入度量测设备

多使用分度值为 0.01mm 的百分表和磁性表座。百分表量程有 5mm、10mm 和 30mm 三种。也可用精密水准仪、经纬仪等光学仪器量测。

2. 检测方法

1）收集资料

锤贯法试桩之前应收集、掌握以下资料：①工程概况；②试桩区域内场地工程地质勘察报告；③桩基础施工图；④试桩施工记录。

2）试桩要求

检测前对试桩进行必要的处理是保证检测结果准确可靠的重要手段。试桩要求主要包括以下几个方面：①试桩数量。试桩应选择具有代表性的桩进行，对工程地质条件相近，桩型、成桩机具和工艺相同的桩基工程，试桩数量不宜少于总桩数的 2%，并不少于 5 根。②从成桩至试验时间间隔。从沉桩至试验时间间隔可根据桩型和桩周土性质来确定。对于预制桩，当桩周土为碎石类土、砂土、粉土、非饱和黏性土和饱和黏性土时，相应的时间间隔分别为 3d、7d、10d、15d 和 25d；对于灌注桩，一般要在桩身强度达到要求后再试验。③桩头处理。为便于测试仪表的安装和避免试验对桩头的破坏，对于灌注桩和桩头严重破损的预制桩，应按下列要求对桩头进行处理：桩头宜高出地面 0.5m 左右，桩头平面尺寸应与桩身尺寸相当，桩头顶面应水平、平整，将损坏部分或浮浆部分剔除，然后再用比桩身混凝土强度高一个强度等级的混凝土，把桩头接长到要求标高。桩头主筋应与桩身相同，为增强桩头抗冲击能力，可在顶部加设 1～3 层钢筋网片。

3）设备安装

锤击装置就位后应做到底盘平稳、导杆垂直，锤的重心线应与试桩桩身中轴线重合；试桩与基准桩的中心距离不得小于 2m，基准桩应稳固可靠，其设置深度不应小于 0.4m。

4）锤击力和贯入度量测

准备就绪后，应取 0.2m 左右落高先试击一锤，确认整个系统处于正常工作状态后，即可开始正式试验。试验时重锤落高的大小，应按试桩类型、桩的尺寸、桩端持力层性质等综合确定。一般来说，当采用锤击力（Q_d）-累计贯入度$\left(\sum e\right)$曲线进行分析时，锤的落高应由低至高按等差级数递增，级差宜为 5cm 或 10cm（8～12 击）；当采用经验公式分析时，各击次可采用不同落高或相同落高，总锤击数为 5～8 击，一根桩的锤击贯入试验应一次做完，锤击过程中每击间隔时间为 3min 左右。

试验过程中，随时绘制桩顶最大锤击力 Q_{dmax}-$\sum e$ 关系曲线，当出现下列情况之一时，即可停止锤击：①开始数击的 Q_{dmax}-$\sum e$ 基本上呈直线按比例增加，随后数击 Q_{dmax} 值增加变缓，而 e 值增加明显乃至陡然增加；②单击贯入度大于 2mm，且累计贯入度 $\sum e>$ 20mm；③Q_{dmax} 已达到力传感器的额定最大值；④桩头已严重破损；⑤桩头发生摇摆、倾斜或落锤对桩头发生明显的偏心锤击；⑥其他异常现象的发生。

3. 检测结果的应用

1）确定单桩极限承载力

锤击贯入试验时，在软黏土中可能使桩间土产生压缩，在黏土和砂土中，贯入作用会引起孔隙水压力上升，而孔隙水压力的消散是需要一定时间的，这都会使贯入试验所确定的承载力比桩的实际承载力低；在风化岩石和泥质岩石中，桩周和桩端岩土的蠕变效应会导致桩承载力的降低，贯入法确定的单桩承载力偏高。在应用贯入法确定单桩承载力时，应当注意这些问题。在实际工程中，确定单桩承载力的方法主要有以下几种：

（1）Q_d-$\sum e$ 曲线法。首先根据试验原始记录表的计算结果做出锤击力与桩顶累计贯入度 Q_d-$\sum e$ 曲线图，如图 5-11 所示。Q_d-$\sum e$ 曲线上第二拐点或 $\lg Q_d$-$\sum e$ 曲线起始点所对应的载荷即为试桩的动极限承载力 Q_{du}，该桩的静极限承载力 Q_{su} 可按下面方法确定。

$$Q_{su} = Q_{du}/C_{dsc} \tag{5-17}$$

式中：Q_{su}——Q_d-$\sum e$ 曲线法确定的试桩极限承载力（kN）；

$\quad\quad Q_{du}$——试桩的动极限承载力（kN）；

$\quad\quad C_{dsc}$——动、静极限承载力的对比系数。

其中动、静极限承载力的对比系数 C_{dsc} 与桩周土的性质、桩型、桩长等因素有关，可由桩的静载荷试验与动力试验的结果对比得到。

（2）经验公式法。单击贯入度不小于 2.0mm 时，各击次的静极限承载力 Qf_{sul} 可按下面公式计算：

$$Qf_{sul} = 1/Cf_{ds} \times Q_{di}/(1 + S_{di}) \tag{5-18}$$

式中：Qf_{sul}——经验公式法确定的试桩第 i 击次的静极限承载力（kN）；

$\quad\quad Q_{di}$——第 i 击次的实测桩顶锤击力峰值（kN）；

$\quad\quad S_{di}$——第 i 击次的实测桩顶贯入度（m）；

$\quad\quad Cf_{ds}$——经验公式法动、静极限承载力对比系数。

锤击贯入法和静载试验的对比曲线如图 5-12 所示。

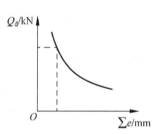

图 5-11　锤击贯入法的 Q_d-$\sum e$ 曲线

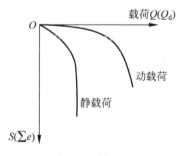

图 5-12　锤击贯入法和静载试验的对比曲线

2）判定桩身缺陷

锤击贯入法对桩身缺陷，尤其是对桩身深部的轻度缺陷反应并不敏感。同时，这种方法对确定灌注桩缺陷类型、规模时的适用性远不如其他检测方法。因此，利用锤击贯入法检测桩身缺陷，需十分谨慎。不少单位在总结地区的经验基础上，提出了运用锤击贯入法检测沉管灌注桩桩身质量时一些可以借鉴的做法：当落距较小，锤击力不大，而贯入度较大时，即 $e > 2mm$ 时，可以判定桩身浅部（5m 以内）有明显质量问题，比较多的情况为桩身断裂。当落距较小，贯入度不大，但当落距增加到某一值时，贯入度突然增大（$e > 3mm$），这种情况可能是桩身缩颈。落距较小时尚能将缩颈处上部的力传至下部，当锤击力增加到某一值时，就会引起缩颈处断裂，造成贯入度突然增加。随着落距的增大，贯入度和力基本上都有增加，但单击贯入度比正常桩偏大,力比正常桩增加的幅度小这种情况可能是混凝土松散,其松散程度视单击贯入度大小而定,单击贯入度大,则松散较严重,单击贯入度小,则松散较轻。

5.5.2 Smith 波动方程法

很长一个时期,打桩过程一直被当作一个简单的刚体碰撞问题来研究,并用经典牛顿力学理论进行处理。事实上,桩并不是刚体,打桩问题也不是一个简单的刚体碰撞问题,而是一个复杂的应力波传播过程。如果忽略桩侧土阻力的影响和径向效应,这个过程可用一维波动方程加以描述,然后通过求解波动方程就可得到打桩过程中桩身的应力和变形情况。

Smith 的计算模型仅仅是经验地将动、静阻力联系起来,完全忽略了土体质量的惯性力对桩的反作用。从这个意义上来讲,这些参数是经验的和地区性的,取用时要注意它们各自适用的范围。

5.5.3 Case 法

Case 法属于高应变动力试桩的范畴,因此在测试过程中,必须使桩土间产生一定的相对位移,这就要求作用在桩顶上的能量足够大,所以一般要以重锤锤击桩顶。对打入桩可以利用打桩机作为锤击设备,进行复打试桩;对于灌注桩,则需要专用的锤击设备,不同重量的锤要形成系列,以满足不同承载力桩的使用要求。摩擦桩或端承-摩擦桩,锤重一般为单桩预估极限承载力的1%;端承桩则应选择较大的锤重,才能使桩端产生一定的贯入度。重锤必须质量均匀,形状对称,锤底平整。

1. 量测仪器

用于 Case 法动测的量测仪器主要由传感器、信号采集装置和信号分析装置三部分组成。

(1) 传感器为应变传感器,它具有质量轻安装使用方便等特点。量测加速度所使用的传感器一般都采用压电式加速度计,它具有体积小、质量轻、低频特性好和频带宽等特点。安装好的加速度计应在 3000Hz 范围内呈线性关系。正常情况下,传感器应每年标定。

(2) 信号采集装置。在桩顶处接收到信号后,一般都要进行一次低通滤波处理,以去掉现场高频杂波的干扰。采集频率宜为 10kHz,对于超长桩,采样率可适当降低。采样点数不应少于 1024 点。

(3) 信号分析装置。由于 Case 法的计算公式很简单,这使得在现场每次锤击的同时就能得到桩的承载力等参数成为可能。这种极强的适时分析能力正是 Case 法的优势所在。

2. 现场测试工作

试验前要做好以下准备工作:

1) 试桩要求

为保证试验时锤击力的正常传递和试验安全,试验前应对桩头进行处理。对灌注桩,应清除桩头的松散混凝土,并将桩头修理平整;对于桩头严重破损的预制桩,应用掺早强剂的高强度等级混凝土修补,当修补的混凝土达到规定强度时,才可以进行测试;对于桩头出现变形的钢桩也应进行必要的修复和处理。也可在设计时采取下列措施:桩头主筋应全部直通桩底混凝土保护层之下,各主筋应在同一保护层之下,或者在距桩顶 1 倍桩径范围内,宜用 3～5mm 厚的钢板包裹,距桩顶 1.5 倍的桩径范围内可设箍筋,箍筋间距不宜大于150mm。桩顶应间距 60～100mm 设置钢筋网片 2～3 层。进行测试的桩应达到:桩头顶面水平、平整,桩头中轴线与桩身中轴线重合,桩头截面面积与桩身截面面积相等等要求。桩顶应设置桩垫,桩垫可用木板、胶合板和纤维板等匀质材料制成,在使用过程中应根据现场情况及时更换。

2) 传感器的安装

为减少试验过程中可能出现的偏心锤击对试验结果的影响,试验前必须对称地安装应变传感器和加速度传感器各两只。传感器的安装应符合下面的要求:

(1) 传感器与桩顶之间的距离不宜小于 $1d$(d 为桩径或边长),即使对于大直径桩,传感器与桩顶之间的距离也不得小于 $1d$。

(2) 桩身安装传感器的部位必须平整,其周围不得有缺损或截面突变的情况;安装范围内桩身材料和尺寸必须和正常桩一致。

(3) 应变传感器的中心与加速度传感器的中心应位于同一水平线上,两者之间距离不宜大于 10cm。

(4) 当使用膨胀螺栓固定传感器时,螺栓孔径应与膨胀螺栓匹配,安装完毕的应变传感器应紧贴在桩身表面,初始变形值不得超过固定值,测试过程中不得产生相对滑动。

(5) 当进行连续锤击试验时应先将传感器引线与桩身紧密固定,防止引线振动受损。

3) 现场检测时的技术要求

试验前认真检查整个测试系统是否处于正常状态,仪器外壳接地是否良好;设定测试所需的参数。参数包括:桩长、桩径、桩身的纵波波速、桩身材料的重度和弹性模量。这些参数可按下面方法确定。

(1) 桩长和桩径的选取应遵循如下要求:对于预制桩可采用建设或施工单位提供的实际桩长和桩截面面积作为设定值,对于灌注桩可根据建设或施工单位提供的完整施工记录确定。

(2) 桩身的纵波波速的选取应满足以下要求:对于钢桩,纵波波速可设定为 5120m/s;对于混凝土预制桩,可在打入前实测桩身纵波波速作为设定值,或根据桩身混凝土强度等级估算纵波波速作为设定值;对于混凝土灌注桩,可根据反射波法测定桩身的纵波波速作为设定值或者根据桩身混凝土强度等级确定纵波波速作为设定值。

(3) 桩身材料的重度,对于混凝土预制桩,重度可取为 24.5～25.5kN/m³;对于灌注桩,重度可取为 24.5～25.5kN/m³;对于钢桩,重度可取为 78.5kN/m³。

(4) 桩身材料的弹性模量 E 可按下式计算:

$$E = \rho C^2 \tag{5-19}$$

式中:ρ——桩身密度;

　　　C——纵波波速。

(5) 应保证测试信号具有足够的持续时间。

(6) 检测时宜实测每一锤击力作用下桩的贯入度,为了使桩周土产生塑性变形,锤击贯入度不宜小于 2.5mm。

(7) 试验过程中应随时检查采集数据的质量,发现问题及时调整,如果发现桩身有明显的缺陷或缺陷程度加剧时,应停止试验。

(8) 当试验的目的仅仅是为了检测桩身结构的完整性时,可适当减少锤重、降低落距、减少锤垫厚度。

3. 检测结果的分析和应用

1) 检测结果的分析

Case 法在打桩现场记录到的是一条力波曲线和一条速度波曲线,这两条曲线是进行现场实时分析和室内进一步分析的原始材料。因此,保证所采集的波形的质量是至关重要的。良好的波形应该具有以下特征:

(1) 两组力和速度曲线基本一致,也就是说锤击过程中没有过大的偏心;

(2) 力和速度波形最终回零;

(3) 峰值以前没有其他波形的叠加影响,力和速度波形重合;峰值以后,桩侧阻力、桩身阻抗变化和桩端反射波的叠加,使力波和速度波形的相对位置发生变化,但两者的变化应协调。

选择正确的波形,对于计算纵波波速、确定承载力以及判断桩身质量等十分重要。因此,现场实测时,要对记录的波形及时进行检查,发现问题,应找出原因,重新测试,直到得到满意的记录。

锤击后出现下列情况之一者,其信号不得作为分析计算的依据:①传感器振动或安装不合格;②产生偏心锤击,记录上一测力信号呈现受拉;③应变传感器出现故障;④桩身上安装传感器部位的混凝土发生开裂。

根据现场实测的记录信号,如图 5-13 所示,图中 F 表示力波曲线,$Z \cdot V$ 表示速度波曲线。按下列方法确定桩身的平均纵波波速值:

(1) 桩底反射信号明显时,可根据下行波波形上升段的起点到上升波下降段起始点间的时间差和桩的长度来确定。

(2) 桩底反射信号不明显时,可根据桩长、桩身混凝土的纵波波速经验值以及场地其他正常桩的纵波波速值综合确定。

(3) 桩长较短且锤击力上升缓慢时,可以用其他方法确定纵波波速值。

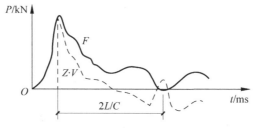

图 5-13　桩身纵波波速值的确定

2) 检测结果的应用

Case 法主要用于确定单桩极限承载力和桩身质量检测等方面。

(1) 确定单桩极限承载力。利用 Case 法确定单桩极限承载力时,应满足下面的要求:桩身材料均匀、截面处处相等、桩身无明显缺陷。在一次锤击过程中,沿桩身各处受到的实际土反力值的总和为 $R_T(t)$，由于利用了应力波在桩身内以 $2L/C$ 为周期反复传播、叠加的性质，所以使得求解单桩承载力的公式变得简洁、方便，需要注意的是，在使用该公式进行桩身承载力计算时，必须将 $2L/C$ 的实际值判断准确，否则将会带来较大的误差。作用在桩身上的土的总阻力 $R_T(t)$ 是由土的静阻力 $R_s(t)$ 和土的动阻尼力 $R_d(t)$ 两部分组成。关于土的动阻尼力 $R_d(t)$，目前普遍采用的是用阻尼法求解，该方法假定土的动阻尼力全部集中在桩端，且与桩端质点运动速度成正比。锤击桩顶所产生的压缩波将和桩身各截面处的桩侧摩阻力所产生的下行波同时到达桩端。一次锤击过程中曾经到达过的土的静反力，就是桩的极限承载力 R_s。对于以桩侧摩阻力为主的摩擦桩，在用 Case 法确定桩的极限承载力时必须考虑桩侧力的影响，对于在软土中的摩擦桩，修正后公式的预估承载力更接近实际值。对于长桩或上部土层较好的桩，桩身侧阻力在桩的承载力中比例较高，在桩身贯入过程中，在桩端应力波反射到桩顶以前，桩顶有明显的回弹，此时，桩身将产生负摩阻力，部分侧阻力产生卸荷，使测得的桩身承载力降低。这一现象在实测曲线上表现为在 $2L/C$ 之前，速度小于零。因此，必须在求得的 R_T 值前加上补偿值 UN。具体补偿值 UN 的求法见《建筑基桩检测技术规范》(JGJ 106—2019)。

(2) 桩身质量检测。利用 Case 法可以从波形曲线上发现桩端压力回波，这一回波的时间等于 $2L/C$，如果已知桩长即可推算出纵波波速 C 值，根据 C 值便可对桩身材料的质量进行检查。这和反射波法确定桩身材料强度的方法是一样的。在利用记录信号对桩身的完整性进行评价时，首先要从记录信号上对力和速度波做定性分析，观察桩身缺陷的位置和数量以及连续锤击情况下缺陷的扩大或闭合情况。锤击力作用于桩顶，产生的应力波沿桩身向下传播，在桩截面变化处会产生一个压力回波，这个压力回波返回到桩顶时，将使桩顶处的力增加，速度减少。同时，下行的压力波在桩截面处突然减小或有负摩阻力处将产生一个拉力回波。拉力回波返回桩顶时，将使桩顶处力值减小，速度值增加。根据收到的拉力回波的时间就可以估计出拉力回波的位置，即桩身缺损使阻抗变小的位置。这就是根据实测的力波和速度曲线来判断桩身缺陷，评价桩身结构完整性的基本原理。

5.6   声波透射法检测技术

5.6.1   声波透射法的特点

声波透射法在基桩完整性评价中是比较准确可靠的，而且操作简单，不受桩长桩径的限制，对现场的要求低，而且桩顶也无须露出地面。其检测结果可对缺陷的大小和位置进行估测，为缺陷处理提供重要资料，有利于解决桩身出现的问题。能够准确地反映混凝土桩身的均匀性和估测混凝土的强度，通过检测数据还能推测出夹层、离析等缺陷的类型，可以了解桩身内部的性质。至于超长桩的完整性检测，低应变法已不适用，而钻芯法成本高、工期长、取芯难，效果也不太理想。声波透射法不受桩长、桩径限制，检测细致全面，是目前最为经济有效的超长桩完整性检测方法。

超声波透射混凝土后，信号被接收换能器所接收。该信号带有混凝土内部许多信息，目前已被用于判断混凝土内部缺陷的物理参量主要有声时、幅值、频率、波形。

1．声时

声时即超声脉冲穿过混凝土所需要的时间。当混凝土存在缺陷时，由于缺陷区的泥、气等内含物的声速远小于完好混凝土的声速，所以穿越时间明显增大，而且当缺陷区中物质的声阻抗与混凝土的声阻抗不同时，界面透过率很小，根据惠更斯原理，声波将绕过缺陷继续传播，波线呈折线状。由于绕行声程比直达声程长，因此，声时值也相应增加。可见，声时值是桩身内部是否有缺陷的重要判断参数。在实际工程实践中常把声时转化为声速。

2．幅值

幅值是超声波穿过混凝土后衰减程度的指标之一。混凝土对超声脉冲的衰减越大，接收波幅值就越低。根据混凝土中衰减的原因可知，当混凝土中存在低强区、离析、夹泥、蜂窝等缺陷时，将产生吸收衰减和散射衰减，使接收波波幅明显下降。声幅与混凝土的质量紧密相关，它对缺陷区的反应相当敏感，是判断缺陷的重要参数之一。

3．频率

超声波是复频波，具有多种频率成分。当它们穿过混凝土后，各频率成分的衰减程度不同，高频比低频衰减严重，因而导致接收信号的主频向低频漂移。其漂移的多少取决于衰减因素的严重程度。所以接收频率实际上是衰减值的一个表征值，当遇到缺陷时，由于衰减严重，接收频率将会降低。

4．波形

超声脉冲在缺陷界面的反射和折射，形成波线不同的波束，这些波线由于传播路径不同，或由于界面上产生波形转换而形成横波等原因，使到达接收换能器的时间不同，因而使接收波成为许多同相位或不同相位波束的叠加波，导致波形畸变。实践证明，凡超声脉冲在传播过程中遇到缺陷，其接收波形往往产生畸变。所以，波形是否畸变可以作为桩身内部是否有缺陷的参考依据之一。

声波透射法对桩基础进行检测时，需要利用四个数据综合分析桩基础。由于声波透射法对施工要求比较高，声测管堵塞、倾斜等不利条件出现时，还可以通过钻芯法验证声波透射法检测的准确性。超声波检测作为一种无损检测方法，能保证桩的承载力和完整性不受影响的情况下，对桩基础在施工过程中的质量进行监测，从而保证桩基础在施工过程中的质量，对提高工程质量有重大意义。

5.6.2　声波透射法检测基本原理分析

1．声波的基本特性

波的物理定义是：物体中振动的传递形成波。波的形成必须有两个条件：①振动源；②传播介质。人们把能够引起听觉的机械波称为声波，频率在 $20 \sim 20000\,\mathrm{Hz}$ 时，把频率低于 $20\,\mathrm{Hz}$ 的机械波称为次声波，把频率超过 $20000\,\mathrm{Hz}$ 的波称为超声波。超声波具有波方向性好，声波能量高，能在界面产生反射、折射、衍射和波形转换，声波穿透能力强的特点，因此能广泛应用在桩基无损检测上。声波检测就是通过检测设备发出的超声波对桩基进行声波的发射和接收,观察前后声波参数的变化。

超声波检测是对检测对象发射主动激励的声波,在有效距离内通过接收器接收经过被检对象传递过来的声波,利用声波在传播过程中发生的声学参数的变化,直观地判断出受检对象的内部组织结构。

2. 声波在桩基中传播的特点

1) 重复间断发射且发射时间较短

桩基检测中发射探头发射的超声波不是连续的,是以一定的重复频率间断地发射出多组声波脉冲信号。虽然间断的脉冲波与连续波形式上不同,但是在脉冲波穿透介质时其透射反射率是一样的。

2) 复频性

桩基检测中所用的超声波由许多不同频率的波组成,是一种复频波,而且具有其特有的主频率。在随着传播距离的增加频率发生改变时,会受到散射波的干扰,但随后又会恢复到自己固有的频率,这就是声波的复频性。

3) 传播原理

声学原理是以各向同性均匀弹性介质为基础,但混凝土是集结的复合材料,分布比较复杂。在利用超声波检测时,超声波在桩基内部的传播具有很多特点:①使用较低的频率,声波传播过程中能量衰减的比较大。声波能量的衰减会使探头接收的信号比较微弱,所以在接收探头处都要加设放大器。②由于采用的超声波频率低、波长较长、扩散角大和混凝土内部有许多不规则界面导致出现反射波和折射波,这些都会导致混凝土中超声波的指向性较差。③传播路径存在界面反射、折射,波线非直线比较复杂。④混凝土中是多种波形叠加传播,接收波的构成比较复杂。

5.6.3　超声波检测仪设备

1. 超声波检测仪组成

超声波检测仪主要有超声仪主机、声波能量转换器(探头)组成。

1) 超声仪主机

我国超声仪的研制已进入数字化阶段,最近 20 年来,超声仪的研究进入快速发展的时代,从刚开始的一次仅能检测一个面发展成现在能够同时检测六个侧面。目前我国主要的超声仪有同济大学声学研究所研制的 U-SONIC 超声仪、武汉岩海公司研制的非金属超声检测仪 RS-ST06D(T),北京康科瑞公司的 NM 系列超声分析仪。

2) 声波能量转换器(探头)

声波能量转化器将普通的电能转化成检测运用的超声波,超声法无损检测中必需的传感器件,根据工作形式分为发射和接收换能器,其主要应用范围如下:

(1) 混凝土缺陷检测,强度评定;

(2) 灌注桩声波透射法完整性检测;

（3）岩体、坝体灌浆补强效果评价；

（4）岩体波速测试，地质分层，风化系数评定；

（5）岩体松动圈检测，稳定性监测。

2．超声波检测仪的优点

（1）在超声波主机显示屏幕上可以清晰观察波列图、影响图等各种声参量数据，测试结果一目了然；

（2）能够准确判读首波功能，以及自动不间断的测距功能缩短了检测时间；

（3）检测时对场地条件没限制、桩头混凝土无须处理即可检测，大大提升了施工进度；

（4）仪器较轻小便于携带，里面配有锂电池能持续较长时间工作；

（5）分析软件全面支持 Windows 操作系统，风格统一、界面友好、操作方便、功能丰富、处理规范、自动出报告图表并提供 Word 接口。

5.6.4 超声波在桩基介质中的传播研究

超声波在非均匀介质中传播时，由于介质对超声波的黏滞、热传导、散射以及超声波束自身的扩散作用，使其声能在传输过程中逐渐减弱，这种现象称为声波衰减。

1．声波衰减

1）声波衰减原理

超声散射衰减本质上同光散射一样，是指超声波在非均匀介质中传播时，介质的不均匀性造成微小的界面产生不同的声阻抗，从而声波向不同方向传播，引起声压或者声能的减弱。当超声波通过非均匀介质时，介质中的固体颗粒使超声波发生散射，使其传播方向发生改变，进而使其沿相对复杂的路径继续传播下去，最终一部分声波传播到超声波换能器，而另一部分声波没有到达超声波换能器，直接转变成热能，从而使其能量减少。

声学理论表明，黏滞衰减、热传导衰减和散射衰减的表达式都可以用下列方程来表示：

$$U = U_0 e^{-aL} \tag{5-20}$$

式中：U_0——为超声波的初始幅值；

U——超声波的回波幅值；

L——超声波在非均匀介质中传播的距离；

α——衰减系数。

其中

$$\alpha = \frac{8}{3} \frac{\pi^4 r^3 f^4}{\left(\dfrac{E(1-\mu)}{\rho(1+\mu)(1-2\mu)} \right)^2} \tag{5-21}$$

式中：ρ——混凝土介质密度；

f——超声波频率；

r——混凝土介质的颗粒粒径；

μ——混凝土泊松比；

E——混凝土弹性模量。

2）声波在混凝土内传播衰减系数分析

（1）混凝土弹性模量对衰减系数的影响

在混凝土介质中超声波的衰减系数与介质的弹性模量成反比关系，声波在混凝土介质内传播时，声波的衰减系数数值会随着混凝土介质弹性模量的增加而减小。这是由于超声波在刚性介质内传播时，混凝土的强度越大声波在内部传播越不容易产生能量转换，这就是声波能量接收时弹性模量越大衰减系数越小的原因。

（2）混凝土密度对衰减系数的影响

声波信号在混凝土介质中的衰减系数与介质密度成正比，即随着介质密度的增加，声能的衰减系数增加，进而接收到的超声波信号强度变小。这是由于随着介质密度的增加，体系的刚度也等效地增大，塑性减小，因此超声波在刚性介质中传输时，质点与质点之间更加容易发生能量交换，因而其声波衰减系数增大。

（3）混凝土频率对衰减系数的影响

在超声波频率范围为 20～40kHz 时，超声波在混凝土介质中的声波衰减系数与超声波的频率成正比，即超声波信号频率越大时，其传输过程的衰减系数越大，进而接收到的超声波信号强度越小。这是因为随着超声波频率的增加，介质中质点的振动周期将会减小，那么在一定时间内质点与质点之间的碰撞次数就会不断增加，其振动的机械能转化为热能的速率也将不断加剧，进而导致超声波的回波幅值变小，理论上表现为声衰减系数的增大。同时可以看到当介质密度增加时，这种变化趋势更加明显。

2. 完整桩基混凝土接收波幅

波幅公式如下：

$$U = U_0 e^{-aL} - U_0 e^{\left(\frac{\frac{8\pi^4 r^3 f^4}{3E(1-\mu)}L}{\rho(1+\mu)(1-2\mu)}\right)^2} \tag{5-22}$$

式中：ρ——混凝土介质密度；

$\quad f$——超声波频率；

$\quad r$——混凝土介质的颗粒粒径；

$\quad \mu$——混凝土泊松比；

$\quad L$——桩基的直径长度；

$\quad E$——混凝土弹性模量。

通过式（5-21）、式（5-22）可以看出接收幅值与衰减系数的关系。当声波在单一混凝土介质中时，接收幅值与衰减系数之间呈线性关系，接收幅值随着衰减系数增加而减小，不同激发幅值的曲线斜率基本相同，当衰减系数相同时接收幅值的大小随着激发幅值同向变化。若要使接收幅值相同，激发幅值越大衰减系数的数值也越大。

3. 内部存在缺陷桩基声波传播特性

桩基内部缺陷如图 5-14 所示，桩基内存在

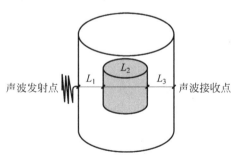

图 5-14　内部缺陷示意

缺陷,在声波垂直发射的截面处,缺陷的长度为 L_2,发射点距离缺陷边缘为 L_1,缺陷边缘距离接收点长度为 L_3。

设桩基的直径 $L_1+L_2+L_3=1\text{m}$,介质为 C30 混凝土,弹性模量 $E=3\times10^{10}\text{Pa}$,混凝土密度 2400kg/m^3,泊松比为 0.2,粒子直径为 2mm。根据实际工程分别讨论分析,介质内部为夹泥和空洞缺陷,具体参数如表 5-5 所示。

表 5-5 混凝土材料以及缺陷材料参数

参 数	弹性模量/Pa	密度/(kg/m³)	泊松比
混凝土材料	3×10^{10}	2400	0.2
夹泥材料	1×10^{10}	1800	0.2
空洞材料	6×10^{9}	1500	0.2

缺陷声波接收点的传播速度:

$$c=\frac{L_1+L_2+L_3}{\dfrac{L_1+L_3}{\left(\dfrac{E_1(1-\mu_1)}{\rho_1(1+\mu_1)(1-2\mu_1)}\right)^{\frac{1}{2}}}+\dfrac{L_2}{\left(\dfrac{E_2(1-\mu_2)}{\rho_2(1+\mu_2)(1-2\mu_2)}\right)^{\frac{1}{2}}}} \tag{5-23}$$

由式(5-23)可以看出接收点的波速与介质的密度、弹性模量、泊松比、内部缺陷直径有关。

5.7 钻芯法检测技术

钻芯法是一种局部破损式检测方法,主要方法是对结构或者构件进行局部的破坏性试验,或者钻取芯样进行破坏性试验,然后将试验测量值与结构所用混凝土的标准强度之间的关系换算为标准强度值,从而推算出本结构构件标准强度值的特征强度或者推定值。

5.7.1 基本原理及检测目的

钻芯法是基桩检测的重要手段之一,是利用钻机和人造金刚石空心薄壁钻头,从结构混凝土中钻取芯样以检测混凝土强度和检测混凝土内部缺陷的方法,是一种直观、可靠、准确的方法,但会对结构造成一定损伤。钻芯法主要有以下几个检测目的:

1. 检测桩身混凝土质量情况

桩身混凝土胶结状况,混凝土芯样连续程度、完好程度、断口吻合程度以及骨料的分布,有无气孔、松散或断桩等,可对桩身完整性类别做出准确、客观的判定。

2. 桩身混凝土强度是否符合设计要求

判定桩身混凝土强度应依据现行国家标准《混凝土物理力学性能试验方法标准》(GB/T 50081—2019)执行,通过对芯样的抗压强度试验,可以判定桩身混凝土强度是否符合设计要求。

3. 桩底沉渣是否符合设计或规范要求

桩底沉渣厚度是直接影响基桩承载力的重要因素之一,承载力直接关系到整体建筑的安全使用,特别是端承桩。因此桩底沉渣厚度是否满足设计及规范要求,是基桩钻芯检测的主要目的之一。

4. 核对施工桩长

在施工过程中存在施工记录与实际桩长不一致的现象,钻芯检测可根据进尺深度,准确核对桩基施工桩长。

5.7.2　现场检测

1. 钻孔时间及位置

每根受检桩的钻芯孔数和钻孔位置宜符合下列规定:

(1) 桩径小于 1.2m 的桩钻 1 孔,桩径为 1.2～1.6m 的桩钻 2 孔,桩径大于 1.6m 的桩钻 3 孔;

(2) 当 1 个钻芯孔时,宜在距桩中心 10～15cm 的位置开孔;当为 2 个或 2 个以上钻芯孔时,开孔位置宜在距桩中心$(0.15～0.25)D$(桩直径)内均匀对称布置;

(3) 对桩端持力层的钻探,每根受检桩不应少于 1 孔,且钻探深度应满足设计要求。

2. 取芯

(1) 钻机设备安装必须端正、稳固、底座水平,钻机立轴中心、天轮中心与孔口中心必须在同一铅垂线上,应确保钻机在钻芯过程中不发生倾斜、移位,钻芯孔垂直度偏差不大于 0.5%;

(2) 当桩顶面与钻机底座的距离较大时,应安装孔口管,孔口管应垂直且牢固;

(3) 钻进过程中,钻孔内循环水流不得中断,应根据回水含砂量及颜色调整钻进速度;

(4) 提钻卸取芯样时,应拧卸钻头和扩孔器,严禁敲打;

(5) 每回次进尺宜控制在 1.5m 内;钻至桩底时,宜采取适宜的钻芯方法和工艺钻取沉渣并测定沉渣厚度,并采用适宜的方法对桩端持力层岩土性状进行鉴别;

(6) 钻取的芯样应由上而下按回次顺序放进芯样箱中,芯样侧面上应清晰标明回次数、块号、本回次总块数,并应按要求及时记录钻进情况和钻进异常情况,对芯样质量进行初步描述;

(7) 钻芯过程中,应按要求对芯样混凝土、桩底沉渣以及桩端持力层详细编录;

(8) 钻芯结束后,应对芯样和标有工程名称、桩号、钻芯孔号、芯样试件采取位置、桩长、孔深、检测单位名称的标示牌的全貌进行拍照;

(9) 当单桩质量评价满足设计要求时,应采用 0.5～1.0MPa 压力,从钻芯孔孔底往上用水泥浆回灌封闭,否则应封存钻芯孔,留待处理。

3. 芯样试件截取

（1）截取抗压芯样试件应符合下列规定：①当桩长小于 10m 时，每孔可取 2 组芯样；当桩长为 10～30m 时，每孔可取 3 组芯样；当桩长大于 30m 时，每孔取不少于 4 组；②上部芯样位置距桩顶设计标高不宜大于 1 倍桩径或 1m，下部芯样位置距桩底不宜大于 1 倍桩径或 1m，中间芯样宜等间距截取；③缺陷位置能取样时，应截取 1 组芯样进行混凝土抗压试验；④当同一基桩的钻芯孔数大于 1 个，其中 1 孔在某深度存在缺陷时，应在其他孔的该深度处截取芯样进行混凝土抗压试验。

（2）当桩端持力层为中、微风化岩层且岩芯可制成试件时，应在接近桩底部位截取 1 组岩石芯样；遇分层岩性时宜在各层取样。铅芯法芯样如图 5-15 所示。

图 5-15　钻芯法芯样图

4. 芯样试件加工和测量

（1）应采用双面锯切机加工芯样试件。加工时应将芯样固定，锯切平面垂直于芯样轴线。锯切过程中应淋水冷却金刚石圆锯片。

（2）锯切后的芯样试件，当试件不能满足平整度及垂直度要求时，应选用以下方法进行端面加工：①在磨平机上磨平；②用水泥砂浆（或水泥净浆）或硫黄胶泥（或硫黄）等材料在专用补平装置上补平，水泥砂浆（或水泥净浆）补平厚度不宜大于 5mm，硫黄胶泥（或硫黄）补平厚度不宜大于 15mm；③补平层应与芯样结合牢固，受压时补平层与芯样的结合面不得提前破坏。

（3）试验前应对芯样试件的几何尺寸做下列测量①平均直径：用游标卡尺测量芯样中部，在相互垂直的两个位置上，取其两次测量的算术平均值，精确至 0.5mm；②芯样高度：用钢卷尺或钢板尺进行测量，精确至 1mm；③垂直度：用游标量角器测量两个端面与母线的夹角，精确至 0.1°；④平整度：用钢板尺或角尺紧靠在芯样端面上，一边转动钢板尺，一边用塞尺测量与芯样端面之间的缝隙。

（4）试件有裂缝或其他较大缺陷、芯样试件内含有钢筋以及试件尺寸偏差超过下列数值时，不得用做抗压强度试验：①芯样试件高度小于 0.95d 或大于 1.05d 时（d 为芯样试件平均直径）；②沿试件高度任一直径与平均直径相差达 2mm 以上时；③试件端面的不平整度在 100mm 长度内超过 0.1mm 时；④试件端面与轴线的不垂直度超过 2°时。

（5）每组芯样应制作 3 个芯样抗压试件。

5．芯样试件抗压强度试验

（1）在压力机下压板上放好试件，几何对中，球座最好放在试件顶面并顶面朝上；

（2）加荷速率：强度等级小于 C30 的混凝土取 0.3～0.5MPa/s，强度等级不低于 C30 的混凝土取 0.5～0.8MPa/s；

（3）当试件接近破坏而开始迅速变形时，应停止调整试验机油门，直至试件破坏，记下最大载荷。

5.7.3   芯样试件抗压强度计算

（1）抗压强度试验后，当发现芯样试件平均直径小于 2 倍试件内混凝土粗骨料最大粒径，且强度值异常时，该试件的强度值不得参与统计平均值的计算。

（2）芯样试件抗压强度应按下列公式计算：

$$f = \xi \cdot \frac{4P}{\pi d^2} \tag{5-24}$$

式中：f——芯样试件抗压强度（MPa），精确至 0.1MPa；

P——芯样试件抗压试验测得的破坏载荷（N）；

d 芯样试件的平均直径（mm）；

ξ——芯样试件抗压强度折算系数，应考虑芯样尺寸效应。

钻芯机械对芯样扰动和混凝土成型条件的影响，通过试验统计确定；当无试验统计资料时，ξ 宜取 1.0。

5.7.4   检测数据的分析与判定

（1）芯样试件抗压强度代表值应按一组三块试件强度平均值确定，同一受检桩同一深度部位有两组或两组以上混凝土芯样试件抗压强度代表值时，取其平均值为该桩该深度处混凝土芯样试件抗压强度代表值；

（2）受检桩中不同深度位置的混凝土芯样试件抗压强度代表值中的最小值为该桩芯样试件抗压强度代表值；

（3）桩端持力层性状应根据芯样特征、岩石芯样单轴抗压强度试验、动力触探或标准贯入试验结果综合判定桩端持力层岩土性状；

（4）桩身完整性类别应结合钻芯孔数、现场混凝土芯样特征、芯样单轴抗压强度试验结果，按表 5-6 的特征进行综合判定；

表 5-6　桩身完整性判断

类别	特　征
Ⅰ	混凝土芯样连续、完整、表面光滑、胶结好、骨料分布均匀、呈长柱状、断口吻合,芯样侧面仅见少量气孔
Ⅱ	混凝土芯样连续、完整、胶结较好、骨料分布基本均匀、呈柱状、断口基本吻合,芯样侧面局部见蜂窝麻面、沟槽
Ⅲ	大部分混凝土芯样胶结较好,无松散、夹泥或分层现象,但有下列情况之一: (1)芯样局部被破碎且破碎长度不大于10cm; (2)芯样骨料分布不均匀; (3)芯样多呈短柱状或块状; (4)芯样侧面蜂窝麻面、沟槽连续
Ⅳ	(1)钻进很困难; (2)芯样任一段松散、夹泥或分层; (3)芯样局部破碎且破碎长度大于10cm

（5）成桩质量评价应按单桩进行。当出现下列情况之一时,应判定该受检桩不满足设计要求:

① 桩身完整性类别为Ⅳ类;

② 受检桩混凝土芯样试件抗压强度代表值小于混凝土设计强度等级;

③ 桩长、桩底沉渣厚度不满足设计或规范要求;

④ 桩端持力层岩土性状（强度）或厚度未达到设计或规范要求;

⑤ 钻芯孔偏出桩外时,仅对钻取芯样部分进行评价。

5.7.5　优缺点分析

1. 钻芯法的优点

（1）可以客观准确地反映桩身混凝土强度、桩底沉渣、桩长及持力层的鉴别等,其结果具有唯一性,为验证桩基设计要求及基桩质量提供了重要的参数,也为判定桩基是否满足设计要求提供直接的依据。

（2）为验证动测法对桩身完整性判定的不确定性和多解性问题,特别是动测法对基桩桩身判定存在断桩、夹泥、离析等提供了更直观准确的验证,是桩基检测重要手段。

（3）在桩身混凝土存在空洞、胶结性较差、松散、离析等现象时,可以利用钻芯孔对桩基进行高压灌浆增强、补强处理,使桩身完整性、混凝土强度得到提升。

2. 钻芯法的缺点

（1）在现场取样钻芯时间较长,对现场施工进度有一定影响,且检测费用及工程成本有一定的提高,且钻芯数量有限,一定程度上影响了钻芯结果的全面性和代表性。

（2）在桩基工程中的应用,通过分析不同的取样位置、取芯直径与取样方法对桩基质量评定的影响,易出现"以点代面"、缺陷漏判,对于细长桩存在钻穿桩身困难而无法判定桩的类别。

（3）基桩的成孔垂直度及钻芯孔的垂直度很难控制,钻芯法容易偏出桩身,仅适用于钻（冲）孔灌注桩、人工挖孔桩、复合地基等,对管桩、沉管桩等不适用,有一定的局限性。

5.8　自平衡试桩法和静动试桩法

5.8.1　自平衡试桩法

自平衡试桩法在施工过程中将按桩承载力参数要求定型制作的载荷箱置于桩身底部,连接施压油管及位移测量装置于桩顶部,待混凝土养护到标准龄期后,通过顶部高压油泵给底部载荷箱施压,得出桩端承载力及桩侧总摩阻力的一种检测方法。

1. 试验原理和方法

自平衡试桩法是一种接近于竖向抗压桩实际工作条件的试验方法,该方法通过载荷箱与钢筋笼连接后安装在桩身平衡点（上段桩负摩阻力加自重等于下段桩摩阻力加端阻力）。将测出的上段极限承载力经一定处理后与下段极限承载力相加即为桩基极限承载力。

试验时,从桩顶通过高压油管向载荷箱内腔施加压力,箱顶与箱底被同时推开,产生向上与向下的推力。从而调动桩周土的侧阻力与端阻力来维持加载,同时通过引至地面的位移棒测读下段桩的沉降和上段桩的向上位移。

2. 试验设备

（1）加载设备:载荷箱,预先标定,埋设于桩的理论平衡点。

（2）位移测量装置:人工读数:百分表 4 只,其中 2 只用于测量载荷箱处的向上位移,2 只用于测量载荷箱处的向下位移;自动读数:自动采集仪、电子位移传感器,数量同上。

（3）钢筋笼制作:载荷箱上顶板与上节钢筋笼焊接,下底板与下节钢筋笼焊接,载荷箱水平度<3%。

（4）混凝土浇筑:导管通过载荷箱到达桩底,当混凝土接近载荷箱时,拔管速度放慢,当载荷箱上部混凝土大于 25m 时,导管底方可拔过载荷箱。

3. 现场检测

加卸载方式与传统竖向静载类似。

（1）试验桩:慢速维持载荷法,每级载荷作用下,上、下段桩均达到相对稳定后方可加下一级载荷,直到试桩破坏（上、下段桩均破坏）,然后分级卸载到零。

（2）工程桩:慢速、快速维持载荷法。

（3）稳定标准:当桩端下为巨粒土、砂类土、坚硬黏质土,最后 30min,或为半坚硬和细粒土,最后 1h 时间内,下沉量不大于 0.1mm 时达到稳定。

（4）终止加载条件:类似传统抗压静载法,但须上、下段桩同时满足条件。

4. 问题探讨

（1）平衡点问题:由人工验算得出,存在偏差可能性,造成上、下段桩不能同时达到极限条件,判定的极限承载力小于真实值,故结果偏于保守。

(2)压力灌浆:试验后,通过预埋管对载荷箱处进行压力灌浆。自平衡法加载到极限状态,上下段桩分别施加的力约为总极限承载力的一半,桩身材料不会发生破坏。采用注浆填充载荷千斤顶缸体箱处试验断层,使该处强度稍大于桩身强度即可,还可根据要求在该处形成一个扩大头。

5. 自平衡静载试验优势

基桩自平衡法是基桩静载试验的一种新型方法。它适用于软土、黏性土、粉土、砂土、碎石土、岩层中的钻孔灌注桩、人工挖孔桩、管桩等,基桩自平衡法相对于传统试桩法具有许多优点。

(1)试验装置简单,不需要构筑庞大笨重的反力架及堆载物,试验省时、省力、安全、环保、占用场地少;

(2)安全性高,由于没有试桩压重平台堆载或锚桩钢梁,设备运输、安装和试验过程中的安全性都大大提高;

(3)试验费用较省,虽然埋入的载荷箱为一次性投入,但与传统静载法相比降低30%~50%的费用,而且加载吨位越大,效益越明显;

(4)自平衡试验后,通过压浆管对平衡点载荷箱进行压力灌浆后,基桩仍可作为工程桩使用;

(5)在同一根桩上可采用双载荷箱或多载荷箱技术,也可以在同一桩端深度的不同时间(后压浆试桩效果对比)进行试验;

(6)加载可根据实际需要持续任意长时间,可方便地观测侧阻和端阻的静蠕变效果,同样沉降结束后也可方便地测得土阻力的恢复情况;

(7)应用范围广泛:不仅可用于普通施工场地的试桩,对诸如高吨位试桩、水上试桩、坡地试桩、基坑底试桩、狭窄场地试桩、斜桩、嵌岩桩等情况下更突显其优越性。

5.8.2　静动试桩法

静动试桩法国外称为 STATNAMIC 试桩法(STATNAMIC 一词是由 STATIC(静力的)和 DYNAMIC(动力的)组合而成),它是一种评价单桩极限承载力的新方法,由于它兼有静载试验和高应变动测的特点,所以称其为静动法。静动试桩法由加拿大伯明桩锤公司(Berming Hammer)和荷兰建筑与施工技术研究所(TNO)于 1989 年联合研制成功。它通过特殊的装置将动测中的冲击力变为缓慢载荷,将动力试桩时的载荷加载时间 1~20ms 延长到 200~600ms,从而获得可分解的载荷试验曲线,最终通过解析处理得到桩顶载荷-沉降曲线(即 Q-S 曲线)。

1. 静动试桩法的原理

静动试桩法的原理可以用牛顿运动定律描述如下:

(1)物体在没有外力作用时,将保持静止或原来的运动状态;

(2)物体在受到外力作用时,将产生一个与作用力方向一致的加速度,加速度的大小与作用力大小成正比,即 $F=ma$;

（3）对于每一个作用力，都有一个大小相等、方向相反的反作用力。在静动试验中，一个反力装置被固定在待测桩的桩顶，利用固体燃料的燃烧产生一个气体压力 F_m，使得反力物体 m 产生一个向上的加速度，这个加速度大约在 $20g$（g 为重力加速度）；同时，一个大小相等向下的反作用力作用在桩顶，使桩产生贯入度，如图 5-16 所示。

2. 静动试桩法的试验设备

静动试验设备的各部分组成如图 5-17 所示。基础盘安装在桩顶，载荷室加速度计、光电激光传感器和活塞基础被固定在基础盘上，发射气缸被安装在活塞基础的上面，这样可以关闭压力室并推动反力物体运动，反力物体（质量块）堆在发射气缸上，一个阻挡结构放在反力物体的周围，用砂或砾石的回填物堆满反力物体和阻挡结构的卷简型空间，在推动燃料点燃和反力物体开始向上运动以后，粒状回填物落入余下的空间中去缓冲反力物体的回落；一个远距离的激光参照源固定在距离试验设备 20m 远的地方，记录桩的位移。加载量的大小、持续时间和加载速率，可由活塞和气缸的尺寸、燃料的量、燃料的种类、反力物质的气体释放技术来控制。施加到桩上的力由反力计测量，桩顶的加速度由加速度计来测量，积分后可得桩顶速度，再次积分可得到桩顶的位移。桩相对于参照激光源的位移可用光电激光传感器来测量，从应力计和光电激光传感器所得到的载荷和位移可以被记录、数字化，并被立即显示出来，得到通常的载荷和位移的原始记录，这些信号可以被转换为桩的载荷-沉降曲线，经过整理分析可以得到单桩极限承载力。

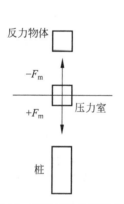

图 5-16　静动试桩法原理示意

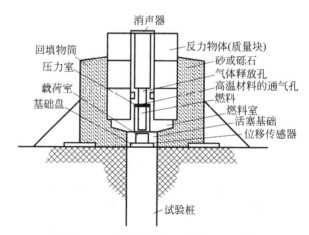

图 5-17　静动试桩法试验设备与安装

5.9　基桩分布式光纤检测

分布式光纤传感技术是一种新型测量系统，当光波在光纤中传输时，会产生后向散射光，通过检测由光纤沿线各点产生的后向散射，再利用这些后向散射光与被测量（如温度、应力、振动等）的关系，即可以实现分布式光纤传感检测。

基桩分布式光纤检测是通过特定的施工工艺将传感光缆植入桩身内部或者粘贴在桩身

表面,使传感光缆与桩身变形协调一致,并一起贯入地基中,当桩身受到外部载荷时,植入桩身的传感光缆与桩身发生耦合变形,通过光纤应变解调仪检测传感光缆上的应变分布,建立桩身应力-应变理论模型,从而计算出桩身轴力、侧摩阻力、端阻力、弯矩、抗压、抗拔、水平承载力等参量,为基桩质量和承载力评价提供数据支持。我国首部在工程监测与检测中应用的分布式光纤监测技术规范《基桩分布式光纤测试规程》(T/CECS 622—2019)的施行将进一步规范分布式光纤监测技术在基桩工程检测与监测中的施工、测试、分析等作业流程,促进分布式光纤监测技术在基桩工程监测中的普及与推广,为工程安全提供可靠的数据支持。

1. 灌注桩光缆布设工艺

灌注桩应均匀布设不少于 4 根传感光缆,宜形成 U 形回路。光纤的铺设以钢筋为载体,光纤被预先捆绑在钢筋笼的主筋上。为防止在浇灌混凝土过程中混凝土对光纤的直接冲撞,光纤的布设要沿着钢筋的侧边进行铺设。为能系统了解桩身应变情况,以及保证光纤的成活率和数据的可靠性,采用双 U 形方案铺设。光缆选型为金属基索状应变感测光缆。

(1)定位放线:沿钢筋笼对称主筋布置,传感光缆宜布于钢筋笼内侧,不易与周围岩土体和灌注设备触碰的位置。

(2)定点固定:预拉传感光缆,保持光缆顺直,宜间隔 1~2m 采用扎带绑扎在主筋上,在过弯及跨越主箍筋时加密绑扎。

(3)线路保护:在基桩底部 U 形过弯处、光缆弯曲和桩头出线位置,需采用松套管保护,防止光缆过度弯折。当桩头需要破坏重做时,光缆应采用强度较高的 PU 管、波纹管等进行保护,保护深度须大于预定破坏深度。基桩静载过程中测试光缆需从桩头侧边出线,以避开加载设施。基桩需要长期监测时,应根据现场作业条件,对出露光缆采用钢护筒、铁箱等进行保护,并标识位置。

(4)接桩处理:多节钢筋笼下放应提前布设底节传感光缆,冗余光缆通过拉绳牵引,随上部钢筋笼同步安装。

(5)静载试验:待加载设施安装完成后,释放引线光缆,熔接测试跳线,与光纤解调仪相连进行测试。

(6)特殊桩型:对于搅拌桩,可将传感光缆绑扎在简易钢筋或钢绞线上一并插入搅拌桩内进行测试。预制桩预先埋入需在预制厂完成,将能耐受预制桩养护温度的传感光缆绑扎在钢筋笼上,再放入模具中浇筑成型,施工步骤同上。

2. PHC 桩光缆布设工艺

PHC 桩桩径小于或等于 800mm 的预制桩应对称布设不少于 2 根传感光缆,桩径大于 800mm 的预制桩应对称布设不少于 4 根传感光缆,宜形成 U 形回路。光缆选型为高传递紧包护套应变感测光缆。

(1)桩身画线:光缆宜采用对称布设,并在桩身底部采用 U 形布设方式过渡,沿着需要布设光缆的路径采用记号笔、墨斗等进行标识。

（2）桩身切槽：采用混凝土切割工具沿标识路径进行开槽，凹槽宽宜 2～4mm，槽深宜 5～8mm，确保传感光缆全部没入槽内。在距桩底 50cm 处可按 U 形布设过渡，弯曲半径应大于 10cm；为便于光缆布设，U 形过渡段凹槽可加宽加深。

（3）凹槽清理：凹槽切割完成后需采用鼓风、毛刷及抹布等对凹槽进行有效除尘，同时将槽中凹凸不平的位置磨平修直。

（4）光缆布设：沿凹槽布设传感光缆，应先预拉顺直，预拉后的传感光缆先采用快干胶定点固定，后全线涂覆环氧树脂胶等黏结剂，同时使用热风枪等将黏结剂修整抹平，排出气泡。底部 U 形弯曲过渡部位光缆应采用软管套管加强保护。

（5）黏结剂固化：光缆用环氧树脂胶等黏结剂固定布设后，应参照相应黏结剂固化速率表，确定固化时间，待黏结剂的强度达到设计强度或硬化强度的 70% 以上时方可进行桩身打入。在遇寒冷天气时，可采用加热器加热，以加快黏结剂固化。

（6）引线保护：当桩身传感光缆布设完成后，桩头引线光缆应采用硬质波纹管、铠管等套管加强保护，以避免桩搬运和打入过程中引线光缆遭到破坏。

（7）接桩处理：对于闭口桩及开口桩土塞低于底节桩长的，在接桩位置上下桩管上打孔，将上下传感光缆引线穿孔到桩内，在桩身内部将上下两条光缆引线进行熔接；对于实心类桩和开口桩土塞位置高于底节桩长的，宜采用外部对接。可在接桩处将传感光缆放在环氧树脂中，并覆盖玻璃丝布进行保护，或加盖钢板保护，以防止桩在打入过程中传感光缆受到破坏。

3. 钢管桩光缆布设工艺

钢管桩应均匀布设不少于 2 根传感光缆，宜形成 U 形回路。对于大直径（直径 1.2m 以上）钢管桩，采用在桩体内表面布设安装碳纤维复合基光缆，进行桩体变形测试。这种特制光缆采用浸渍胶全面粘贴的方式固定，可以有效解决钢管桩在打桩过程中可能产生的振动脱离。沿桩体对称方式选取 2 条或 4 条光纤铺设线路进行光纤铺设。光缆选型为高强复合基应变感测光缆。

（1）打磨除尘：沿桩身对称面打磨，去除铁锈，焊缝位置磨平；混凝土类桩身需去除表面污渍。

（2）底胶涂覆：在传感光缆布设路径上涂刷一层底胶黏结剂，以提高光缆黏合度。

（3）光缆布设：在底胶区域平直布设传感光缆，避免光缆弯曲；布设完成后，在传感光缆上部再刷一层面胶黏结剂，使光缆与桩身充分贴合。

（4）表层防护：待面胶黏结剂固化强度达到 50% 以上后，在其表面粘贴一层防火材料，如金箔纸、石棉材料等，防止后期焊渣灼损。

（5）焊接槽钢：在桩最底部需焊接一段槽钢对传感光缆进行保护，槽钢长度以 5m 以上为宜，且底部需斜口密封。对于含有粗颗粒土层，需全线加盖槽板保护，避免光缆在打桩过程中遭到破坏，为防止焊接灼伤光缆，槽钢宽度不宜小于 8cm。

（6）引线保护：光缆引线部位需要套管保护，并焊接固定柱或挂钩将光缆固定，防止引线光缆在打入过程中散开和振断。

思考题

1. 单桩竖向抗压试验试桩应满足哪些要求？
2. 简述单桩竖向抗压试验终止条件。
3. 简述单桩竖向抗拔试验终止条件。
4. 简述单桩水平极限载荷的确定方法。
5. 简述基桩低应变动测常用的方法及原理。
6. 简述基桩高应变动测常用的方法。
7. 简述基桩分布式光纤检测的方法及原理。

第 **6** 章

基坑工程监测技术

【本章导读】

本章主要介绍基坑工程的监测目的、内容以及常用方法。以及较新的光纤技术在基坑监测中的应用。通过本章的学习,读者可以掌握各种基坑工程监测技术的原理方法,能够完成基坑监测的有关工作。

【本章重点】

(1) 基坑监测的目的和内容;

(2) 基坑现场监测项目以及常用监测方法;

(3) 地表水平位移监测的常用方法;

(4) 监测警戒值的确定原则;

(5) 基坑监测报告应包括的主要内容。

6.1 概述

在基坑开挖的施工过程中,由于基坑内外土体应力状态的改变从而引起支护结构承受的载荷发生变化,并导致支护结构和土体的变形,支护结构内力和变形以及土体变形中的任一量值超过容许的范围,将造成基坑的失稳破坏或对周围环境造成不利影响。

在建筑物密集区域的深基坑开挖工程中,施工场地四周有建筑物,道路和预埋的地下管线,基坑开挖所引起的土体变形将在一定程度上改变这些建筑物和地下管线的正常工作状态,当土体变形过大时,会造成邻近结构和设施的失效或破坏。同时,与基坑相邻的建筑物又相当于载荷作用于基坑周围土体,这些因素导致土体变形加剧,将引起邻近建筑物的倾斜和开裂,以及管道的渗漏。

由于基坑工程中土体和结构的受力性质及地质条件复杂,在基坑支护结构设计和变形预估时,通常对地层条件和支护结构进行一定的简化和假定,与工程实际存在一定的差异,同时由于基坑支护体系所承受的土压力等载荷存在较大的不确定性,加之基坑开挖与支护结构施工过程中基坑工作性状存在的时空效应,以及气象、地面堆载和施工等偶然因素的影响,使得在基坑工程设计时,对结构内力计算以及结构和土体变形的预估与工程实际情况之间存在较大的差异,基坑工程设计在相当程度上仍依靠经验。

因此,基坑施工过程中,在理论分析的指导下,对基坑支护结构、基坑周围的土体和相邻的建(构)筑物进行全面、系统的监测十分必要,通过监测才能对基坑工程自身的安全性和基坑工程对周围环境的影响程度有全面的了解,及早发现工程事故的隐患,并能在出现异常情况时,及时调整设计和施工方案,并为采取必要的工程应急措施提供依据,从而减少工程事故的发生,确保基坑工程施工的顺利进行。

6.1.1　基坑监测的目的和内容

(1) 确保支护结构的稳定和安全,确保基坑周围建(构)筑物,道路及地下管线等的安全与正常使用。根据监测结果,判断基坑工程的安全性和对周围环境的影响,防止工程事故和周围环境事故的发生。

(2) 指导基坑工程的施工。通过现场监测结果的信息反馈,采用反分析方法求得更合理的设计参数,并对基坑的后续施工工况的工作性状进行预测,指导后续施工的开展,达到优化设计方案和施工方案的目的,并为工程应急措施的实施提供依据。

(3) 验证基坑设计方法,完善基坑设计理论。为基坑工程现场实测资料的积累现行的设计方法和设计理论提供依据。监测结果与理论预测值的对比分析,有助于验证设计和施工方案的正确性,总结支护结构和土体的受力和变形规律,推动基坑工程的深入研究。

基坑工程现场监测的内容分为两大部分,即围护结构监测和周围环境监测。围护结构监测包括围护桩墙、支撑、围檩和圈梁、立柱等项目。周围环境监测包括道路、地下管线、邻近建筑物、地下水位等项目,基坑现场监测的主要项目及测试方法如表 6-1 所示。在制定监测方案时可根据基坑工程等级和监测目的选定监测项目。

表 6-1　基坑现场主要监测项目及测试方法

序号	监 测 项 目	测 试 方 法	基坑工程等级		
			一级	二级	三级
1	墙顶水平位移、沉降	水准仪和经纬仪	△	△	△
2	墙体水平位移	测斜仪	△	○	◎
3	土体深层竖向位移、侧向位移	分层沉降标、测斜仪	△	○	◎
4	孔隙水压力、地下水位	孔隙水压力计/地下水位观察孔	△	△	○
5	墙体内力	钢筋应力计	△	○	◎
6	土压力	土压力计	○	◎	◎
7	支撑轴力	钢筋应力计、混凝土应变计或轴力计	△	○	◎
8	坑底隆起	水准仪	△	○	◎
9	锚杆拉力	钢筋应力计和轴力计	△	○	◎
10	立柱沉降	水准仪	△	○	◎
11	邻近建筑物沉降和倾斜	水准仪和经纬仪	△	△	△
12	地下管线沉降和水平位移	水准仪和经纬仪	△	△	△

注:△为应测项目;○为宜测项目;◎为可测项目。

6.1.2　基坑监测的基本要求

(1) 根据设计要求和基坑周围环境编制详细的监测方案,对基坑的施工过程开展有计划的监测工作。监测方案应该包括监测方法和使用的仪器、监测精度、测点的布置、监测周期等,以保证监测数据的完整性。

（2）监测数据的可靠性和真实性。采用监测仪器的精度、测点埋设的可靠性以及监测人员的素质是保证监测数据可靠性的基本条件。监测数据真实性要求所有监测数据必须以原始记录为依据。

（3）监测数据的及时性。监测数据需在现场及时处理，发现监测数据变化速率突然增大或监测数据超过警戒值时应及时复测和分析原因。基坑开挖是一个动态的施工过程，只有保证及时监测才能及时发现隐患，采取相应的应急措施。

（4）警戒值的确定。根据工程的具体情况预先设定警戒值，警戒值应包括变形值、内力值及其变化速率。当监测值超过警戒值时，应根据连续监测资料和各项监测内容综合分析其产生原因及发展趋势，全面正确地掌握基坑的工作性状，从而确定是否考虑采取应急补救措施。

（5）基坑监测资料的完整性。基坑监测应该有完整的监测记录，提交相应的图表、曲线和监测报告。

6.2 基坑变形监测

基坑开挖导致土中应力释放，必定会引起邻近基坑周围土体的变形，过量的变形将影响邻近建筑物和地下管线的正常使用，甚至导致破坏。因此，必须在基坑施工期间对支护结构、土体、邻近建筑物和地下管线的变形进行监测，并根据监测数据及时调整开挖速度和开挖位置，以保证邻近建筑物和管线不因过量的变形而影响它们的正常使用。

基坑工程施工场地变形监测的目的，就是通过对设置在场地内的监测点进行周期性的测量，求得各监测点坐标和高程的变化量，为支护结构和地基土的稳定性评价提供技术数据。

变形监测包括：地面、邻近建筑物、地下管线和深层土体沉降监测；支护结构、土体、地下管线水平位移监测。变形监测的监测周期，应根据变形速率、监测精度要求、不同施工阶段和工程地质条件等因素综合考虑。在监测过程中，可根据变形量和变形速率的情况做适当调整。变形监测的初始值应具有可靠的监测精度，对基准点或工作基点应定期进行稳定性检测。监测前，必须对所用的仪器设备按有关规定进行校检，并做好记录。监测人员要相对固定，并使用同一仪器和设备。监测过程中应采用相同的监测路线和监测方法。原始记录应说明监测时的气象情况、施工进度和载荷变化以供分析参考。

6.2.1 沉降监测

1. 基准点设置

基准点设置以保证其稳定可靠为原则，在监测基坑的四周适当位置，必须埋设 3 个沉降监测基准点。沉降监测基准点必须设置在基坑开挖影响范围之外（至少大于 5 倍基坑开挖深度），基准点应埋设在基岩或原状土层上，也可设置在沉降稳定的建筑物或构筑物基础上。土层较厚时，可采用下水井式混凝土基准点。当受条件限制时，也可在变形区内采用钻孔穿过土层和风化岩层，在基岩里埋设深层钢管基准点。基准点的选择亦需考虑到测量和通视的便利，避免转站导致的误差。

2. 邻近建筑物沉降监测

邻近建筑物变形监测点布设的位置和数量应根据基坑开挖有可能影响到的范围和程度，同时考虑建筑物本身的结构特点和重要性综合确定。与建筑物的永久沉降观测相比，基坑引起相邻房屋沉降的现场监测具有测点数量多，监测频度高（通常每天1次），监测周期较短（一般为数月）等特点。相对而言，监测精度要求比永久观测略低，但需根据邻近建筑物的种类和用途分别对待。

监测点设置的数量和位置应根据建筑物的体形、结构形式、工程地质条件、沉降规律等因素综合考虑，尽量将其设置在监测建筑物具有代表性的部位，以便能够全面地反映监测建筑物的沉降；同时，监测点的设置必须便于监测和不易遭到破坏。

监测点一般可设在下列各处：

(1) 建筑物的角点、中点及沿周边每隔6～12m设一测点；圆形、多边形的构筑物宜沿纵横轴线对称布点。

(2) 基础类型、埋深和载荷明显不同处，沉降缝处，新老建筑物连接处两侧，伸缩缝的任一侧。

(3) 工业厂房各轴线的独立柱基上。

(4) 箱形基础底板除四角外宜在中部设点。

(5) 基础下有暗浜或地基局部加固处。

(6) 重型设备基础和动力基础的四角。

建筑物监测标志构造通常有以下几种形式：垫板式、弯钩式、燕尾式、U字式等。

(1) 设备基础监测点：一般利用铆钉和钢来制作。

(2) 柱基础监测点：对于钢筋混凝土柱是在标高±0.000m以上10～50cm处凿洞，将弯钩形监测标志水平向插入，或用角钢段呈60°斜向插入，再以1：2水泥砂浆填充。

3. 地表沉降监测

地表沉降监测方法主要采用精密水准测量（二等水准精度），不宜采用精度较低的三角高程测量。在一个测区内，应设立3个以上基准点，基准点要设置在距基坑开挖深度5倍距离以外的稳定地方。在基坑开挖前可采用 ϕ15mm左右，长1～1.5m的钢筋打入地下，地面用混凝土加固，作为基准点；亦可将基准点设置在年代较老且结构坚固的建筑物墙体上。水准仪可采用(WILD)N_3精密水准仪或SI精密水准仪，并配用铟钢水准尺。水准仪的i角在开工前应做检查，以后定期检查，如选用自动安平水准仪，应每周检查一次。因工地条件限制，有些观测点不可能做到前后视距离相等，因而i角的要求更为严格，一般不应大于±10″（规范规定为±15″）。

4. 地下管线沉降监测

在收集基坑周围管线图，调查管线走向、管线类型、管线埋深，管线材料直径、管道每节长度、管壁厚度、管道接头形式和受力等条件的基础上，查明管线距基坑的距离。听取管线主管部门的意见，并根据管线的重要性及对变形的敏感性来设置监测点。

一般情况下，上水管承接式接头应按2～3个节段设置1个监测点，管线越长，在相同位移下产生的变形和附加弯矩就越小,因而测点间距可适当增大,弯头和十字形接头处对变形比较敏感,测点间距应适当加密。

管线监测点可用抱箍直接固定在管道上,标志外可修筑窨井。在不宜开挖的地方,也可用钢筋直接打入地下,其深度应与管底深度一致,作为监测点。监测点设置之前,要收集基坑周围地下管线和建筑物的位置和状况,以利于对基坑周围环境的保护。

5. 土体分层沉降监测

土体分层沉降是指离地面不同深度处土层内点的沉降或隆起,通常用磁性分层沉降仪量测。通过在钻孔中埋设一根硬塑料管作为引导管,再根据需要分层埋入磁性沉降环,用测头测出各磁性沉降环的初始位置。在基坑施工过程中分别测出各沉降环的位置,便可算出各测点处的沉降值。

1) 监测设备

磁性分层沉降仪是由沉降管、磁性沉降环、测头、测尺和输出信号指示器组成。

(1) 沉降管:由硬质塑料制成,包括主管(引导管)和连接管,引导管一般内径为 45mm、外径 53mm,每根管长 2m 或 4m,可根据埋设深度需要截取不同长度,当长度不足需要接长时,可用硬质塑料管连接,连接管为伸缩式,套于两节管之间,用自攻螺钉固定。为了防止泥砂和水进入管内,导管下端管口应封死,接头处需做密封处理。

(2) 磁性沉降环:沉降环由磁环、保护套和弹性爪组成。磁环为外径 91mm、内径 55mm 恒磁铁氧体。为防止磁环埋设时破碎,将磁环装在金属保护套内。保护套上安装了四只用钟表条做的弹性爪,用以使沉降环牢固地嵌入土体中,以保证与土体不出现相对位移。

(3) 测头:测头由干簧管及铜制壳体组成。干簧管的两个触点用导线引出,导线与壳体间用橡胶密封止水。

(4) 测尺:一定长度的防水卷尺。

(5) 输出信号指示器:指示器由微安表等组成。当干簧管工作时,调整可变电阻,使微安表指示在 20μA 以内,也可根据需要选用灯光或音响指示。

2) 基本原理

埋设于土中的磁性环会随土层沉降同步下沉。当探头从引导管中缓慢下放遇到预埋的磁性沉降环时,干簧管的触点在沉降环的磁场力作用下吸合,接通指示器电路,电感探测装置上的蜂鸣器就发出叫声,这时根据测量导线上标尺在孔口的刻度以及孔口的标高,便可计算沉降环所在位置的标高,测量精度可达 1mm。沉降环所在位置标高可由下式计算:

$$H = H_j - L \tag{6-1}$$

式中: H ——沉降环标高;

　　　 H_j ——基准点标高,可将沉降管管顶作为测量的基准点;

　　　 L ——测头至基准点的距离。

在基坑开挖前通过预埋分层沉降管和沉降环,并测读各沉降环的起始标高,与其在基坑开挖施工过程中测得的相应标高的差值,即为各土层在施工过程中的沉降或隆起

$$\Delta H = H_0 - H_t \tag{6-2}$$

式中: ΔH ——某高程处土的沉降;

　　　 H_0 ——基坑开挖前沉降环标高;

H_t——基坑开挖后沉降环标高。

式(6-2)可测量某一高程处土的沉降值,但由于基准点水准测量的误差,可导致沉降环的高程误差。也可只测土层变形量,假定埋置较深处的沉降环为不动的基点,用沉降仪测出各沉降环的深度,即可求得各土层的变形量。

3) 沉降管和沉降环的埋设

用钻机在预定位置钻孔,孔底标高略低于欲测量土层的标高,取出的土分层堆放。提起套管 $30\sim40\text{cm}$,将引导管插入钻孔中,引导管可逐节连接直至略深于预定的最深监测点深度,然后,在引导管与孔壁间用膨胀黏土球填充并捣实至最低的沉降环位置,另用一只铝质开口送筒装上沉降环,套在导管上,沿导管送至预埋位置,再用 $\phi50\text{mm}$ 的硬质塑料管将沉降环推出并轻轻压入土中,使沉降环的弹性爪牢固地嵌入土中,提起套管至待埋沉降环以上 $30\sim40\text{cm}$,往钻孔内回填该层土做的土球(直径不大于 3cm),至另一个沉降环埋设标高处,重复上述步骤进行埋设。埋设完成后,固定孔口,做好孔口的保护装置,并测量孔口标高和各磁性沉降环的初始标高。

6. 基坑回弹监测

基坑回弹是基坑开挖对坑底土层卸荷引起基坑底面及坑外一定范围内土体的回弹变形或隆起。深大基坑的回弹量对基坑本身和邻近建筑物都有较大影响,因此需做基坑回弹监测。基坑回弹监测可采用回弹监测标和深层沉降标两种,当分层沉降环埋设于基坑开挖面以下时所监测到的土层隆起也就是土层回弹量。

1) 回弹监测标埋设方法

(1) 钻孔至基坑设计标高以下 200mm,将回弹标连接于钻杆下端,顺钻孔徐徐放至孔底,并将回弹标压入孔底土中 $400\sim500\text{mm}$,旋转钻杆,使回弹标脱离钻杆。

(2) 放入辅助测杆,用辅助测杆上的测头进行水准测量,确定回弹标顶面标高。

(3) 监测完毕后,将辅助测杆、保护管(套管)提出地面,用砂或素土将钻孔回填,为了便于开挖后找到回弹标,可先用石灰回填 500mm 左右。

2) 深层沉降标及其埋设

深层沉降标由一个三卡锚头、一根 $1/4''$($1''=1$ 英寸 $=25.4\text{mm}$)的内管和一根 $1''$ 的外管组成,内管和外管都为钢管。内管连接在锚头上,可在外管中自由滑动。用光学仪器测量内管顶部的标高,标高的变化相当于锚头位置土层的沉降或隆起。

深层沉降标埋设方法:

(1) 用钻机在预定位置钻孔,孔底标高略高于需测量土层标高约一个锚头长度。

(2) 将 $1/4''$ 钢管旋在锚头顶部外侧的螺纹连接器上,用管钳旋紧。将锚头顶部外侧的左旋螺纹用黄油润滑后,并与 $1''$ 钢管底部的左旋螺纹相连,但不必太紧。

(3) 将装配好的深层沉降标慢慢地放入钻孔内,并逐步加长,直到放入孔底,用外管将锚头压入预测土层的指定标高位置。

(4) 在孔口临时固定外管,将内管压下约 150mm,此时锚头上的三个卡子会向外弹,卡子一旦弹开就不会再缩回。

(5) 顺时针旋转外管,使外管与锚头分离。上提外管,使外管底部与锚头之间的距离稍大于预估的土层隆起量。

（6）固定外管,将外管与钻孔之间的空隙填实,做好测点的保护装置,孔口一般以高出地面 200~1000mm 为宜。

3）监测点的设置

监测点的平面布置应以最少的点数能测出所需的基坑纵横断面的回弹量为原则。因此,一般在基坑平面的中心及通过中心的纵横轴线上布置监测点。基坑不大时,纵横断面各布 1 条测线；基坑较大时,可各布置 3~5 条测线,各断面线上的监测点必要时应延伸到坑外一定范围内。

4）基坑回弹监测方法

基坑回弹监测通常采用精密水准仪测出布置监测点的高程变化,即基坑开挖前后监测点的高程差作为基坑的回弹量。基坑回弹量随基坑开挖的深度而变化,监测工作应随基坑开挖深度的进展而随时进行,这样可得出基坑回弹量随开挖深度的变化曲线。但由于开挖现场施工条件的限制,开挖途中进行测量很困难,因此每个基坑一般不得少于 3 次监测。

第 1 次在基坑开挖之前,即监测点刚埋置之后；第 2 次在基坑开挖到设计标高立即进行；第 3 次在打基础垫层或浇灌混凝土基础之前。对于分阶段开挖的深基坑,可在中间增加监测次数。

6.2.2   水平位移监测

水平位移监测一般包括地表水平位移监测和深层水平位移监测。

1. 地表水平位移监测

地表水平位移一般包括挡墙顶面、地表面及地下管线等的水平位移。水平位移通常采用经纬仪及觇牌,或带有读数尺的觇牌测量。

水平位移的观测方法很多,可根据现场条件及观测仪器而定,常用的方法有视准线法、小角度法等。用经纬仪测角、钢尺或电磁波测距仪测距离。

1）视准线法

视准线法是沿基坑边设置一条视准线,并在视准线的两端埋设两个永久工作基点 A、B,如图 6-1 所示。沿基坑边线按照需要设置若干测点,定期观测这排点偏离固定方向的距离,并加以比较,即可求出这些测点的水平位移量。

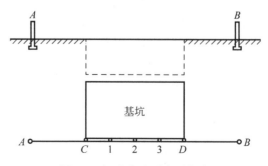

图 6-1   视准线法测水平位移

（1）基点及测点的布置及埋设

采用视准线法监测水平位移，首先要在深基坑两端不动位置处构筑观测墩，设置基点 A、B，并经常检查基点有无移动。在基坑边 AB 方向线上有代表性的位置设置测点。测点也可布置在支护结构混凝土圈梁上，采用铆钉枪打入铝钉，或钻孔埋设膨胀螺钉，作为标记。测点可等距布置，也可根据现场通视条件、地面堆载等具体情况随机布置。测点间距的确定主要考虑能够描绘出基坑支护结构的变形特性，对水平位移变化剧烈的区域，测点可适当加密，基坑有支撑时，测点宜设置在两根支撑的跨中。

对于有支撑的地下连续墙或大直径灌注桩类的围护结构，通常基坑角点的水平位移较小，这时可在基坑角点部位设置临时基点 C、D，在每个工况内可以用临时基点监测，变换工况时用基点 A、B 测量临时基点 C、D 的水平位移，再用此结果对各测点的水平位移进行校正。

（2）观测方法

用视准线法观测水平位移时，活动觇标法是在一个端点 A 上安置经纬仪，在另一个端点 B 上设置固定觇标如图 6-2 所示，并在每一测点上安置活动觇标如图 6-3 所示。观测时，经纬仪先后视固定觇标进行定向，然后再观测基坑边各测点上的活动觇标。在活动觇标的读数设备上读取读数，即可得到该点相对于固定方向上的偏离值。比较历次观测所得的数值，即可求得该点的水平位移量。

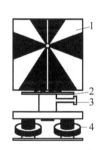

图 6-2 固定觇标

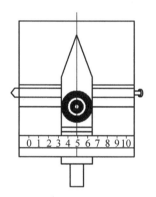

图 6-3 活动觇标

1—觇牌；2—水准器；3—制动螺旋；4—脚螺旋

每个测点应照准三次，观测时的顺序是由近到远，再由远到近往返进行。测点观测结束后，再应对准另一端点 B，检查在观测过程中仪器是否有移动，如果发现照准线移动，则重新观测。在 A 端点上观测结束后，应将仪器移至 B 点，重新进行以上各项观测。

第一次观测值与以后观测所得读数之差，即为该点水平位移值。

2）小角度法

该方法适用于观测点零乱，并且不在同一直线上的情况，如图 6-4 所示。

在离基坑两倍开挖深度距离的地方，选设测站点 A，若测站至观测点 T 距离为 S，则在不小于 $2S$ 范围之外选设后视方向 A'。一般可选用建筑物的临边或避雷针等作为固定目标 A'。用

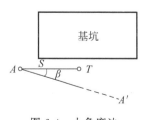

图 6-4 小角度法

J2 级经纬仪测定 β 角,角度测量的测回数可根据距离 S 及观测点的精度要求而决定,一般用 2～4 测回测定,并测量 A 至观测点 T 的距离。为保证 β 角初始值的正确性,要进行二次测定。其后根据每次测定 β 角的变动量计算 T 点的位移量:

$$\Delta T = \Delta\beta S/\rho \tag{6-3}$$

式中:$\Delta\beta$——β 角的变动量($''$);

　　　ρ——换算常数,即将 π 化成弧度的系数,$\rho = 3600 \times 180/\pi \approx 206265$,$\pi$ 取 3.14159;

　　　S——测站至观测点的距离(mm)。

视准线法是基坑水平位移监测最常用的方法,其优点是精度较高,直观性强,操作简易,确定位移量迅速。当位移量较小时,可使用活动觇牌法进行监测,当位移量增大,超出觇标活动范围时,可使用小角度法监测。

该法的缺点是只能测出垂直于视准线方向的位移分量,难以确切地测出位移方向。要较准确地测位移方向,可采用前方交会法等方法测量。

2. 深层水平位移监测

土体和围护结构的深层水平位移通常采用钻孔测斜仪测定,当被测土体产生变形时,测斜管轴线产生挠度,用测斜仪测量测斜管轴线与铅垂线之间夹角的变化量,从而获得土体内部各点的水平位移。

1) 监测设备

深层水平位移的测量仪器为测斜仪。测斜仪分固定式和活动式两种。目前普遍采用活动式测斜仪,该仪器只使用一个测头,即可连续测量,测点数量可以任选。

测斜仪主要有测头、测读仪、电缆和测斜管四部分组成。

(1) 测头。目前常用的测头有伺服加速度计式和电阻应变计式。

加速度计式测头是根据检测质量块因输入加速度而产生惯性力与地磁感应系统产生的反馈力相平衡,通过感应线圈的电流与反力成正比的关系测定倾角,该类测斜探头的灵敏度和精度都较高。

电阻应变式测头的工作原理是用弹性好的铜簧片下悬挂摆锤,并在弹簧片两侧粘贴电阻应变片,构成全桥输出应变式传感器。弹簧片构成的等应变梁,在弹簧弹性变形范围内通过测头的倾角变化与电阻应变读数间的线性关系测定倾角。

(2) 测读仪。有携带式数字显示应变仪和静态电阻应变仪等。

(3) 电缆。采用有长度标记的电缆线,且在测头重力作用下不应有伸长现象。通过电缆向测头提供电源、传递量测信号、量测测点到孔口的距离,提升和下放测头。

(4) 测斜管。测斜管有铝合金管和塑料管两种,长度每节 2～4m,管径有 60mm、70mm、90mm 等多种不同规格,管段间由外包接头管连接,管内有两组正交的纵向导槽,测量时测头在一对导槽内可上下移动,测斜管接头有固定式和伸缩式两种,测斜管的性能是直接影响测量精度的主要因素。导管的模量既要与土体的模量接近,又要不因土压力而压偏导管。

2) 测斜仪基本原理

将测斜管划分成若干段,由测斜仪测量不同测段上测头轴线与铅垂线之间倾角 θ,进而计算各测段位置的水平位移,如图 6-5 所示。

由测斜仪测得第 i 测段的应变差 $\Delta\varepsilon_i$，换算得该测段的测斜管倾角 θ_i，则该测段的水平位移为：

$$\sin\theta_i = f\Delta\varepsilon_i \tag{6-4}$$

$$\delta_i = l_i\sin\theta_i = l_i f\Delta\varepsilon_i \tag{6-5}$$

式中：δ_i——第 i 测段的水平位移（mm）；

l_i——第 i 测段的管长，通常取 0.5m、1.0m；

θ_i——第 i 测段的倾角值（°）；

f——测斜仪率定常数；

$\Delta\varepsilon_i$——侧头在第 i 测段正、反两次测得的应变读数差之半 $\Delta\varepsilon_i = (\varepsilon_i^+ - \varepsilon_i^-)/2$。

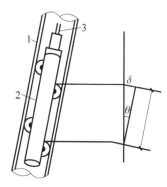

图 6-5　倾斜角与区间水平变位
1—导管；2—测头；3—电缆

当测斜管管底进入基岩或足够深的稳定土层时，则可认为管底不动，作为基准点，从管底向上计算第 n 测段处的总水平位移：

$$\Delta i = \sum_{i=1}^{n}\delta_i = \sum_{i=1}^{n}l_i\cdot\sin\theta_i = f\sum_{i=1}^{n}l_i\cdot\Delta\varepsilon_i \tag{6-6}$$

当测斜管管底未进入基岩或埋置较浅时，可以管顶作为基准点，实测管顶的水平位移 δ_0，并由管顶向下计算第 n 测段处的总水平位移：

$$\Delta_i = \delta_0 - \sum_{i=1}^{n}\delta_i = \delta_0 - \sum_{i=1}^{n}l_i\cdot\sin\theta_i = \delta_0 - f\sum_{i=1}^{n}l_i\cdot\Delta\varepsilon_i \tag{6-7}$$

由于测斜管在埋设时不可能使得其轴线为铅垂线，测斜管埋设好后，总存在一定的倾斜或挠曲，因此，各测段处的实际总水平距离应该是各次测得水平位移与测斜管的初始水平位移之差，即

$$\Delta_i' = \Delta_i - \Delta_{0i}' = \sum_{i=1}^{n}l_i\cdot(\sin\theta_i - \sin\theta_{0i}) \tag{6-8}$$

管底作为基础点，式（6-8）中 θ_{0i} 为第 i 测段的初始倾角值（°）。

测斜管可以用于测单向位移，也可以测双向位移，测双向位移时，可由两个方向的位移值求出其矢量和，得位移的最大值和方向。

3）测斜管的埋设

测斜管的埋设有两种方式：一种是绑扎预埋式；另一种是钻孔后埋设。

（1）绑扎预埋式埋设

主要用于桩墙体深层挠曲监测，埋设时将测斜管在现场组装后绑扎固定在桩墙钢筋笼上，随钢筋笼一起下到孔槽内，并将其浇筑在混凝土中，随结构的加高同时加长侧斜管。浇筑之前应封好管底底盖，并在测斜管内注满清水，以防止测斜管在浇筑混凝土时浮起和水泥浆渗入管内。

（2）钻孔后埋设

首先在土层中预钻孔，孔径略大于所选用测斜管的外径，然后将测斜管封好底盖逐节组装逐节放入钻孔内，并同时在测斜管内注满清水，直到放到预定的标高为止。随后在测斜管与钻孔之间空隙内回填细砂，或水泥和黏土拌和的材料固定测斜臂，配合比取决于土层的物理力学性质。

采用钻孔埋设时,应注意以下几方面问题:

① 用钻探工具形成合适口径的孔,然后将测斜管放入孔内。测斜管连接部分应防止污泥进入,测斜管与钻孔壁之间用砂充填密实。

② 测斜管连接采用连接管,为了避免测斜管的纵向旋转,采用凹凸式插入法,在管节连接时必须将上、下管节的滑槽严格对准,并用自攻螺钉固定使纵向的扭曲减小到最小。放入测斜管时,应注意十字形槽口应对准所测的水平位移方向。

③ 为了消除测斜管周围土体变形对导管产生负摩擦的影响,还可在管外涂润滑剂等。

④ 在可能的情况下,尽量将测斜管底埋入硬土层中,作为固定端,否则需采用导管顶端位移进行校正。

⑤ 测斜管埋设完成后,需经过一段时间使钻孔中的填土密实,贴紧测斜管,并测量测斜管导槽的方位、管口坐标及高程。

⑥ 斜管管口处砌筑窨井并加盖。

4)监测方法

(1)应及时做好测斜管的保护工作,如在测斜管外局部设置金属套管加以保护。基准点可设在测斜管的管顶或管底。若测斜管管底进入基岩或较深的稳定土层时,则以管底作为基准点。对于测斜管底部未进入基岩或埋置较浅时,可以管顶作为基准点,每次测量前须用经纬仪或其他手段确定基准点的坐标。

(2)将电缆线与测读仪连接,测头的感应方向对准水平位移方向的导槽,自基准点管顶或管底逐段向下或向上,每50cm或100cm测出测斜管的倾角。

(3)测读仪读数稳定后,提升电缆线至欲测位置,每次应保证在同一位置上进行测读。

(4)将测头提升至管口处,旋转180°,再按上述步骤进行测量,以消除测斜仪本身的固有误差。

5)监测与资料整理

根据施工进度,将测斜仪探头沿管内导槽放入测斜管内,根据测读仪测得的应变读数,求得各测段处的水平位移,并绘制水平位移随深度的分布曲线,可将不同时间的监测结果绘于同一图中。

6.3   土压力和孔隙水压力监测

土压力是基坑支护结构周围的土体传递给挡土构筑物的压力。在基坑开挖之前,挡土构筑物两侧土体处于静止平衡状态。在基坑开挖过程中,由于基坑内侧的土体被移除,挡土构筑物两侧土体原始的应力平衡和稳定状态发生变化,因此在挡土构筑物周围一定范围内产生应力重分布。

在被支护土体一侧,由于挡土构筑物的移动引起土体的松动而使土压力降低,而在基坑一侧的土体由于受挡土结构的挤压而使土压力升高。当变形或应力超过一定数值时,土体就会发生破坏致使挡土结构坍塌。因此土压力的大小直接决定着挡土构筑物的稳定和安全。影响土压力的因素很多,如土体的物理力学性质、超载大小、地下水位变化、挡土构筑物的类型、施工工艺和支护形式、挡土构筑物的刚度及位移、基坑挖土顺序及工艺等。这些影响因素给理论计算带来一定的困难,因此,仅用理论分析土压力大小及沿深度分布规律是无法准确地表达土压力的实际情况,而且土压力的分布在基坑开挖过程中动态变化,从挡土构筑物的安全、地基稳定性及经济合理性考虑,对于重要的基坑支护结构,有必要进行土压力现场原型观测。

基坑开挖工程经常是在地下水位以下土体中进行,地基土是多相介质的混合体,土体中的应力状态与地基土中的孔隙水压力和排水条件密切相关。虽然静水压力不会使土体产生变形,但当地下水渗流时,在流动方向上产生渗透力。当渗透力达到某一临界值时,土颗粒就处于失重状态,出现所谓的"流土"现象。在基坑内采用不恰当的排水方法,会造成灾难性的事故。另外,当饱和黏土被压缩时,由于黏性土的渗透性很小,孔隙水不能及时排出,产生超静孔隙水压力。超静孔隙水压力的存在降低了土体颗粒之间的有效压力。当超静孔隙水压力达到某一临界值时,同样会使土体失稳破坏。因此,监测土体中孔隙水压力在施工过程中的变化,可以直观、快速地得到土体中孔隙水压力的状态和消散规律,也是基坑支护结构稳定性控制的依据。

通过现场土压力和孔隙水压力的监测可达到以下主要目的:

(1) 验证挡土构筑物各特征部位的土压力理论分析值及沿深度的分布规律。

(2) 监测土压力在基坑开挖过程中的变化规律。由观测到的土压力急剧变化,及时发现影响基坑稳定的因素,以采取相应的应急措施。

(3) 积累各种条件下的土压力分布规律,为提高理论分析水平积累资料。土压力和孔隙水压力现场监测设计原则,应符合土与挡土构筑物的相互作用关系和沿深度变化的规律。

6.3.1 土压力监测

土体中出现的应力可以分为由土体自重及基坑开挖后土体中应力重分布引起的土中应力和基坑支护结构周围的土体传递给挡土构筑物的接触应力。土压力监测就是测定作用在挡土结构上的土压力大小及其变化速率,以便判定土体的稳定性,控制施工速度。

1. 监测设备

土压力监测通常采用在量测位置上埋设压力传感器来进行。土压力传感器工程上称之为土压力盒,常用的土压力盒有钢弦式和电阻式。在现场监测中,为了保证量测的稳定可靠,多采用钢弦式,本节主要介绍钢弦式土压力盒。

目前,采用的钢弦式土压力计可分为竖式和卧式两种。如图 6-6 所示为卧式钢弦压力盒构造简图,其直径为 100～150mm,厚度为 20～50mm。薄膜的厚度视所量测的压力的大小来选用,厚度为 2～3mm 不等,它与外壳用整块钢轧制成型,钢弦的两端夹紧,在支架头与导线相连,弦长一般采用 70mm。

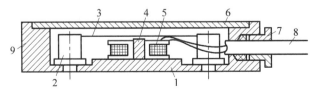

图 6-6 卧式钢弦压力盒构造

1—弹性薄膜;2—钢弦柱;3—钢弦;4—铁心;5—线圈(在薄膜中央的底座上);6—盖板;7—密封塞;8—电缆;9—外壳铁心及线圈

2. 土压力盒工作原理

土压力监测,土压力盒埋设好后,根据施工进度,采用频率仪测得土压力计的频率,从而换算出土压力盒所受的总压力,其计算公式如下:

$$P = k(f_0 - f_2) \tag{6-9}$$

式中:P——作用在土压力计上的总压力(kPa);

    k——压力计率定常数(kPa/Hz);

    f_0——压力计零压时的频率(Hz);

    f_2——压力计受压后的频率(Hz)。

土压力盒实测的压力为土压力和孔隙水压力的总和,应当扣除孔隙水压力计实测的压力值,才是实际的土压力值。土压力盒在使用之前必须进行标定,通过标定建立压力与频率之间的关系,绘制压力-频率标定曲线;同时,也可以确定出不同使用条件或不同标定条件下的误差关系。标定应该在与其使用条件相似的状态下进行。标定可分为静态标定和动态标定,两者又可分为气压、液压(油标)和土介质(砂标)等标定方法。

3. 土压力盒选用

土压力量测前,应选择合适的土压力盒,对于长期量测静态土压力时,一般都采用钢弦式土压力盒,土压力盒的量程一般应比预计压力大 2~4 倍,应避免超量程使用。土压力盒应具有较好的密封防水性能,导线采用双芯带屏蔽的橡胶电缆导线,长度可根据实际长度确定(适当保留富余长度),且中间不允许有接头。

4. 土压力盒布置

土压力盒的布置原则以测定有代表性位置处的土反力分布规律为目标,在反力变化较大的区域布置得较密,反力变化不大的区域布置较稀疏,用有限的压力盒测到尽量多的有用数据。通常将测点布设在有代表性的结构断面上和土层中,如布置在希望能解释特定现象的位置,理论计算不能得到足够准确解答的位置;土压力变化较大的位置。

5. 土压力盒埋设方法

1)土中土压力盒埋设通常采用钻孔法

先在预定埋设位置采用钻机钻孔,孔径大于压力盒直径,孔深比土压力盒埋设深度浅50cm,把钢弦式土压力盒装入特制的铲子内,然后用钻杆把装有土压力盒的铲子徐徐放至孔底,并将铲子压至所需标高。钻孔法也可在一孔内埋设多个土压力盒,此时钻孔深度应略大于最深的土压力盒埋设位置,将土压力定在定制的薄型槽钢或钢筋架上,一起放入钻孔中,就位后回填细砂。根据薄型槽钢或钢筋架的沉放深度和土压力盒的相对位置,可以确定土压力盒所处的测点标高。该埋设方法由于钻孔回填砂石的密实度难以控制,测得的土压力与土中实际的土压力存在一定的差异。但钻孔位置与桩墙之间不可能直接密贴,需要保持一段距离,因此测得的数据与实际作用在桩墙上的土压力相比具有一定近似性。

2)地下连续墙侧土压力盒埋设通常用挂布法

取 1/3~1/2 的槽段宽度的布帘,在预定土压力盒的布置位置缝制放置土压力盒的口袋,将土压力盒放入口袋后封口固定,然后将布帘铺设在地下连续墙钢筋笼迎土面一侧,并通过纵横分布的绳索将布帘固定于钢筋笼上。布帘及土压力盒随同钢筋笼一起被吊入槽孔内。浇筑混凝土时,借助于流态混凝土的侧向挤压力将布帘推向土壁,使土压力盒与土壁密贴。除挂布法外,也可采用活塞压入法、弹入法等方法埋设土压力盒。

6. 监测及资料整理

土压力盒埋设好后,根据施工进度,采用频率仪测得埋设土压力盒的频率数值,从而换算出土压力盒所受的压力,扣除孔隙水压力后得到实际的土压力值,并绘制土压力变化过程图线及随深度的分布曲线。

6.3.2 土中孔隙水压力监测

钢弦式孔隙水压力计干扰小,埋设和操作简单。国内外多年使用经验表明,它是一种性能稳定、监测数据可靠、较为理想的孔隙水压力计。本书介绍钢弦式孔隙水压力计。

1. 监测设备

钢弦式孔隙水压力计由测头和电缆组成。

1) 测头

钢弦式测头主要由透水石、压力传感器构成。透水石材料一般用氧化硅或不锈金属粉末制成,采用圆锥形透水石以便于钻孔埋设。钢弦式压力传感器由不锈钢承压膜、钢弦、支架壳体和信号传输电缆构成。其构造是将一根钢丝的一端固定于承压膜中心处,另一端固定于支架上,钢弦中段旁边安装一电磁圈,用以激振和感应频率信号,张拉的钢弦在一定的应力条件下,其自振频率随之发生变化。土孔隙中的有压水通过透水石作用于承压膜上,使其产生挠曲面引起钢弦的应力发生变化,钢弦的自振频率也相应发生变化。由钢弦自振频率的变化,可测得孔隙水压力的变化。

2) 电缆

电缆通常采用氯丁橡胶护套或聚氯乙烯护套的二芯屏蔽电缆。电缆要能承受一定的拉力,以免因地基沉降而被拉断,并能防水绝缘。

2. 钢弦式孔隙水压力计工作原理

用频率仪测定钢弦的频率大小,孔隙水压力与钢弦频率间有如下关系:

$$U = k(f_0 - f_2) \tag{6-10}$$

式中: U——孔隙水压力(kPa);

k——孔隙水压力计率定常数(kPa/Hz),其数值与承压膜和钢弦的尺寸及材料性质有关,由室内标定给出;

f_0——测头零压力(大气压)下的频率(Hz);

f_2——测头受压后的频率(Hz)。

3. 孔隙水压力计埋设方法

孔隙水压力计埋设前应首先将透水石放入纯净的清水中煮沸 2h,以排出孔隙内气泡和油污。煮沸后的透水石需浸泡在冷开水中,测头埋设前,应量测孔隙水压力计在大气中测量初始频率,然后将透水石在水中装在测头上,在埋设时应将测头置于有水的塑料袋中连接于钻杆上,避免与大气接触。

现场埋设方法有钻孔埋设法和压入埋设法。

1) 钻孔埋设法

在埋设位置用钻机成孔,达到要求深度后,先向孔底填入部分干净砂,将测头放入孔内,再在测头周围填砂,然后用膨胀性黏土将钻孔全部封严即可。原则上一个钻孔只能埋设一个探头,但为了节省钻孔费用,也可在同一钻孔中埋设多个位于不同标高处的孔隙水压力计,在这种情况下,每个孔隙水压力计之间的间距应不小于1m,并且需要采用干土球或膨胀性黏土将各个探头进行严格相互隔离,否则达不到测定各层土层孔隙水压力变化的目的。钻孔埋设法使土体中原有孔隙水压力降低为零,同时测头周围填砂,不可能达到原有土的密度,势必影响孔隙水压力的量测精度。

2) 压入埋设法

若地基土质较软,可将测头缓缓压入土中的要求深度,或先成孔到预埋深度以上 1.0m 左右,然后将测头向下压至埋设深度,钻孔用膨胀性黏土密封。采用压入埋设法,土体局部仍有扰动,并引起超孔隙水压力,影响孔隙水压力的测量精度。

6.3.3   地下水位监测

地下水位监测主要是用来观测地下水位及其变化。可采用钢尺或钢尺水位计监测,钢尺水位计的工作原理是在已埋设好的水管中放入水位计测头,当测头接触到水位时启动讯响器,此时,读取测量钢尺与管顶的距离,根据管顶高程即可计算地下水位的高程。对于地下水位比较高的水位观测井,也可用干的钢尺直接插入水位观测井,记录湿迹与管顶的距离,根据管顶高程即可计算地下水位的高程,钢尺长度需大于地下水位与孔口的距离。

监测用水位管由 PVC 工程塑料制成,包括主管和连接管,连接管套于两节主管接头处,起连接固定的作用。在 PVC 管上打数排小孔做成花管,开孔直径 5mm 左右,间距 50cm,梅花形布置。花管长度根据测试土层厚度确定,一般花管长度不应小于2m,花管外面包裹无纺土工布,起到过滤作用。

水位管埋设方法:用钻机钻孔到要求的深度后,在孔内放入管底加盖的水位管。套管与孔壁间用干净细砂填实,然后用清水冲洗孔底,以防泥浆堵塞测孔,保证水路畅通,测管高出地面约 200mn,管顶加盖,不让雨水进入,并做好观测井的保护装置。

6.4   支护结构内力监测

支护结构是指深基坑工程中采用的围护墙(桩)、支锚结构、围檩等。支护结构的内力量测(应力、应变、轴力与弯矩等)是深基坑监测中的重要内容,也是进行基坑开挖反分析获取重要参数的主要途径。在有代表性位置的围护墙(桩)、支锚结构、围檩上布设钢筋应力计和混凝土计等监测设备,以监测支护结构在基坑开挖过程中的应力变化。

6.4.1　桩(墙)体内力监测

1. 监测点布置

监测点布置应考虑以下几个因素：计算的最大弯矩所在位置和反弯点位置；各土层的分界面；结构变截面或配筋率改变截面位置；结构内支撑或拉锚所在位置等。

2. 墙体内力监测

采用钢筋混凝土材料制作的支护结构，通常采用在钢筋混凝土中埋设钢筋计，测定构件受力钢筋的应力或应变，然后根据钢筋与混凝土共同工作、变形协调条件计算求得其内力或轴力。钢筋计有钢弦式和电阻应变式两种，监测仪表分别用频率计和电阻应变仪。

3. 支撑轴力监测

支撑轴力的监测一般可采用下列途径进行：

(1) 对于钢筋混凝土支撑，可采用钢筋应力计和混凝土应变计分别量测钢筋应力和混凝土应变，然后换算得到支撑轴力。

(2) 对于钢支撑，可在支撑上直接粘贴电阻应变片量测钢支撑的应变，即可得到支撑轴力，也可采用轴力传感器(轴力计)量测。钢弦式钢筋计埋设时需与结构主筋轴心对焊，并与受力主筋串联连接，由监测得到的频率计算钢筋的应力值。由于主钢筋一般沿混凝土结构截面周边布置，所以钢弦式钢筋应力计应上下或左右对称布置，或在矩形断面的 4 个角点处布置 4 个钢筋计。混凝土应变计是与主筋平行绑扎或点焊在箍筋上，应变仪测得的是混凝土内部该点的应变，传感元件伸出两边的钢筋长度应不小于钢筋计长度的 35 倍。

通过埋设在钢筋混凝土结构中的钢筋计，可以量测：①支护结构沿深度方向的弯矩；②支撑结构的轴力和弯矩；③圈梁或围檩的平面弯矩；④结构底板的弯矩。

以钢筋混凝土构件中埋设钢筋计为例，根据钢筋与混凝土的变形协调原理，由钢筋计的拉力或压力计算构件内力的方法如下：

支撑轴力

$$P_c = \frac{E_c}{E_t}\overline{P}_g\left(\frac{A}{A_g}-1\right) \tag{6-11}$$

支撑弯矩

$$M = \frac{1}{2}(\overline{P}_1 - \overline{P}_2)\left(n + \frac{bhE_c}{6E_gA_g}\right)h \tag{6-12}$$

地下连续墙弯矩

$$M = \frac{1000h}{t}\left(1 + \frac{tE_c}{6E_tA_t}h\right)\frac{(\overline{P}_1 - \overline{P}_2)}{2} \tag{6-13}$$

式中：P_c——支撑轴力(kN)；

E_c、E_g——混凝土和钢筋的弹性模量(MPa)；

$\overline{P}_g$——所量测钢筋拉压力平均值(kN)；

A、A_g——支撑截面面积和钢筋截面面积(m^2)；

n——埋设钢筋计的那一层钢筋的受力主筋总根数;

t——受力主筋间距(m);

b——支撑宽度(m);

$\overline{P}_1$、$\overline{P}_2$——分别为支撑或地下连续墙两对边受力主筋实测拉压力平均值(kN);

h—— 支撑高度或地下连续墙厚度(m)。

按上述公式进行内力换算时,结构浇筑初期应计入混凝土龄期对弹性模量的影响,在室外温度变化幅度较大的季节,还需注意温差对监测结果的影响。对于 H 型钢、钢管等钢支撑的轴力监测,可通过串联安装轴力计或压力传感器的方式来进行,尽管支撑轴力计价格略高,但经过标定后可以重复使用,测试简单,测得的读数根据标定曲线可直接换算成轴力,数据比较可靠。在施工单位配置钢支撑时就需考虑轴力计安装事宜,由于轴力计是串联安装的,安装不好会影响支撑受力,甚至引起支撑失稳或滑脱。在现场监测环境许可条件下,亦可在钢支撑表面粘贴钢弦式表面应变计、电阻应变片等测试钢支撑的应变,或在钢支撑上直接粘贴底座并安装电子位移计、千分表来量测钢支撑变形,再用弹性理论来计算支撑的轴力。

6.4.2   土层锚杆监测

在基坑开挖过程中,锚杆要在受力状态下工作数月,为了检查锚杆在整个施工期间是否按设计预定的方式工作,有必要选择一定数量的锚杆做长期监测,锚杆监测一般仅监测锚杆拉力的变化。锚杆受力监测有专用的锚杆测力计,锚杆测力计安装在承压板与锚头之间。钢筋锚杆可采用钢筋应力计和应变计监测,其埋设方法与钢筋混凝土中的埋设方法类似,但当锚杆由几根钢筋组合时,必须在每根钢筋上都安装钢筋计,它们的拉力总和才是锚杆总拉力,而不能只测其中几根钢筋的拉力求其平均值,再乘以钢筋总数来计算锚杆总拉力,因为多根钢筋组合的锚杆,各锚杆的初始拉紧程度不一样,所受的拉力与初始拉紧程度的关系很大。锚杆钢筋计(锚杆测力计)安装和锚杆施工完成后,进行锚杆预应力张拉时,要记录锚杆钢筋计和锚杆测力计上的初始载荷,同时也可根据张拉千斤顶的读数对锚杆钢筋计和锚杆测力计的结果进行校核。在整个基坑开挖过程中,宜每天测读一次,监测次数宜根据开挖进度和监测结果及其变化情况适当增减。当基坑开挖到设计标高时,锚杆上的载荷应是相对稳定的。如果每周载荷的变化量大于 5% 锚杆所受的载荷,就应当及时查明原因,并采取适当措施保证基坑工程的安全。

6.5   监测警戒值与报警

在基坑工程监测中,每一监测项目都应根据工程的实际情况、周边环境和设计要求,事先确定相应的警戒值,以判断位移或受力状况是否超过允许的范围,判断工程施工是否安全可靠,是否需调整施工步序或优化原设计方案,监测项目警戒值的确定对于工程安全至关重要,一般情况下,每个警戒值应由两部分控制,即总允许变化量和单位时间内允许变化量。

6.5.1 警戒值确定的原则

(1) 满足设计计算的要求,不可超出设计值,通常以支护结构内力控制;

(2) 满足现行的相关规范、规程的要求,通常以位移或变形控制;

(3) 满足保护对象的要求;

(4) 在保证工程和环境安全的前提下,综合考虑工程质量、施工进度、技术措施和经济等因素。

6.5.2 警戒值的确定

确定警戒值时还要综合考虑基坑的规模,工程地质和水文地质条件、周围环境的重要性程度以及基坑施工方案等因素。确定预警值主要参照现行的相关规范和规程的规定值、经验类比值以及设计预估值这三个方面的数据。随着基坑工程经验的积累和增多,各地区的工程管理部门以地区规范、规程等形式对基坑工程预警值做了规定,其中大多警戒值是最大允许位移或变形值。确定变形控制标准时,应考虑变形的时空效应,并控制监测值的变化速率,一级工程宜控制在 2mm/d 之内,二级工程宜控制在 3mm/d 之内。

根据大量工程实践经验的积累,提出如下警戒值作为参考:

(1) 支护墙体位移。对于只存在基坑本身安全的检测,最大位移一般取 80mm,每天发展不超过 10mm;对于周围有需严格保护构筑物的基坑,应根据保护对象的需求来确定。

(2) 煤气管道的变位。沉降或水平位移均不得超过 10mm,每天发展不得超过 2mm。

(3) 自来水管道变位。沉降或水平位移均不得超过 30mm,每天发展不得超过 5mm。

(4) 基坑外水位。坑内降水或基坑开挖引起坑外水位下降不得超过 1000mm,每天发展不得超过 500mm。

(5) 立柱桩差异沉降。基坑开挖中引起的立柱桩隆起或沉降不得超过 10mm,每天发展不超过 2mm。

(6) 支护结构内力。一般控制在设计允许最大值的 80%。

(7) 对于支护结构墙体侧向位移和弯矩等光滑的变化曲线,若曲线上出现明显的转折点,也应做出报警处理。

以上是确定警戒值的基本方法和原则,在具体的监测工程中,应根据实际情况取舍,以达到监测的目的,保证工程的安全和周围环境的安全。使主体工程能够顺利进行。

6.5.3 施工监测报警

在施工险情预报中,应综合考虑各项监测内容的量值和变化速度,结合对支护结构、场地地质条件和周围环境状况等的现场调查做出预报。设计合理可靠的基坑工程,在每一工况的挖土结束后,表征基坑工程结构、地层和周围环境力学性状的物理量应随时间渐趋稳定;反之,如果监测得到的表征基坑工程结构、地层和周围环境力学性状的某一种或某几种物理量,其变化随时间不是渐趋稳定,则可认为该基坑工程存在不稳定隐患,必须及时分析原因,采取相关的措施,保证工程安全。

报警制度宜分级进行,如深圳地区深基坑地下连续墙安全性判别标准给出了安全、注意、危险三种指标,达到这三类指标时,应采取不同的措施。

(1) 达到警戒值的80%时,口头报告施工现场管理人员,并在监测日报表上提出报警信号;

(2) 达到警戒值的100%时,书面报告建设单位、监理和施工现场管理人员,并在监测日报表上提出报警信号和建议;

(3) 达到警戒值的110%时,除书面报告建设单位、监理和施工现场管理人员,应通知项目主管立即召开现场会议,进行现场调查,确定应急措施。

6.6　监测期限与频率

6.6.1　监测期限

基坑监测工作伴随基坑开挖和地下结构施工的全过程,即从基坑开挖开始直至地下结构施工到±0.000m标高。现场监测工作一般需连续开展3~8个月,基坑越大,监测期限越长。

6.6.2　监测期限与频率

在基坑开挖前各类监测设备必须埋设并读取初读数。初读数是监测的基准值,需复校无误后才能确定,通常是在连续三次测量无明显差异时,取其中一次的测量值作为初始读数,否则应增加测读次数,获取稳定的初始值。土压力盒、孔隙水压力计、测斜管和分层沉降环等测试元件最好在基坑开挖一周前埋设完毕,以便被扰动的土有一定的恢复和稳定时间,从而保证初读数的可靠性。混凝土支撑内的钢筋计、钢支撑轴力计、土层锚杆测力计及锚杆应变计等需随施工进度而埋设元件,在埋设后也应读取初读数。

支护桩桩顶水平位移和沉降、支护桩深层侧向位移监测期限贯穿基坑开挖到主体结构施工到±0.000m标高的全过程,根据工程经验监测频率可取为:

(1) 从基坑开始开挖到浇筑完主体结构底板,每天监测1次;

(2) 浇筑完主体结构底板到主体结构施工到±0.000m标高,每周监测2~3次;

(3) 各道支撑拆除后的3d至1周,每天监测1次。

支撑轴力和锚杆拉力的监测期限从支撑和锚杆的施工结束到全部支撑拆除实现换撑的全过程,每天监测1次。

土体分层沉降、孔隙水压力、土压力、支护墙体内力监测期限一般也贯穿基坑开挖到主体结构到±0.000m标高的全过程,监测频率可取为:

(1) 基坑每开挖其深度的1/5~1/4或在每道内支撑(或锚杆)施工期间测读2~3次,必要时可加密到每周监测1~2次;

(2) 基坑开挖至设计深度到浇筑完主体结构底板期间,每周监测3~4次;

(3) 浇筑完主体结构底板到全部支撑拆除实现换撑,每周监测3次。

地下水位监测的期限是整个降水期间,从基坑开挖到浇筑完主体结构底板,每天监测1次。当支护结构有渗、漏水现象时,要加强监测。

当基坑周围有道路、地下管线和建筑物需要监测时,监测期限从支护桩的竣工到主体结构施工至±0.000m 标高,周围环境的沉降和水平位移需每天监测 1 次,建筑物倾斜和裂缝的监测频率为每周监测 1～2 次。基坑周围的土层中的孔隙水压力、土体深层沉降和侧向位移等监测项目,在支护桩施工时的监测频率为每天 1 次、基坑开挖时的监测频率与支护桩内力监测频率一致。

现场施工监测的频率随监测项目的性质、施工进度和基坑的工作性状而变化,实施过程中尚需根据基坑开挖和支护结构的具体情况,以及监测值的变化速率等做适当调整。当所监测值的绝对值或增加速率明显增大时,应加密监测次数;反之,则可适当减少监测次数,当有事故征兆时应连续监测。

监测数据必须在现场整理,对监测数据有疑问时应及时复测。监测数据的提供要保证准确及时,当数据接近或达到警戒值时应尽快通知有关单位,以便施工单位尽快调整施工进度和采取应急措施。

6.7 监测报表与监测报告

6.7.1 监测报表

在基坑监测前要设计好各种记录表和报表,记录表和报表应根据监测项目和监测点的数量合理设计,记录表的设计应以数据的记录和处理方便为原则,并预留一栏用于记录基坑的施工情况和监测中观测到的异常情况。

监测报表一般形式有当日报表、周报表、阶段报表,其中当日报表最为重要,通常作为施工方案调整的依据。周报表通常作为参加工程例会的书面文件,对一周的监测成果做简要的汇总。阶段报表作为基坑施工阶段性监测成果的小结,用以掌握基坑工程施工中基坑的工作性状和发展趋势。

监测当日报表应及时提交给工程建设、监理、施工、设计、管线与道路监察等有关单位,并另备一份经工程建设或现场监理工程师签字后返回存档,作为报表收到及监测工程量结算的依据。报表中应尽可能采用图形或曲线反映监测结果,如监测点位置图、地面沉降曲线及桩身深层水平位移曲线图等,使工程施工管理人员能够直观地了解监测结果和掌握监测值的发展趋势。报表中必须给出原始数据,不得随意修改、删除,对有疑问或由人为和偶然因素引起的异常点应该在备注中说明。

在监测过程中除了要及时给出各种监测报表和测点位置布置图外,还要及时绘制各监测项目的各种曲线,用以反映各监测内容随基坑开挖施工的发展趋势,指导基坑施工方案实施和调整。主要的监测曲线包括:

(1)监测项目的时程曲线;

(2)监测项目的速率时程曲线;

(3)监测项目在各种不同工况和特殊日期的变化趋势图。例如,支护桩桩顶、建筑物和管线的沉降平面图,深层侧向位移、深层沉降、支护结构内力、孔隙水压力和土压力随深度分布的剖面图。

在绘制监测项目时程曲线、速率时程曲线时,应将施工工况、监测点位置、警戒值以及监测内容明显变化的日期标注在各种曲线和图表上,以便直观地掌握监测项目物理量的变化趋势和变化速度,反映与警戒值的关系。

6.7.2　监测报告

在基坑工程施工结束时应提交完整的监测报告,监测报告是监测工作的回顾和总结,监测报告主要包括如下几部分内容:

(1) 工程概况。

(2) 监测项目、监测点的平面和剖面布置图。

(3) 仪器设备和监测方法。

(4) 监测数据处理方法和监测成果汇总表和监测曲线。

在整理监测项目汇总表、时程曲线、速率时程曲线的基础上,对基坑及周围环境等监测项目的全过程变化规律和变化趋势进行分析,给出特征位置位移或内力的最大值,并结合施工进度、施工工况、气象等具体情况对监测成果进行进一步分析。

(5) 监测成果的评价。

根据基坑监测成果,对基坑支护设计的安全性、合理性和经济性进行总体评价,分析基坑围护结构受力、变形以及相邻环境的影响程度,总结设计施工中的经验教训,尤其要总结监测结果的信息反馈在基坑工程施工中对施工工艺和施工方案的调整和改进所起的作用。通过对基坑监测成果的归纳分析,总结相应的规律和特点,对类似工程有积极的借鉴作用,并促进基坑支护设计理论和设计方法的完善。

6.8　光纤技术在深基坑监测中的应用

6.8.1　深基坑监测概况

从学术角度来说,深基坑工程属于一种集多种建筑技术以及复杂建造工程于一体的研究性课题,这类课题当中包含多种建筑工程学领域的知识和内容,涉及的研究面十分广泛。目前在我国应用比较多的是支护基坑技术方法,这种施工技术最先由国外工程师研究应用。但对于此类较为先进的深基坑技术,我国目前仍对其中技术含量较高、难度较大的技术难题无法攻克,此类技术难题如土力学中土体失稳造成的破坏、典型性的强度破坏和目前难度最大深基坑变形问题等。同时在实际的施工过程中,在加固结构方面也有着较难的技术问题,如一些特殊结构的受力分析、特殊结构与固定土层之间的受力分析问题等,这些都是在专业技术方面的难题,并且对相关的专业仪器设备有较高的要求。不过随着我国科学技术的快速进步和发展,一些硬件问题得以解决,大大推动了我国深基坑工程的发展进程。

基坑监测是基坑工程施工中的一个重要环节,是指在基坑开挖及地下工程施工过程中,对基坑岩土性状、支护结构变位和周围环境条件的变化,进行各种观察及分析工作,并将监测结果及时反馈,预测进一步施工后将导致的变形及稳定状态的发展,根据预测判定施工对周围环境造成影响的程度,来指导设计与施工,实现信息化施工。建筑中深基坑监测方法与精度分析如图 6-7 所示。

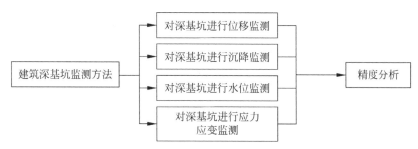

图 6-7 建筑中深基坑监测方法与精度分析

近几年来,我国经济发展带动了工业生产的现代化发展,面对越来越多的深基坑监测任务,传统的人工监测方法已经不能发挥更加重要的作用,深基坑监测中存在的问题及注意要点如图 6-8 所示。自动化监测系统的加入是一种必然性需求,而监测系统准确性,成为应用基本准则。因此,对自动化监测系统在深基坑监测中的可靠性分析有鲜明的现实意义。

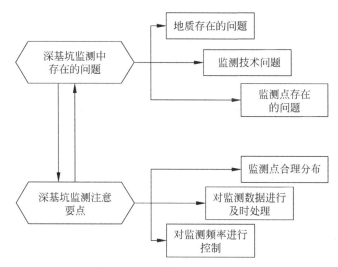

图 6-8 深基坑监测中存在的问题及注意要点

6.8.2 自动化监测概述

1. 自动化监测原则

(1) 及时反馈原则:对于基坑支护情况监测过程中出现的任何问题能够准确及时地向项目管理人员与施工员反馈,并根据实际情况及时采取有效措施。

(2) 测点相关性原则:在进行测点布置时,应尽量将测点布置在同一断面内,如若遇到不能布置在同一断面的情况,要尽量布置在相近断面上,以便各测点采集数据后的相关性分析结果更为准确。

(3) 经济性与技术性原则:在保证日常监测工作正常进行的情况下,尽量控制自动化监测设备的造价与维护投入,监测点的选取不应对周围环境造成影响,且同时满足施工和水文地质要求。

（4）自动化原则：由于人工监测基坑支护容易出现纰漏，且肉眼和一般仪器监测不够准确，因此，需要一套完整且自动化高速运转的监测设备进行支护结构变形情况的监测。

2. 自动化监测原理

（1）数据收集：在数据收集及处理的过程中建立层级，由数据采集传感器将数据采集，并通过无线电信号传至数据收集器中，再利用计算机技术对采集的数据进行处理和分析。

（2）数据预处理与传输：数据的预处理常是在数据采集系统中进行的，数据采集系统将传感器采集的各种数据进行处理，使其转换为数字信号，再通过数据传输网络将数据传输至数据处理中心进行处理。

（3）数据处理：庞大的数据处理工作是由数据处理与控制系统共同完成的，数据处理系统通过接收并分析由各级传感器采集的数据，对整个系统的运行进行控制，根据传感器反映的数据，针对整个数据库进行数据更新与管理。

（4）结构安全评定：整个结构安全评定工作由安全评定系统根据数据处理系统的分析结果自动生成，对监测数据及结构进行分析，对比现收集数据及历史监测数据，进而对建筑物结构的安全性和稳定性进行分析，生成符合实际情况的结构安全报告。

3. 自动化监测的目的

监测系统代替传统的人工监测，全天候进行自动监测基坑支护与建筑物基础情况。提高数据可靠度，并且能够及时提供监测报告，满足应用计算技术的高效施工要求。实时监测，实时对比安全数据，在监测指标不达标时，能准确地在第一时间发出警报，指引管理人员采取相应措施处理问题。

4. 自动化监测系统组成

自动化监测系统主要包括数据采集系统、数据分析系统、成果发布系统，其主要结构如图 6-9 所示。数据采集系统由全站仪自动采集系统和数控自动采集系统组成。全站仪自动采集系统基于测量机器人实现了坡顶水平位移及竖向位移观测数据的自动采集。根据现场情况建立自动变形监测系统的永久观测房，并在观测房内放置 Trimble S8 全站仪和控制电脑。系统应用全站仪配套的 Trimble 4D 软件控制测量，功能模块包括测站设立、监测点初次测量、定期复测三部分。数控采集箱自动采集系统利用 BGKLogger V4 软件来控制锚索内力、深层水平位移及地下水位数据的采集，将采集数据实时传输到数据库，实现同步监测。

数据分析系统将自动化采集数据予以分类、处理、计算。Trimble 4D 软件可以将采集的所有数据进行分类，用自带的软件分析系统进行粗差的剔除、基准点的稳定性分析和测量数据的平差计算，结果存储到对应的 SQL Server 数据库。成果发布系统包括数据查询、统计分析、视频管理及预警预报等模块。数据查询模块可对数据库内相应的数据进行调用，实现了监测数据的实时查询、统计分析，并且在数据变化量超过报警值时，预警预报模块向电脑网页及手机 APP 发布报警信息。视频管理模块作为监测系统的辅助，系统管理现场安置的所有摄像头，实时监控现场的施工情况，出现预警时能及时发现现场施工问题。

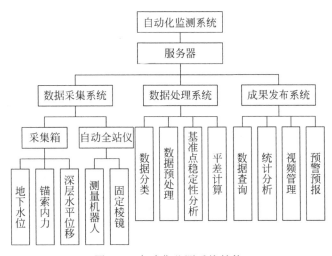

图 6-9　自动化监测系统结构

6.8.3　光纤光栅传感技术应用到深基坑监测的优点及创新

深基坑工程目前多数均采用人工监测方式,存在数据采集消耗的时间长、人力消耗大、信息反馈速度慢、无法连续监测基坑支护体系的力变、形变等方面的不足。常规的深基坑自动化监测方法受通视条件的制约、量测精度受到气象环境条件的影响等因素制约。光纤光栅传感技术虽然具有可实施全天候、自动化连续监测,可覆盖传统技术手段监测的所有项目,可监测支护体系和基坑内外土体的应力和变形等优势,但目前只是在深基坑的部分项目上实施自动化监测,全系统地实施深基坑工程的自动化监测尚未开展,且尚未形成一套光纤传感自动化监测的技术标准和操作规程。

近年来,光纤光栅传感技术在基坑工程信息化施工领域的运用处于稳步发展状态,监测技术日益成熟,其监测距离和时段长的优势已充分展现。在深基坑工程监测领域,作为对常规项目自动化监测的替代方式分别进行试验,并取得了一定的成果。在提升光纤材料性能本身的稳定性、精度方面还需要通过试验、实践而不断地提高和完善,同时,对光纤信号解析的仪器设备,其精度、可靠性等指标需要通过实践来检验。在该科研项目实施阶段,一方面通过实施传统监测方法,来验证光纤传感自动化监测方法的精度和可靠性;另一方面运用光纤光栅传感技术实施部分传统监测方法无法实施有效监测的项目,从而建立一个全面完整的深基坑光纤光栅传感自动化监测系统。

光纤光栅传感技术在基坑监测领域的试验性研究和应用已有一定程度的开展,主要是就如何基于光纤光栅传感技术对公路、铁路的山体边坡灾害的调查和预警监测,进而提供边坡灾害的预警及治理。光纤光栅传感技术在边坡灾害的调查和预警监测应用已日趋成熟,但在深大基坑工程领域主要是对传统监测技术的各单项监测内容的替代及监测自动化方面的研究,还处于探索、研究阶段。

1. 工作原理与结构设计

(1) 光纤光栅传感技术:光纤光栅就是一段光纤,其纤芯中具有折射率周期性变化的结构。根据模耦合理论：

$$\lambda B = 2n\Lambda \tag{6-14}$$

其中：λB——光纤光栅的中心波长；

　　Λ——光栅周期；

　　n——纤芯的有效折射率。

反射的中心波长信号 λB，跟光栅周期 Λ、纤芯的有效折射率 n 有关，所以当外界引起光纤光栅温度、应力以及磁场改变都会导致反射的中心波长的变化。也就是说，光纤光栅反射光中心波长的变化反映了外界被测信号的变化情况。

（2）传感器结构：光纤光栅智能测斜管由 4m 测斜管外侧等距（50cm）布置光纤光栅传感器组成。测斜管外壁内槽对应的位置开 4mm V 形凹槽，光纤光栅串和 0.9mm 光纤用硅胶黏结固定在凹槽内，离孔口约 15cm 处从凹槽旁侧且在测斜管连接器开出 3mm 凹槽，用于铠装光缆引出，测斜管底部旁侧相应位置也开 3mm 凹槽，为了下一节测斜管壁上的铠装光缆绕出，孔口铠装光缆用抱箍固定。光纤光栅传感器按照中心波长从小到大顺序排布，相邻 2 个光纤光栅的中心波长间隔约为 2nm。智能测斜管具体结构如图 6-10 所示。

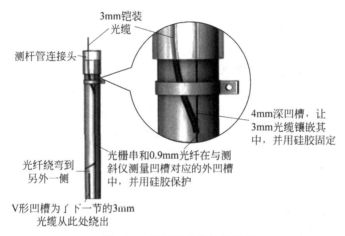

图 6-10　智能测斜管结构示意

根据光纤光栅解调仪测试的中心波长精度为 0.002nm，假设被测点的中心波长为 1560nm，可计算得测点的应变精度为 $5.8\mu\varepsilon$，单测点水平位移测试精度为 0.0193mm/50cm，40m 孔深的测试精度为 0.173mm/50cm。

2. 光纤光栅传感技术应用到深基坑监测的优点

在传统的工程监测中，土压力的监测主要采用振弦式传感器，输出的是一个频率值，利用金属线缆充当传输数据的介质，数据在远距离传输过程中会出现较大的损耗，还容易受到温度的影响，监测方法具有离线、静态、间断的特点。

光纤光栅传感技术对深大基坑支护体系、基坑外土体等的内力、应变均可以根据需要采用上述两种传感技术进行全方位实时监测。具体而言，对基坑本体可以监测的项目有围护墙体的深层位移、内力、墙顶位移，立柱桩的隆降、受力的变化与分布状态，支撑轴力的动态变化，坑内开挖面以下土体的位移、隆降动态变化，基坑外土体对侧墙的压力动态变化，地下水位的动态变化等全方位、全过程的实时监测。对周边环境的建(构)筑物、管线、隧道等的动态变形也可以实时自动化监测。

光纤光栅传感器这种新型的传感器在新型监测技术的开发中发挥了重要作用,如图 6-11 所示。由于具有灵敏度高,数据在传输过程中损耗小,防水抗腐蚀,对监测对象的性能和力学参数影响较小等优点,它能够代替人类深入很多恶劣环境,使得实时动态监测、精准监测、及时预警成为可能。

图 6-11 光纤光栅传感器

光纤光栅传感器的核心部件在于光纤光栅。光纤光栅出现已有 30 余年,其原理为近似一个窄带的滤波器,借助光纤的光敏性,当外界条件导致光纤光栅发生物理形变,进而对应的反射中心波长会发生漂移,波长的漂移量通过公式可以换算为外界的应力、温度、应变等监测值的变化量,如图 6-12 所示。光纤光栅传感器所采集数据的传输介质为光纤线缆,光纤线缆的结构分为三部分:纤芯、包层、涂覆层,如图 6-13 所示。

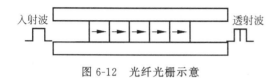

图 6-12 光纤光栅示意

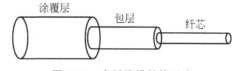

图 6-13 光纤线缆结构示意

光纤光栅应变式土压力传感器,在具备灵敏度高、数据在传输中损耗小、防水、抗腐蚀、对监测对象的性能和力学参数影响较小等优点的同时,考虑到了温度的影响,在传感器内部嵌入温度传感器,通过配套数据分析仪的处理能够有效克服温度对传感器数据真实性的影响。

3. 光纤光栅传感器安装使用过程

(1) 事先计算好所需的光纤线缆长度,截取合适长度的光纤线缆,与传感器自带的光纤线缆相熔接,并套入热缩管对接头处予以保护。

(2) 在需要监测的坑壁处,沿垂直坑壁方向用洛阳铲掏出深 0.5m,直径 0.3m 的土洞。将传感器放入洞内,使传感器受压面紧贴坑壁土体。

(3) 向洞内其余部分回填土直至洞口 0.15m 处,回填过程中要求回填密实,尽量接近原状土的状态,外侧接近洞口处填入 0.15m 混凝土。

(4) 根据出厂波长初始值和现场的实际情况,将传感器分成若干个"组",每组传感器之间串联在一起组成一个通道,不同通道的传感器通过各自的光纤线缆与光纤光栅分析仪相连。光纤光栅分析仪可以收集并显示出各个通道不同传感器传回的实时波长值,并换算为相应的物理量,进而反映出对应监测数据的变化情况。

收集到的监测数据还可以通过网络数据传送到互联网。当需要查看数据时,只需通过接入互联网的电脑利用客户端接收即可。这一功能使远距离实时监测,及时预警成为可能,大大节约了人力和物力。

思考题

1. 阐述基坑监测的目的和意义。
2. 基坑监测的主要项目有哪些？分别使用什么测试仪器和测试方法？
3. 地表水平位移监测的常用方法有哪些？
4. 简述测斜仪量测土体深层水平位移的基本原理。
5. 简述测斜管埋设方法及埋设时应注意的问题。
6. 简述钢弦土压力计工作原理及埋设方法。
7. 监测警戒值的确定原则是什么？
8. 基坑监测报告应包括哪些主要内容？
9. 沉降监测基准点设置的基本要求和建筑物沉降监测点布设的一般原则是什么？
10. 基坑监测项目施测位置和测点布置原则是什么？

第 7 章

地下工程监测技术

【本章导读】

本章主要介绍地下工程的监测目的、内容以及常用方法。涉及围岩压力量测、位移量测等。通过本章的学习,读者可以掌握地下工程监测技术的原理方法,能够完成地下工程监测的有关工作。

【本章重点】

(1) 围岩的概念,围岩压力的概念;

(2) 地下工程监测的目的和主要的监测内容;

(3) 围岩应力测试方法;

(4) 接触应力的量测;

(5) 工程中常用的收敛测试手段;

(6) 信息化施工方法。

7.1 概述

7.1.1 地下工程监测的目的和意义

现场量测和监视(简称现场监测)是监控设计中的主要一环,也是目前国际上流行的新奥法(NATM)中的重要内容。归结起来,现场监测的目的是掌握围岩稳定与支护受力,以及变形的动态信息,并以此判断设计施工的安全性与经济性。综合来说,有如下几点:

1. 提供监控设计的依据和信息

建设地下工程,必须事前查明工程所在地岩体的产状、性状以及物理力学性质,为工程设计提供必要的依据和信息,这就是工程勘察的目的。但地下工程是埋入地层中的结构物,而地层岩体的变化往往又千差万别,因此仅仅靠事前的露头勘查及有限的钻孔来预测其动向,常常不能充分反映岩体的产状和性状。此外,目前工程勘察中分析岩体力学性质的常规方法是用岩样进行室内物理力学试验。众所周知,岩块的力学指标与岩体的力学指标有很大不同。因此,必须结合工程,进行现场岩体力学性态的测试,或者通过监测围岩和支护的变位与应力反推岩体的力学参数,为工程设计提供可靠依据。当然,现场的变位与应力监测不仅提供岩体力学参数,还提供地应力大小、围岩的稳定度与支护的安全度等信息,为监控设计提供合理的依据和计算参数。

2. 指导施工,预报险情

在国内外的地下工程中,利用施工期间的现场监测结果来预报施工的安全程度,是早已被采用的一种方法。对那些地质条件复杂的地层,如塑性流变岩体、膨胀性岩体、明显偏压地层等,由于不能采用以经验作为设计基准的惯用设计方法,所以施工期间须通过现场测试和监视,以确保施工安全。此外,在拟建工程附近有已建工程时,为弄清并控制施工的影响,有必要在施工期间对地表及附近已建工程进行监测,以确保施工安全。

近20年来,随着新奥法的推广,软弱岩体现场监测已经成为工程施工中不可缺少的内容。除了预见险情外,它还是指导施工作业,控制施工进程的有效手段,如根据量测结果确定二次支护的时间、仰拱的施做与否及其支护时间、地下工程开挖方案等。这些施工作业原则上都应通过现场量测信息加以确定和调整。

3. 作为工程运作时的监视手段

通过一些现场监测设备,对已运营的工程进行安全监视,这样可对接近危险值的区段或整个工程及时进行补强、改建,或采取其他措施,以保证工程安全运营,这是一个在更大范围内受到重视或被采用的现场监测内容。例如,我国一些矿山井巷中利用测杆或滑尺测量顶板的相对下沉,当顶板相对位移达到危险值时,电路系统就会自动报警。

4. 用作理论研究及校核理论,并为工程类比提供依据

以前地下工程的设计完全依赖于经验,但随着理论分析手段的迅速发展,其分析结果越来越被人们所重视。因而对地下工程理论问题——模型及参数,也提出了更高要求。理论研究结果须经实测数据检验,因此系统地组织现场监测,研究岩体和结构的力学性态,对于发展地下工程理论具有重要意义。

5. 为地下工程设计与施工积累资料

7.1.2　地下工程监测的内容与项目

1. 现场观测

现场观测包括掌子面附近的围岩稳定性、围岩构造情况、支护变形与稳定情况及校核围岩分类。

2. 岩体力学参数测试

岩体力学参数测试包括抗压强度、变形模量、黏聚力、内摩擦角及泊松比。

3. 应力应变测试

应力应变测试包括岩体原岩应力、应变,支护结构的应力、应变及围岩与支护和各种支护间的接触应力。

4．压力测试

压力测试包括支撑上的围岩压力和渗水压力。

5．位移测试

位移测试包括围岩位移(含地基沉降)、支护结构位移及围岩与支护倾斜度。

6．温度测试

温度测试包括岩体温度、洞内温度及气温。

7．物理探测

物理探测包括弹性波(声波)测试和视电阻率测试等。

上述监测项目,一般分为必测项目和选测项目。地下工程中的重要工程类型隧道工程现场监测项目及方法如表 7-1 所示。

表 7-1　隧道工程现场监测项目及方法

序号	项目名称	方法及工具	布置	监测间隔时间			
				1～15d	16d～1 个月	1～3 个月	大于 3 个月
1	地质和支护状况观察	岩性、结构面产状及支护裂缝观察或描述、地质罗盘等	开挖后及初期支护后进行	每次爆破后进行			
2	周边位移	各种类型收敛计	每 10～50m 一个断面,每断面 2～3 对测点	1～2 次/d	1 次/2d	1～2 次/周	1～3 次/月
3	拱顶下沉	水平仪、水准仪、钢尺或测杆	每 10～50m 一个断面	1～2 次/d	1 次/2d	1～2 次/周	1～3 次/月
4	锚杆或锚索内力及抗拔力	各类电测锚杆、锚杆测力计及拉拔器	每 10m 一个断面,每个断面至少做 3 根锚杆	—	—	—	—
5	地表下沉	水平仪、水准仪	每 5～50m 一个断面,每个断面至少 7 个测点;每隧道至少两个断面;中线每 5～20m 一个测点	开挖面距量测断面前后＜2B 时,1～2 次/d;开挖面距量测断面前后＜5B 时,1 次/2d;开挖面距量测断面前后≥5B 时,1 次/周(B 为隧道开挖宽度)			
6	围岩体内位移(洞内设点)	洞内钻孔中安设单点、多点杆式或钢丝式位移计	每 5～100m 一个断面,每断面 2～11 个测点	1～2 次/d	1 次/2d	1～2 次/周	1～3 次/月
7	围岩体内位移(地表设点)	地面钻孔中安设各类位移计	每代表性地段一个断面,每断面 3～5 个钻孔	同地表下沉要求			

序号	项目名称	方法及工具	布置	监测间隔时间			
				1~15d	16d~1 个月	1~3 个月	大于 3 个月
8	围岩压力及两层支护间压力	各种类型压力盒	每代表性地段一个断面,每断面宜为 15～20 个测点	1~2 次/d	1 次/2d	1~2 次/周	1~3 次/月
9	钢支撑内力及外力	支柱压力计或其他测力计	每 10 个钢拱支撑一个测力计	1~2 次/d	1 次/2d	1~2 次/周	1~3 次/月
10	支护、衬砌内应力、表面应力及裂缝量测	各类混凝土内应变计、应力计、测缝计及表面应力解除法	每代表性地段一个断面,每断面宜为 11 个测点	1~2 次/d	1 次/2d	1~2 次/周	1~3 次/月
11	围岩弹性波测试	各种声波仪及配套探头	在有代表性地段设置	—	—	—	—

表 7-1 中 1～4 项为必测项目,5～11 为选测项目。必测项目是现场量测的核心,是设计、施工所必须进行的经常性量测;选测项目是根据不同地质、工程性质等具体条件和对现场量测要求的数据类型而选择的测试项目。由于条件的不同和要取得信息的不同,在不同的工程中往往采用不同的测试项目。但对于一个具体工程来说,对上述列举的项目不会全部应用,只会有目的的选用其中的几种。

在某些工程中,由于特殊需要,还要增测一些一般不常用而对工程又很重要的必测项目,如鼓胀量测、岩体力学参数量测、原岩应力量测等。

7.2 围岩压力量测

7.2.1 围岩应力应变和围岩与支护间接触应力量测

1. 量测原理

岩体作为大地的构造体来说,它的各部位都处在一定的应力状态下,这种应力一般称为原岩应力。由于洞室的开挖,改变了部分岩体的原岩应力状态,而把岩体中原岩应力改变的范围称为围岩,其应力称为围岩应力。在开挖前进行钻孔或在开挖后在洞室内紧跟掌子面钻孔,在孔中按要求埋设各种类型的应力计、应变计,对围岩应力、应变进行观测,能够及时、较好地掌握围岩内部的受力与变形状态,进而判断围岩的稳定性。围岩应力重分布与时间和空间有关——时间效应与空间效应。及时地提供支护作用力,能有效地调整和控制应力重分布的过程和结果。支护与围岩间这种相互作用力通常称为接触应力。在围岩与支护间埋设各种压力盒等传感器,对接触应力进行观测,可以及时掌握围岩与支护间的共同工作情况、稳定状态及支护的力学性能等。

2. 量测手段

1）围岩应力应变测试

围岩应力应变的观测方法较多，有电测类型的，也有机械测试类型的。依据工程的具体情况和对量测信息的要求与设备、仪器条件等，决定采用的量测类型。

（1）钢弦式应变计。钢弦式应变计在使用中，把单个应变计与被测围岩刚度相匹配的钢管（钢筋）连接起来，用水泥砂浆埋入岩孔，用频率计进行激发、接收测试。钢弦式应变计不受接触电阻、外界电磁场影响，性能较稳定，耐久性能好，是地下工程中比较理想的测试手段。

（2）差动式电阻应变计。差动式电阻应变计的特点是灵敏度较高，性能稳定，耐久性好。

（3）电阻片测杆（电测锚杆）。把电阻片按需要贴在一根剖为两半的金属或塑料管内壁上，再把两半合拢，并做好防水、防潮处理，用水泥砂浆固结在围岩测孔中。测杆的刚度要尽量与被测围岩的刚度相匹配。用应变仪进行测试，测得围岩不同部位的应变值。电阻片测杆的优点是简便经济、灵敏度高，但在潮湿的地下工程中，长期应用效果不好，性能不稳定，有待进一步完善。

2）接触应力量测

通常情况下，接触应力量测是指围岩与支护或喷层与现浇混凝土间的接触应力的测试，它能反应支护所承受的"山岩压力"（即支护给山体的抗力）。接触应力的量值和分布形态，除了同围岩与支护结构的特性有关外，还与两者间接触条件有很大关系。

（1）钢弦式压力盒：作为一种弹性受力元件，具有性能稳定，便于远距离、多点观测，受温度与其他外界条件干扰小的优点。但它也存在工作条件与标定条件不一致的弱点，还存在与埋设介质间的刚度匹配、压力盒的边缘效应等问题。因而，除了在软黏土介质中能测得较为满意的结果之外，一般情况下都不理想。近年来，为了克服上述缺点，国内外都做了不少工作，改单膜式为双膜式压力盒，或者在薄膜前设沥青囊。国内钢弦式压力盒品种很多，图 7-1 所示为 Jx 型钢弦压力盒。

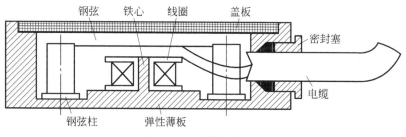

图 7-1　Jx 型钢弦压力盒

（2）变磁阻调频式土压力传感器：采用变磁阻传感元件与 LC 振荡原理，薄膜混合集成振荡电路，体积小；同传感器元件合为一体，构成变磁阻调频式土压力传感器，如图 7-2 所示。

变磁阻调频式土压力传感器工作原理为：当压力作用于承压板上时，通过油层传到传感单元的二次膜上，使之产生变形，改变了磁路气隙、磁阻和线圈电感，从而改变了 LC 振荡电路的输出信号频率，其转换过程为：$\Delta p \rightarrow \Delta \zeta \rightarrow \Delta RM \rightarrow \Delta L \rightarrow \Delta f$。若制作工艺得当，$\Delta f$

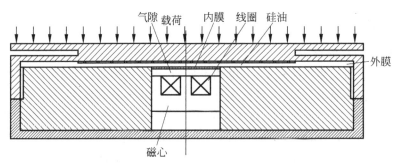

图 7-2 变磁阻调频式土压力传感器

的变化与 Δp 成正比,其关系为

$$\Delta p = k \Delta f \tag{7-1}$$

式中：Δp——被测压力的变化值;

　　　 Δf——频率变化量;

　　　 k——传感器分辨率。

该传感器输出信号幅度大,抗干扰能力强,灵敏度高,适于遥测。但它也同钢弦式压力盒一样,在硬介质中应用,也存在刚度匹配问题,效果不太理想。

(3) 格鲁茨尔(Clozel)压力盒(应力计):一种液压式压力计,传感元件为一扁平油腔,通过油压泵加压,由油压表可直接测得油腔的压力(应力)——按触压力(应力),如图 7-3 所示。该种压力盒,不但可用于接触应力测试,亦能用于同种介质内部应力测试。

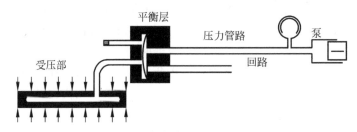

图 7-3 格鲁茨尔压力盒(应力计)

7.2.2 支护的应力应变量测

地下室支护的类型很多,但支护目的与作用都是为岩体提供支护力,调节围岩受力状态,充分发挥围岩的支护能力,促使围岩稳定,保证地下空间的正常使用。通过对支护的应力应变测试,不仅可直接提供关于支护结构的强度与安全度信息,而且能同时了解围岩的稳定状态,并与其他测试手段相互验证。

1. 锚杆轴力量测

锚杆轴力量测的目的在于掌握锚杆实际工作状态,结合位移量测,修正锚杆的设计参数。工程中主要使用的是量测锚杆,量测锚杆的杆体由中空的钢材制成,其材质同锚杆一样,量测锚杆主要有机械式和电阻应变片式两类。

机械式量测锚杆是在中空的杆体内放入 4 根细长杆,将其头部固定在锚杆内预计位置(图 7-4)。量测锚杆段长度在 6m 以内,测点最多为 4 个,用千分表直接读数,量出各点间的长度变化,而后除以被测点间距得出应变值,再乘以钢材的弹性模量,即得各测点间的应力。由此可了解锚杆轴力及其应力分布状态,再配合岩体内位移的量测结果就可以设计锚杆长度及锚杆根数,还可以掌握岩体内应力重分布的过程。

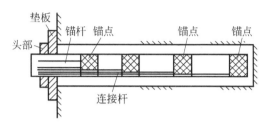

图 7-4　机械式量测锚杆构造与安装

电阻应变片式量测锚杆是在中空锚杆内壁或在实际使用的锚杆上轴对称贴 4 块应变片,以 4 个应变片的平均值为量测应变值,这样可消除弯曲应力的影响,测得的应变值乘以钢材的弹性模量可得该点的应力。

2. 钢支撑压力量测

如果隧道围岩类别低于Ⅳ类,隧道开挖后常需要采用各种钢支撑进行支护。量测围岩作用在钢支撑上的压力,对维护支架承载能力、检验隧道偏压、保证施工安全、优化支护参数等具有重要意义。例如,通过压力量测,可知钢支撑的实际工作状态,从钢支撑的性能曲线上可以确定在此压力作用下钢支撑所具有的安全系数,视具体情况确定是否需要采取加固措施。

1) 测力计分类

围岩作用于钢支撑上的压力可用多种测力计量测。根据测试原理和测力计结构的不同,测力计主要可分为液压式测力计和电测式测力计两类。

液压式测力计的优点是结构简单,压力表可靠,现场直接读数,使用比较方便。电测式测力计的优点是测量精度高,可远距离和长期观测。这里仅以液压式测力计为例,介绍测力计的结构原理和压力测试方法。

液压式测力计结构如图 7-5 所示,主要由油缸、活塞、调心盖、高压胶管、压力表等组成。除此之外,为了在组装时排净系统中的空气,在油缸壁上设有球形排气阀。在使用突然卸载时,为了不使压力表损坏,应设有螺钉减震装置。表 7-2 为常用的 HC45型液压测力计技术规格。

测力计的布置和安装如图 7-6、图 7-7 所示。

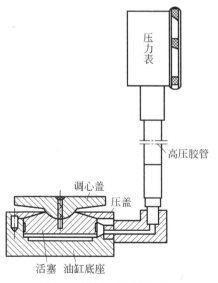

图 7-5　液压式测力计结构

表 7-2　HC45 型液压测力计技术规格

额定载荷 /kN	承载面积 /m²	额定油压 /MPa	配用压力表 规格/MPa	油缸内径 /mm	压力表外径 /mm	精度 /%	允许偏心 角/(°)	质量 /kg	液压油 型号
50	0.0135	57.3	0～60	100	100	5	5	12.5	≥30 号机油

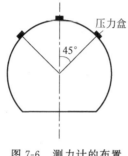

图 7-6　测力计的布置

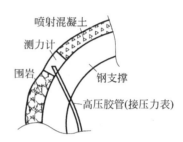

图 7-7　测力计安装示意

3．衬砌应力测试

衬砌应力量测的目的在于研究复杂工作条件下的地压问题,检验设计,积累资料和指导施工。衬砌应力量测通常是压力量测。这里以钢弦式应力计为例介绍混凝土衬砌应力的量测。

1) 压力盒的类型

钢弦式传感器根据它的用途、结构形式和材料的不同,一般有多种类型。国产常用压力盒类型、使用条件及优缺点列于表 7-3。

表 7-3　压力盒类型及使用特点

工作原理	结构及材料	使用条件	优　缺　点
单线圈激振器	钢丝卧式、钢丝立式	测土、岩压力	(1) 构造简单; (2) 输出间歇非等幅衰减波,故不适用于动态测量和连续测量,难以自动化
双线圈激振器	钢丝卧式	测水、土、岩压力	(1) 输出等幅波,稳定、电势大; (2) 抗干扰能力强,便于自动化; (3) 精度高,便于长期使用
钨丝压力盒	钢丝立式	测水、土压力	(1) 刚度大,精度高,线性好; (2) 温度补偿好,耐高温; (3) 便于自动化记录
钢弦摩擦压力盒	钢丝卧式	测井壁与土层摩擦力	只能测与钢筋同方向的摩擦力
钢筋应力计	钢弦	测钢筋中应力	比较可靠
混凝土应变计	钢弦	测混凝土变形	比较可靠

2) 压力盒的布置与埋设

由于测试目的及对象的不同,测试前必须根据具体情况做出观测设计,再根据观测设计来布置与埋设压力盒。埋设压力盒总的要求是:接触紧密和平稳,防止滑移,不损伤压力盒及引线,且需在上面盖一块厚 6～8mm、直径与压力盒直径大小相等的铁板。常见压力盒的布设方式如图 7-8 所示。

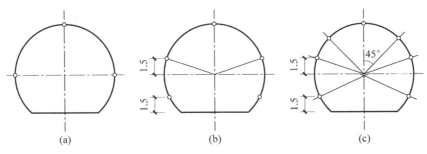

图 7-8　压力盒的布置(单位:m)

7.3　位移量测

在地下工程测试中,位移量测(包括收敛量测)是最有意义和最常用的量测项目。位移量测稳定可靠,简便经济,测量成果可直接用于指导施工、验证设计以及评价围岩与支护的稳定性。

7.3.1　净空相对位移测试(收敛测试)

洞室内壁面两点连线方向的位移之和称为"收敛",此项量测称收敛量测。收敛值为两次量测的距离之差。收敛量测是地下洞室施工监控量测的重要项目,收敛值是最基本的量测数据,必须量测准确,计算无误。

1. 测试装置的基本构成

净空相对位移测试观测手段较多,但基本上都是由壁面测点,测尺(测杆),测试仪器和连接部分等组成。

1) 壁面测点

由埋入围岩壁面 30～50cm 的埋杆与测头组成,由于观测的手段不同,测头有多种形式,一般为销孔测头与圆球测头。它代表围岩壁面变形情况,因而要求对测点加工的精确性,埋设要可靠。

2) 测尺(测杆)

一般是用打孔的钢卷尺或金属管对围岩壁面某两点间的相对位移测取粗读数。除对测尺的打孔、测杆的加工要精确外,观测中还要注意测尺(测杆)长度的温度修正。

3) 测试仪器

一般由测表、张拉力设施与支架组成,是净空位移测试的主要构成部分。测表多为10mm、30mm 的百分表或游标尺,用于对净空变化量进行精读数。张拉力设施一般采用重锤、弹簧或应力环,观测时由它对测尺进行定量施加拉力,使每次施测时测尺本身长度处于同一状态。支架是组合测表、测尺、张拉力设施等的综合结构,在满足测试要求的情况下,以尺寸小、质量轻为宜。

4) 连接部分

是连接测点与仪器(测尺)的构件,可用单向(销接)或万向(球铰接)连接,它们的核心问题是既要保证精度,又要连接方便,操作简单,能做任意方向测试。

2. 工程中常用的收敛测试手段

1) 位移测杆

由数节可伸缩的异径金属管组成,管上装有游标尺或百分表,用以测定测杆两端测点间的相对位移。位移测杆适用于小断面洞室观测。

2) 净空变化测定计(收敛计)

目前国内收敛计种类较多,大致可分为如下三种。

(1) 单向重锤式:主要由钢尺支架、百分表、百分表架、销子等几部分组成。图 7-9 所示为 SWJ-81 型隧道净空变化测定计。

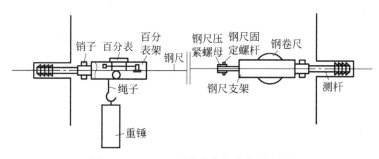

图 7-9　SWJ-81 型隧道净空变化测定计

(2) 万向弹簧式:主要由支架、百分表、带孔钢尺、弹簧、连接球铰、测杆等几部分组成。

(3) 万向应力环式:主要由钢环测力计、百分表、球铰接头等几部分组成。

其特点是测尺张拉力的施加,不用重锤或弹簧,而用经国家标定的测力元件应力环。因此,其测试精度高、性能稳定、操作方便。图 7-10 所示为 CSL 钢环式收敛计结构示意。

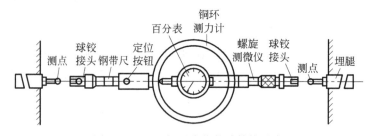

图 7-10　CSL 钢环式收敛计结构示意

3. 静空相对位移计算

根据测量结果,可通过以下方法计算静空相对位移

$$U_n = R_n - R_0 \tag{7-2}$$

式中:U_n——第 n 次量测时静空相对位移值;

R_n——第 n 次量测时的观测值;

R_0——初始观测值。

测尺为普通钢尺时,还需要消除温度的影响。

7.3.2 拱顶下沉量测

隧道拱顶内壁的绝对下沉量称为拱顶下沉值,单位时间内拱顶下沉值称为拱顶下沉速度。

1. 量测方法

对于浅埋隧道,可由地面钻孔,使用挠度计或其他仪表测定拱顶相对于地面不动点的位移值。对于深埋隧道,可用拱顶变位计,将钢尺或收敛计挂在拱顶点作为标尺,后视点可设在稳定衬砌上,用水平仪进行观测,将前后两次后视点读数相减得差值 A,两次前视点读数相减得差值 B,计算 $C=B-A$;如 C 值为正,则表示拱顶向上位移;反之,表示拱顶下沉。

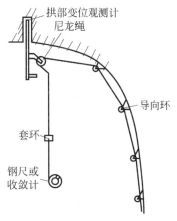

2. 量测仪器

拱顶下沉量测主要用隧道拱部变位观测计。由于隧道净空高,使用机械式测试方法很不方便,使用电测方法造价又很高,铁道科研部门设计了隧道拱部变位观测计。其主要特点是:当锚头用砂浆固定在拱顶时,钢丝一头固定在挂尺轴上,另一头通过滑轮可引到隧道下部,测量人员可在隧道底板上测量,如图 7-11 所示。测量时,用尼龙绳将钢尺拉上去,不测时收在边上,既不影响施工,测点布置又相对固定。

图 7-11 拱部变形观测

洞顶地表沉降测试是为了判定地下工程建筑对地面建筑物的影响程度和范围,并掌握地表沉降规律,为分析洞室开挖对围岩力学形态的扰动状况提供信息。一般在浅埋情况下观测才有意义。

7.3.3 围岩内部位移量测

由于洞室开挖引起围岩的应力变化与相应的变形,距临空面不同深度处各不相同。围岩内部位移量测,就是观察围岩表面、内部各测点间的相对位移值,能较好地反映出围岩受力的稳定状态、岩体扰动与松动范围。该项测试是位移观测的主要内容,一般工程都要进行这项测试工作。

1. 测试原理

埋设在钻孔内的各测点与钻孔壁紧密连接,岩层移动时能带动测点一起移动(图 7-12)。变形前各测点钢带在孔口的读数为 S_{i0},变形后第 n 次测量时各点钢带在孔口的读数为 S_{in},测量钻孔不同深度岩层的位移,亦即测量各点相对于钻孔最深点的相对位移。第 n 次测量时,测点 1 相对于钻孔的总位移量为 $S_{1n}-S_{10}=D_1$,测点 2 相对于孔口的总位移量为 $S_{2n}-S_{20}=D_2$,测点 i 相对于孔口的总位移量 $S_{in}-S_{i0}=D_i$,于是,测点 2 相对于测点 1 的位移是 $\Delta S_2=D_2-D_1$,测点 i 相对于测点 1 的位移量是 $\Delta S_i=D_i-D_1$。

当在钻孔内布置多个测点时,就能分别测出沿钻孔不同深度岩层的位移值。测点 1 的深度越大,本身受开挖的影响越小,所测出的位移值越接近绝对值。

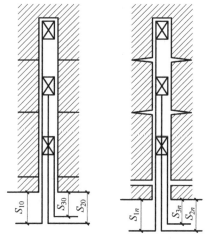

图 7-12   围岩内位移量测

2.量测装置的基本构成

国内围岩内部位移测试类型、手段很多,通常采用钻孔伸长计或位移计,由锚固、传递、孔口装置、测试仪表等部分组成。

1)锚固部分

把测试元件与围岩锚固为整体,测试元件的变位即为该点围岩的变位。常用的形式有契缝式、胀壳式、支撑式、压缩木式、树脂或砂浆浇筑式及全孔灌注式等。如图 7-13 和图 7-14 所示。由于具体测试要求和使用环境不同,采用的锚固方式也不尽相同,一般情况下,软岩、干燥环境采用胀壳式、支撑式、树脂或砂浆浇筑式为好,而硬岩、潮湿环境采用契缝式、压缩木式较好。

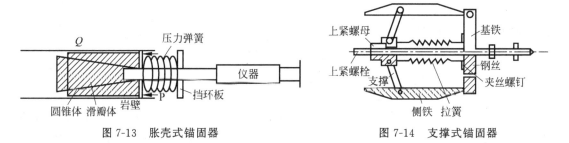

图 7-13   胀壳式锚固器   图 7-14   支撑式锚固器

2)传递部分

把各测点间的位移进行准确的传递。传递位移的构件可分为直杆式、钢带式、钢丝式等;传递位移的方式可分为并联式和串联式。

3)孔口装置部分

孔口装置为为了量测的具体实施而在孔口处设的必要装置。一般包括在孔口设置基准面及其固定、孔口保护、导线隐蔽及集线箱等,如图 7-15 所示。

4)测试仪表

传感器与测读仪器。

3.工程中常用的测试仪器

测读部分是位移测试的重要组成部分,所采用的仪表通常分为机械式与电测式。

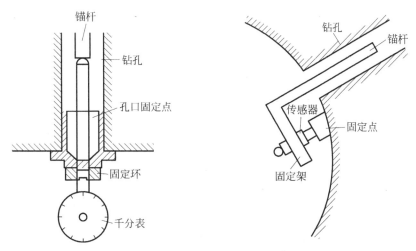

图 7-15　直杆式伸长计孔口固定装置

1）机械式位移计

　　机械式位移计结构简单、稳定可靠、价格低廉，但一般精度偏低，观测不方便，适用于小断面及外界干扰小的地下洞室的观测。

　　（1）单点机械式位移计：楔头、不锈钢测头、孔口套管、量测端头等部分组成，如图 7-16所示。

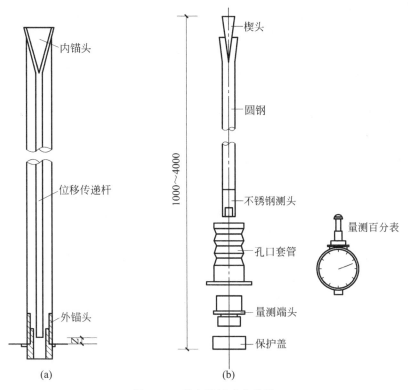

图 7-16　单点机械式位移计

（a）原理图；（b）构造图

根据测量结果,可按下式计算相对位移:

$$U_i = Z_0 - Z_i \tag{7-3}$$

式中: U_i ——第 i 次量测时孔口与锚固点间的相对位移;

Z_0 ——初读数;

Z_i ——第 i 次测读时百分表读数。

当锚固点为不动点时,此时 U_i 即为孔口(壁面)的绝对位移值。

(2)机械式两点位移计:这种位移计有两个内锚头,两根金属测杆分别同两个锚头连接,用百分表分别量测两测杆外端测点和孔口端面(观测基准面)间的相对位移变化。

(3)多点机械式位移计:在同一钻孔中,设多个锚头(测点),通过相应的位移传递杆或传递钢丝、传递钢带等,可以了解各测点(不同孔深处)至孔口间沿钻孔方向上的位移状态。

2)电测式位移计

电测式位移计,是把非电量的位移量通过传感器(一次仪表)的机械运动转化为电量变化信号输出,再由导线传送给接收仪(二次仪表)接收并显示。这种装置施测方便,操作安全,能够遥测,适应性强;但受外界影响较大,稳定性较差,费用较高。

(1)电感式位移计:利用电磁互感原理,传感器在恒定电压情况下,铁心的位移变化可由二次绕组线圈的电压变化进行准确的反映,再由二次仪表测读。电感式位移计因使用需要和不同的位移传递系统与孔口设施而制成单点式位移计或多点式位移计。

(2)差动式位移计:由差动变压器式位移传感器、电缆及位移测量仪组成,根据使用上的要求,可为单点式,也可经过系统构造组成多点式位移计。

(3)电阻式位移计:位移的变化是通过传感器的滑动电阻体的电阻变化来反映的,再由导线传给二次仪表,有的可经过仪表内部确定,直接读出位移测试值。电阻式位移计抗外界干扰能力强,性能稳定,价格便宜,但灵敏度差,在一般情况下能满足测试要求。

7.4   现场量测计划和测试的有关规定

现场量测计划是量测工作中的重要一环,它必须是在初步调查的基础上,依据地下工程的地质条件、工程概况、量测目的、施工进程和经济效果编制而成。

7.4.1   量测项目的确定和量测手段的选择

量测项目的确定主要依据围岩条件、工程规模及支护的方式。我国锚喷支护规范中规定:Ⅳ、Ⅴ类不稳定围岩及大跨度洞室Ⅲ类围岩应进行监控量测。监控量测中的应测项目是必须量测的,选测项目则视工程要求及其具体情况择其部分进行量测,通常包括围岩内部位移、围岩松动区及锚杆轴力的量测等。在特殊地段或对一些重大工程还应进行喷层内切向应力或围岩与喷层间接触压力的量测。对特殊地段及特殊工程有时要求增测一些项目,如浅埋工程应增测地表沉降;塑性流变地层应增测底鼓位移;而对需要深入进行理论分析的重大工程,还需增测岩体力学参数及地应力等。表 7-4 列出了日本《新奥法设计施工指南》按围岩条件而确定量测项目的重要性等级。表中 A 类为必须进行的量测项目,B 类是根据情况选用的量测项目。

表 7-4 各种围岩条件量测项目的重要性

项　　目	A 类量测			B 类量测		
	洞内观察	净空变位	拱顶下沉	衬砌应力	锚杆拉拔试验	洞内测弹性波
硬岩(断层等破碎带除外)	☆	☆	☆	△	△	△
软岩(不发生强大塑性地压)	☆	☆	☆	△*	△	△
软岩(发生强大塑性地压)	☆	☆	☆	○	△	△
土砂	☆	☆	☆	△*	○	△

注：☆表示必须进行的项目；○表示应进行的项目；△表示必要时进行的项目；△*表示这类项目的量测结果对判断设计是否保守很有作用。

量测手段应根据量测项目及国内量测仪器的现状来选用。一般应选择简单、可靠、耐久、成本低的量测手段。要求选择的被测物理量概念明确、量值显著，便于进行分析和反馈。正常情况下，机械式手段与电测式手段结合使用。

7.4.2 量测部位的确定和测点的布置

1. 量测间距

在国家锚喷支护规范中，对应测项目与选测项目的量测间距已有规定，见表 7-5。在具体工程测试中，量测间隔还要根据围岩条件、埋深情况、工程进展等进行必要的修正。

选测项目的测点纵向间距一般为 200～500m，或在几个典型地段选取测试断面。增测项目的测试断面应视需要而定。表 7-6 列出了地表下沉(隧道中线上)测点的纵向间距。

表 7-5 净空位移、拱顶下沉的测点间距

条　　件	量测断面间距/m
洞口附近	10
埋深小于 2D	10
施工进展 200m 前	20(土砂围岩减小到 10)
施工进展 200m 后	30(土砂围岩减小到 20)

表 7-6 地表下沉(隧道中线上)测点的纵向间距

埋深 h 与洞室跨度关系	测点间距/m
$2D<h$	20～50
$D<h\leqslant 2D$	10～20
$h\leqslant D$	5～10

注：D 为洞室跨度。

2. 测点布置

1) 净空位移的测线布置

净空变化量测基准线布置见表 7-7，如图 7-17 所示。

表 7-7 净空变化量测基准线布置

施工方法＼地段	一般地段	特殊地质			
		洞口	埋深小于 2D	膨胀或偏压地段	实施 B 类量测地段
全断面	1～2 条水平基线	1～2 条水平基线	3 条三角形基线	3 条基线	3 条基线
两台阶	2 条水平基线	2 条水平基线	4 条基线	4 条基线	4 条基线
多台阶	每台阶 1 条水平基线	每台阶 1 条水平基线	外加 2 条斜基线	外加 2 条斜基线	外加 2 条斜基线

注：D 为开挖宽度。

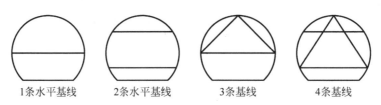

图 7-17　净空变化量测基准线布置

　　拱顶下沉量测的测点,一般可与净空位移点共用,这样可节省安设工作量,更重要的是,使测点统一在一起,测点结果能互相校验。

　　2)围岩位移测孔的布置

　　围岩位移测孔布置除应考虑地质、洞形、开挖等因素外,一般应与净空位移测线相应布设。围岩内部位移测孔布置如图 7-18 所示。

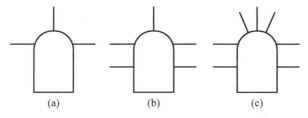

图 7-18　围岩内部位移测孔布置

　　3)锚杆轴力量测锚杆的布置

　　量测锚杆应依据具体工程中支护锚杆的安设位置和方式而定。如是局部加强锚杆,要在加强区域内有代表性位置设置量测锚杆;若为全断面设置系统锚杆(不含底板),在断面上布置位置可参见图 7-18 所示围岩内部位移测孔布置方式进行。

　　4)衬砌应力量测布置

　　衬砌应力量测除应与锚杆受力量测孔对应布设外,还要在有代表性的部位设测点,如图 7-19 所示。

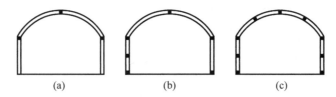

图 7-19　衬砌应力量测点布置

　　5)地表、地中沉降测点布置

　　地表、地中沉降测点原则上应布置在洞室中心线上,并在与洞室轴线正交平面的一定范围内布设必要数量的测点,如图 7-20 所示,并在有可能下沉的范围外设置不会下沉的固定测点。

　　6)声波测孔布置

　　声波测试的目的是测试围岩松动范围与提供分类参数验证围岩分类,要求测孔位置要有代表性,如图 7-21 所示。在每个部位上的测孔布置,要兼顾单孔、双孔两种测试方法,还要考虑到围岩层理、节理与双孔对穿测试方向的关系。有时在同一个部位上,可呈直角形布设 3 个测孔,以便充分掌握围岩构造对声测结果的影响。

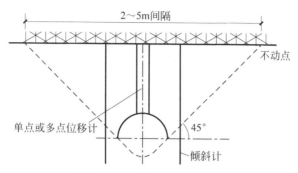

图 7-20　地表下沉测点布置

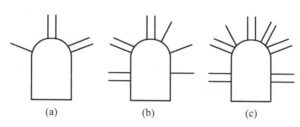

(a)　　　　　(b)　　　　　(c)

图 7-21　声波测孔布置

7.4.3　测试实施计划

测点安装应尽快进行,以尽量及早获得靠近推进工作面的动态数据。一般规定,应测项目测点的初读数,应在爆破后 24h 内,并在下一循环爆破前取得。测读初读数时,测点位置距开挖工作面距离不应超过 2m,实际上有的工程安设在距开挖掌子面 0.5m 左右的断面上,观测效果更好,但需加强测点的保护。

量测频率主要依据位移速率和测点距开挖面距离而定,一般按表 7-8 选定,即元件埋设初期测试频率要 1～3 次/d,随着围岩渐趋稳定,量测次数可以减少,当出现不稳定征兆时,应增加量测次数。

表 7-8　位移量测频率

位移速率/(mm/d)	距开挖工作面距离	测试频率
>5	(0～1)B	1～3 次/d
1～5	(0～2)B	1 次/d
0.5～1	(2～4)B	1 次/d
0.2～0.5	(2～5)B	1 次/(1～3d)
<0.2	(2～5)B	1 次/(7～15d)

注:B 为开挖断面宽度,单位 m。

结束量测的时间:当围岩达到基本稳定后,以 1 次/3d 的频率量测 2 周,若无明显变形,则可结束量测。

对于膨胀性岩体,位移长期不能收敛时,量测主变形速率小于每月 1m 为止。

在选测项目中,地表沉降量测频率,在量测区间内原则上是 1～2d 1 次。

围岩位移量测、锚杆轴力量测、衬砌应力量测等的量测频率,原则上与同一断面内应测项目量测频率相同。

7.5   施工监控及量测数据的分析与应用

7.5.1   施工监控

在地下工程建设中,由于围岩自身属性及其受力状况十分复杂,初选的支护参数往往带有一定的盲目性,尤其不能适应地质和施工情况的变化。20 世纪 60 年代起,一些发达国家在推行新奥法于隧道设计施工的基础上,通过对施工开挖和支护过程中的量测,以一些量测值进行反演分析,用来监控围岩和支护的动态及其稳定与安全,根据及时获得的量测信息进一步修改和完善原设计,并指导下阶段施工。目前,由于计算机技术的飞速发展,在量测数据采集、数据处理与分析及反演计算、正演数值计算等方面都可由计算机来实现。借助于互联网技术,可将现场的施工信息及时传到远在数十公里乃至上百公里以外的设计和技术主管部门,以便主管部门迅速发出下一步施工指令。这种施工、监测和设计一体的施工方法称为施工监控,又称信息化施工方法。

在施工监控中,位移反分析法为其核心,其基本原理是:以现场量测的位移作为基础信息,根据工程实际建立力学模型,反求实际岩体的力学参数、地层初始地应力以及支护结构的边界载荷等。广义的反分析法还包括在此之后,利用有限元、边界元等数值方法,进行正分析,据之进行工程预测和评价,并进行工程决策和采取的措施,最后进行监测并检验预测结果。如此反复,达到优化设计科学施工之目的。

7.5.2   量测数据的分析

根据量测获得的位移时间曲线,即能看出各时刻的总位移量、位移速度以及位移加速度的趋势等。但要衡量围岩的稳定性,除了量测值外,还必须有判断围岩稳定性的准则,这些准则可以由总位移量、位移速率或位移加速度等表示,其值一般由经验或统计数据给定。

1. 围岩壁面位移分析

用总位移量表示的围岩稳定准则通常以围岩内表面的收敛值、相对收敛值或位移值等表示。《公路隧道施工技术规范》(JTG/T 3660—2020)规定,隧道周边壁任意点的实测相对位移值或用回归分析推算的总相对位移值均应小于表 7-9 所列数值。拱顶下沉值亦即参照应用。

表 7-9   隧道周边相对位移值   %

围岩类别覆盖层厚度/m	<50	50~300	>300
Ⅳ	0.10~0.30	0.20~0.50	0.40~1.20
Ⅲ	0.15~0.50	0.40~1.20	0.80~2.00
Ⅱ	0.20~0.80	0.60~1.60	1.00~3.00

注:①相对位移值是指实测位移值与两测点间距离之比,或拱顶位移实测值与隧道宽度之比;②脆性围岩取表中较小值,塑性围岩取表中较大值;③Ⅰ、Ⅴ、Ⅵ类围岩可按工程类比初步选定允许值范围;④本表所列位移值可在施工过程中通过实测和资料积累做适当修正。

2. 位移速度

位移速度也是判别围岩稳定性的标志。开挖通过量测断面时位移速度最大,以后逐渐降低。日本新奥法设计施工指南提出,当位移速度大于 20mm/d 时,需要特殊支护。有的则以初期位移速度,即开挖后 3~7d 内的平均位移速度来确定允许位移速度,以消除空间作用及开挖方式的影响。

目前,围岩达到稳定的标准通常都采用位移速度。例如,我国《岩土锚杆与喷射混凝土支护工程技术规范》(GB 50056—2015)中以收敛速度为 0.1~0.2mm/d,拱顶下沉速率为 0.07~0.15mm/d 作为围岩稳定的标志之一。法国新奥法施工标准中规定:当月累计收敛量小于 7mm,即每天平均变形速率小于 0.23mm,认为围岩已基本稳定。

3. 位移加速度

围岩典型的位移-时间曲线如图 7-22 所示。由图可见:

(1) 位移加速度为负值 $\left(\dfrac{\mathrm{d}^2 u}{\mathrm{d}t^2}<0\right)$,即 OA 段标志围岩变形速度不断下降,表明围岩变形趋向稳定。

(2) 位移加速度为零 $\left(\dfrac{\mathrm{d}^2 u}{\mathrm{d}t^2}=0\right)$,即 AB 段曲线标志变形速度长时间保持不变,表明围岩趋向不稳定,须发出警告,应及时加强支护衬砌。

(3) 位移加速度为正值 $\left(\dfrac{\mathrm{d}^2 u}{\mathrm{d}t^2}>0\right)$,即 BC 段曲线标志围岩变形速度增加,表明围岩已处于危险状态,须立即停止开挖,迅速加固支护衬砌或采取措施加固围岩。

4. 围岩内位移及松动区的分析

围岩内位移与松动区的大小一般用多点位移计量测,按此绘制各位移计的围岩内位移图(图 7-23),由图即能确定围岩的松动范围。由于围岩洞壁位移量与松动区大小对应,相应于围岩的最大允许变形量就有一个最大允许松动区半径,当松动区半径超过此允许值时,围岩就会出现松动破坏,此时必须加强支护或改变施工方式,以减少松动区范围。

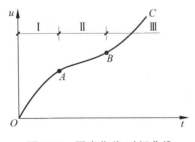

图 7-22 围岩位移-时间曲线

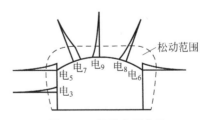

图 7-23 围岩内部位移

5. 锚杆轴力量测分析

根据量测锚杆测得的应变,即可得到锚杆的轴力。锚杆轴力在洞室断面各处是不同的,

根据日本隧道工程的实际调查,可以发现:

(1) 锚杆轴力超过屈服强度时,净空变位值一般超过 50mm。

(2) 同一断面内,锚杆轴力最大值多数在拱部 45°附近到起拱线之间的锚杆。

(3) 拱顶锚杆,不管净空位移值大小如何,出现压力的情况是不少的。

6. 围岩压力量测分析

根据围岩压力分布曲线立即可知围岩压力的大小及分布状况。围岩压力大,表明喷层受力大,这可能有两种情况:①围岩压力大但围岩变形量不大,表明支护时机,尤其是仰拱的封底时间过早,需延迟支护和仰拱封底时机,让原岩释放较多的应力;②围岩压力大,且围岩变形量也很大,此时应加强支护,以限制围岩变形。当测得的围岩压力很小但变形量很大时,则还应考虑是否会出现围岩失稳。

7. 喷层应力分析

喷层应力主要是指切向应力,而径向应力不大。喷层应力反映喷层的安全度,设计者据此调整锚喷参数,特别是喷层厚度。喷层应力是与围岩压力密切联系的,喷层应力大,可能是由于支护不足,亦可能是仰拱封底过早,其分析与围岩压力的分析大致相似。

8. 地表下沉量测分析

地表下沉量测主要用于浅埋洞室,是为了掌握地面产生下沉的影响范围和下沉值而进行的。地表下沉曲线可以用来表征浅埋隧道的稳定性,同时也可以用来表征对附近地表已建建筑物的影响。横向地表下沉曲线如左右非对称,下沉值有显著不同时,多数是由于偏压地形、相邻隧道的影响以及滑坡等引起,故应附加其他适当量测项目,仔细研究地形、地质构造等影响。

9. 物探量测分析

物探量测主要指声波法量测。按测试结果绘制的声波速度可以确定松动区范围及其动态,并与围岩内位移图获得的松动区相对照,以综合确定松动区范围。

7.5.3   量测数据在监控设计中的应用

1. 评价围岩稳定性

评价围岩稳定性主要是应用围岩位移、位移速度及围岩位移加速度(由位移-时间曲线看出)等数据。我国锚喷支护规范规定,当隧道支护上任何部位的实测收敛相对值达到表 7-9 中所列数值的 70%或用回归分析进行预报的总收敛相对值接近表 7-9 所列数值时,必须立即采用补强措施,并改变原支护设计参数。从监测施工中围岩稳定的角度看,尤其应注意围岩位移加速度的出现,这时应采取紧急加固措施。对于浅埋隧道则应根据地表下沉量来判断围岩稳定性。

2. 评价围岩达到稳定的标准,确定最终支护时间及仰拱灌注时间

我国锚喷支护规范规定,隧道最终支护时间应在围岩达到稳定以后,即应满足下述要求:

(1) 周边收敛速度明显下降;

(2) 收敛量已达总收敛量的 $80\% \sim 90\%$;

(3) 收敛速度小于 $0.1\mathrm{mm/d}$,或拱顶位移速度小于 $0.07\mathrm{mm/d}$。

一般软弱围岩仰拱灌注时间可在围岩稳定以后最终支护之前进行;而对于极差的围岩及塑性流变地层,当位移量和位移速度很大时,为维持围岩稳定,仰拱灌注应尽早进行。通常,封底后位移速度会迅速下降,围岩会逐渐趋于稳定,否则应加强支护。当围岩变形量不大,而围岩压力与喷层应力很大时,则应适当延迟封底时间,以提高支护的柔性。

3. 调整施工方法与支护时机

当测得的位移速度或位移量超过允许值时,除加强支护外还应调整施工方法,如缩短台阶层数,提前锚喷支护的时间和仰拱封底时间。如这种方案仍未能使变形速度降至允许值之下,则应对开挖面进行加固;如采用先支护(斜插锚杆、钢筋、钢插板等)稳定顶部围岩,则用喷射混凝土及锚杆等稳定掌子面。

4. 调整锚杆支护参数

锚杆参数包括锚杆长度、直径、数量(即间距)及钢材种类等。

当围岩位移速度或位移量超过允许值时,一般应增加锚杆的长度。如果拉拔力足够时,增加锚杆直径也能起到一定效果,且施工方便。

锚杆长度应大于测试所得的松动区范围,并留有一定富裕量。如量测显示锚杆后段的拉应变很小和出现压应变时,可适当减小锚杆的长度。

当锚杆轴向力大于锚杆屈服强度时,应优先考虑改变锚杆材料,采用高强钢材。增加锚杆数量或直径也可获得降低锚杆应力的效果。

根据质量检验中所进行的锚杆抗拔力试验,当抗拔力小于锚杆屈服强度时,可考虑改变锚杆材料或缩小其直径。但要注意,设计安全度亦会由此降低。

5. 调整喷层厚度

初始喷层厚度一般在 $5 \sim 10\mathrm{cm}$。当初始喷层厚度较小,喷层应力大或围岩压力大,喷层出现明显裂损时,应适当加厚初始喷层厚度。若喷层厚度已选得较大时,则可增加锚杆数量,调整锚杆参数或调整施工方法,改变仰拱封底时间以减小初始喷层受力状况。

如测得的最后喷层内的应力较大而达不到规定安全度时,必须增加最后喷层的厚度或改变二次支护的时间。

6. 调整变形余裕量,修改开挖断面尺寸

根据测得的收敛值或位移值,调整变形余裕量。当收敛值超过允许值,但喷射混凝土未出现明显开裂时,可增大变形余裕量。

思考题

1. 阐述地下工程监测的目的和意义。
2. 隧道现场监控量测的内容主要有哪些？
3. 何谓围岩？如何测试围岩应力？
4. 何谓接触应力？如何量测接触应力？
5. 测力计可分为哪些类型？
6. 何谓"收敛"？工程中常用的"收敛"测试手段有哪些？
7. 何谓信息化施工方法？
8. 隧道监测项目施测断面及断面上的测点如何进行布置？
9. 如何根据隧道监测曲线的形态反馈施工？

第 **8** 章

边坡工程监测技术

【本章导读】

本章主要介绍边坡工程的监测目的、常用方法以及内容。涉及边坡变形监测、边坡应力监测等。通过本章的学习,读者可以掌握边坡工程监测技术的原理方法,能够完成边坡工程监测的有关工作。

【本章重点】

(1) 边坡工程监测常用方法;

(2) 边坡变形监测的内容;

(3) 监测断面与测点布置的主要内容;

(4) 边坡监测报告的编写。

8.1 概述

边坡究其成因可分为自然边坡和人工边坡,按岩土体性质可分为岩质边坡和土质边坡。自然边坡是地表岩体在漫长的地质年代中经河流的冲蚀、切割、风化以及载荷等作用形成的。人工边坡是由工程活动进行的挖方、填方所形成的边坡,相对于自然边坡,坡面几何形状较规整,坡面暴露时间短,岩土体较为新鲜,边坡的稳定性经过计算设计。影响边坡稳定的主要因素有边坡岩土体力学性质的变化、地下水的作用、气象条件的改变、所受载荷的改变以及地震作用等。我国国土面积中有七成为山地,自然边坡数量巨大。随着我国经济建设规模的迅猛发展,各类土木工程和采矿工业方兴未艾,在许多工程建设中形成临时或永久的工程边坡。由于边坡岩土体性质的复杂性,岩土体地质分布的不均匀性,岩土体性质受施工过程、外部环境、大气因素的影响,以及边坡的不合理设计,人工边坡在施工过程中或形成后失稳仍时有发生。大多数的山地灾害和人工边坡的工程事故以滑坡为主要的表现形式,因滑坡造成的经济损失巨大,还可能造成自然环境的破坏、人民生命财产的损失和工程损坏。

如何有效地预防和减轻自然边坡滑坡灾害和人工边坡事故一直是岩土工程师的重大任务,但至今仍难以找到精准的理论和方法。比较有效的处理方法是理论分析、专家群体经验知识和监测控制系统相结合的综合集成的理论和方法。因此,边坡监测是研究边坡工程的重要手段之一。边坡工程的监测是一个复杂的系统工程,它不仅仅取决于监测手段的高低和优劣,更决定于监测人员对岩土体介质的了解程度和对工程情况的掌握程度。

本章就边坡工程监测方法与内容、边坡变形监测、边坡应力、地下水、环境监测、边坡工程监测的设计,监测资料处理等方面加以介绍。

8.2   边坡工程监测方法与内容

8.2.1   边坡工程监测目的和任务

边坡工程的监测目的在于获取边坡变形与力学性质的真实信息,以判断边坡变形的趋势,进行边坡稳定性预测预报。稳定性预测预报的资料主要来源于边坡的变形监测以及地下水化学场及其物理性质的动态特征信息。

边坡工程的监测是一个复杂的系统工程,它不仅仅取决于监测手段的高低和优劣,更决定于监测技术人员对岩土体介质的了解程度和对工程情况的掌握程度。因而进行边坡工程的监测时,首先应对该地区的工程地质背景做充分了解,并选择相应的方法和手段。

边坡工程监测的目的必须根据工程条件确定。根据边坡岩土体的性质、状态和施工、设计的要求的不同监测侧重点各有不同。一般情况下,边坡工程监测的目的包括如下几条:

(1)监测最基本和最重要的目的是提供所需要的资料,用于评价各种不利情况下边坡工作性能和在施工期、运行期边坡工程的安全性,即由监测工作所取得的信息来分析判断边坡的变形趋势和进行稳定性预测预报。监测作为获取预报信息的有效手段,对已经或正在滑动的边坡掌握其演变过程,及时捕捉崩滑灾害的特征信息,为边坡的位移、变形发展趋势提供可靠的资料和信息,制定相应的防灾救灾对策,尽量避免和减轻工程、人员的损失。

(2)进行工程的动态设计与施工。即在勘测、设计和施工阶段对边坡工程进行监测,采集资料和数据,及时反馈到设计中,指导和改进设计。利用监测资料数据,可以跟踪和控制施工进程,对原有的设计和施工组织的改进提供最直接的依据,合理采用和调整有关施工工艺和步骤,做到信息化施工,取得最佳经济效益。对已发生滑坡和加固处理后的滑坡,监测结果能检验崩塌、滑坡分析评价及滑坡治理工程效果,可以利用实际监测数据建立相关的计算模型,进行有关反分析计算。做法是在建(构)筑物运行后采集各项观测数据,进行统计分析,并与设计比较,研究其差异和原因,必要时对工程进行加固和改进,起到总结经验和改进以后工作的作用。

(3)改进分析技术。工程技术一般需要根据岩土、材料特性和结构性能的假设来进行严密而复杂的力学分析。监测提供的资料及各种因素对工程运行性能影响的分析评价,将有助于减少假设中的不确定因素,可以进一步完善和改进分析技术及工程试验,使未来的各种设计参数的选择更加趋于经济合理。

(4)提高对边坡工程性能受各种参数影响的认识。对可能危害岩土工程安全的早期或发展中险情做出预先警报,在设计、施工中采取预防和补救措施。

目前对边坡稳定性及变形的理论分析方法尚不成熟,由于岩土体性质的复杂性,使得边坡滑动的预测预报尚难以从理论上解决。国内外一些成功的预测预报滑坡灾害事故的实例都是基于对滑坡的发展演化过程的,自始至终长期、全面监测边坡受到诸如地形地貌、地质条件、工程施工情况、边坡的稳定性程度、监测经费、监测目的等众多因素的制约。人工开挖边坡在开挖过程及运行期,对边坡进行有效观测与监测,掌握岩土体变形特性,分析、判断岩土体的变形趋势和边坡的稳定性,对指导边坡的开挖动态设计与施工、保证边坡施工和运行期的安全都十分重要。

8.2.2　边坡工程监测的特点

边坡工程按岩土介质可分为土质边坡与岩质边坡两大类。对于不同的工程,由于场区范围较大,岩土介质的复杂性和特殊性、地质构造和地应力分布的不同,边坡工程的监测具有以下特点:

(1) 岩土体介质的复杂性。对于某一具体工程而言整个监测区域范围较大,其应力分布不均,很难形成一个统一的理论模型,所获得的监测参数往往有一些矛盾,因此监测人员不仅仅是简单的采集数据,更为重要的是判断和对所取得的数据加以整理后进行整体分析。

(2) 监测内容相对较多。主要有地面变形监测和地下变形监测,物理参数如应力等监测,环境因素如地下水、天气、地震因素的监测;监测的工作量大,工种复杂,对于监测人员而言,必须是多面手,对不同的工作都能适应。

(3) 监测周期较长,一般不少于两年或更长时间,有时是贯穿于整个工程建设过程中,即在工程的可行性研究阶段开始,在建设施工过程和工程运行中始终进行,对于监测人员和设备的要求一定要有连续性,提供的监测数据及报表格式需统一。

8.2.3　边坡监测方法

边坡工程监测可以采用简易观测法、设站观测法、仪表观测法和远程观测法,通过监测资料的分析得到边坡变形的各种特征信息,分析其动态变化规律,进而预测边坡工程可能发生的破坏,为防灾、减灾提供依据。

1. 简易观测法

简易观测法是人工观测边坡工程中地表裂缝、地面鼓胀、沉降、坍塌、建筑物变形特征(发生、发展的位移规模、形态、时间等)及地下水位变化、地温变化等现象,也可在边坡体关键裂缝处埋设骑缝式简易观测桩,如图 8-1(a)所示;在建(构)筑物(如房屋、挡土墙、浆砌块石沟等)裂缝上设简易玻璃条、水泥砂浆片、贴纸片,如图 8-1(b)所示;在岩石、陡壁面裂缝处用红油漆画线做观测标记;在陡坎(壁)软弱夹层出露处设简易观测标桩等,如图 8-1(c)、(d)所示,定期用各种长度量具测量裂缝长度、宽度、深度变化以及裂缝形态、开裂延伸的方向。

该方法对于发生病害的边坡如滑坡等进行观测较为适合,对崩塌、滑坡的宏观变形迹象和与其有关的各种异常现象进行定期的观测、记录,从宏观上可以掌握崩塌、滑坡的变形动态及发展趋势。它也可以结合仪器监测资料综合分析,初步判定崩滑体所处的变形阶段及中短期滑动趋势。与先进的仪表观测方法相比,该方法仍然是直接、行之有效的观测边坡工程的方法。

2. 设站观测法

设站观测法是在充分了解工程场区的地质背景的基础上,在边坡体上设立变形观测点(呈线状、格网状等),在变形区影响范围之外稳定地点设置固定观测站,用测量仪器(经纬

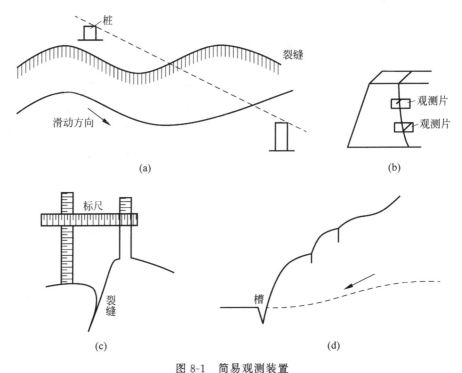

图 8-1   简易观测装置

(a) 设桩观测；(b) 设片观测；(c) 设尺观测；(d) 刻槽观测

仪、水准仪、测距仪、摄影仪及全站型电子速测仪、GPS 接收机等)定期监测变形区内网点的三维(X、Y、Z)位移变化的一种行之有效的监测方法,如图 8-2 所示。此法主要泛指大地测量、GPS 测量、近景摄影测量和仪表观测及远程观测等设站观测边坡地表的三维位移方法。

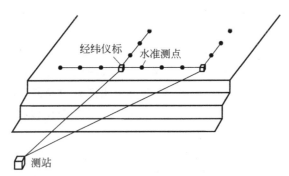

图 8-2   水准站点布置

（1）大地测量法

常用的大地测量法主要有两方向(或三方向)前方交会法、双边距离交会法、视准线法、小角法、测距法、几何水准测量法以及精密三角高程测量法等,常用前方交会法、距离交会法监测边坡变形的二维(X、Y 方向)水平位移;用视准线法、小角法、测距法观测边坡的水平单向位移;用几何水准测量法、精密三角高程测量法观测边坡的垂直(Z 方向)位移,利用高精度光学和光电测量仪器如精密水准仪、全站仪等仪器,通过测角、测距来完成。

大地测量法有以下三个突出优点:

① 能确定边坡地表变形范围。在监测初期,监测的重点部位往往难以确定,甚至埋设了监测仪器的部位无变形,没有埋设仪器的部位反而不稳定。因此,对于地面变形的监测,确定变形的范围是当务之急,往往采用大地测量方法方可奏效。边坡变形范围确定不准或失误,往往给工程带来不可估量的损失。意大利瓦伊昂滑坡事件即是一个沉痛教训。该水库坝高 267m,为当时世界最高的双曲拱坝,1960 年建成。1960 年 11 月,水库蓄水到一半后,库区左岸发生 $69 \times 10^4 m^3$ 的滑坡;1963 年 10 月 9 日,因蓄水后库区左岸又产生长约 2km、宽 1.6km、高 150m 大范围的巨型滑坡。滑体以高达 $25 \sim 30 m/s$ 的速度沿层面下滑,约 $2.4 \times 10^8 m^3$ 土石迅速淤满水库,掀起 250 余米高的涌浪,库水宣泄而下,摧毁下游 3km 处的隆加罗(Longamne)镇,造成 2400 多人死亡。之所以损失惨重,其中一个重要原因是没有估计到会产生这样大的滑坡范围,如果采用大地测量方法则可观测、察觉到这个问题。因为大地测量法不仅可以对重点部位进行定点变形监测,而且监控面积大,可以有效监测确定边坡变形范围。

② 量程不受限制。大地测量法不受量程的限制,因为大地测量法是设站观测,可以观测到边坡变形演变的全过程。

③ 能观测到边坡体的绝对位移量。大地测量法是以变形区外稳定的测站为基准(或参照物)进行观测,能够直观测定边坡地表的绝对位移量,掌握整体变形状态,为评估边坡的稳定性提供可靠依据。

正因为大地测量法有上述优点,故在边坡的地表监测中占有主导地位,受到监测人员的高度重视。大地测量法技术成熟,精度较高,监控面广,成果资料可靠,便于灵活设站观测等,但它也受到地形通视条件限制和气象条件(如风、雨、雾、雪等)的影响,工作量大,周期长,连续观测能力较差。

(2) GPS 测量法

GPS(全球定位系统)测量法基本原理是用 GPS 卫星发送的导航定位信号进行空间后方交会测量,确定地面待测点的三维坐标。GPS 具有全天候、实时、连续三维位移高精度监测特点,不受通视条件的限制,还可进行远距离无线数据传输和监控,特别适合处于地形条件复杂、起伏大或建筑物密集、通视条件差的边坡监测。

将 GPS 用于边坡工程监测有以下优点:①观测点之间无须通视,选点方便;②观测不受天气条件的限制,可以进行全天候观测;③观测点的三维坐标可以同时测定,对于运动的观测点还能精确测出其速度;④在测程大于 10km 时,其相对精度可达到 1×10^{-6},甚至能达到 $1 \times 10^{-8} \sim 1 \times 10^{-9}$,优于精密光电测距仪。

目前,国内在四川峡口滑坡区分布设有 GPS 监测网和三峡库区滑坡 GPS 静态相对定位监测,并将 GPS 技术应用于新滩链子崖崩塌、滑坡的变形监测和铜川市川口滑坡治理效果的监测。实践表明,GPS 滑坡监测的精度达到毫米级,可以代替常规大地测量法,满足滑坡位移监测要求,完全可用于边坡工程的位移监测。

(3) 近景摄影法

这是把近景摄影仪安置在两个不同位置的固定测点上,同时对边坡范围内观测点摄影构成立体相片,利用立体坐标仪量测相片上各观测点三维坐标的一种方法。摄影(周期性重复摄影)方便,省时、省力,可以同时测定许多观测点在某一瞬间的空间位置,所获得的相片资料是边坡地表变化的实况记录，可随时进行比较。目前，采用近景（一般指 100m 以内的摄影距离）摄影方法进行滑坡变形测量时，在观测的绝对精度方面还不及某些传统的测量方法。对于边坡滑坡监测，可以满足崩滑体处于加速蠕变、剧变阶段的监测要求，即适合于危岩临空陡壁裂缝变化（如链子崖陡壁裂缝）或滑坡地表位移量变化速率较大时的监测。

3. 仪表观测法

仪表观测法是用精密仪器仪表对边坡进行地面及地下的位移、倾斜（沉降）动态，裂缝相对张、闭、沉、错变化及地声、结构的应力应变等物理参数与环境影响因素等内容的监测。按所采用的仪表可分为机械仪表观测法（简称机测法）和电子仪表观测法（简称电测法）两类。其共性是监测的内容丰富，精度高（灵敏度高），测程可调，仪器便于携带。可以避免恶劣环境对测试仪表的损害，观测成果资料直观、可靠度高，适用于边坡变形的中、长期监测。

电测法往往采用二次仪表观测，将电子元件制作的传感器（探头）埋设于边坡变形部位，通过电子仪表（如频率计之类）测读，将电信号转换成测读数据。该方法技术比较先进，原理、结构比机测仪表复杂，监测内容比机测法丰富，仪表灵敏度高。也可进行遥测，适用于边坡变形的短期或中期监测。

就适用条件而言，电子仪表对使用环境要求相对较高，往往不适应在潮湿、地下水浸湿、酸性及有害气体的恶劣环境条件下工作。观测的成果资料不及机测可靠度高，其主要原因为：①传感器长期置于野外恶劣环境中工作，防潮、防锈问题不能完全解决；②测试仪表电子元件易老化，长期稳定性差，携带防震性差。因此，在选用电测仪表时，一定要具有防风、防雨、防腐蚀、防潮、防震、防雷电干扰等性能，并与监测环境相适应，以保障仪器仪表的长稳定性及监测成果资料的可靠性。

一般而言，精度高、测程短的仪表适用于变形量小的边坡变形监测；精度相对低、测程范围大、量测范围可调的仪表适用于边坡变形处于加速变形或临崩、临滑状态时的监测。为增加可靠性、直观性，将机测与电测相结合使用，互相补充、校核，效果最佳。

4. 远程观测法

伴随着电子技术及计算机技术的发展，各种先进的自动遥控监测系统相继问世，为边坡工程特别是崩塌、滑坡的自动化连续遥测创造了有利条件。电子仪表观测的内容，基本上能实现连续观测、自动采集、存储、打印和显示观测数据。远距离无线传输是该方法最基本的特点，由于其自动化程度高，可全天候连续观测，故省时、省力、安全，是今后一个时期滑坡监测发展的方向。仪器设备的可靠性和长期稳定性是远程自动化系统成败的关键。目前，远程自动化监测设计主要针对人工边坡实施，自然边坡由于仪器设备必须长期在恶劣的野外环境工作（如雨、风、地下水侵蚀、锈蚀、雷电干扰、瞬时高压等），以及人为毁坏等影响因素，其可靠度和稳定性尚不如人意。

8.2.4　边坡工程监测的内容

边坡工程监测内容的选取应根据边坡所处的状态有所侧重，从边坡变形的角度来划分，边坡的状态可分为三类：初始蠕变、稳定蠕变和加速蠕变三个阶段。

（1）初始蠕变阶段。变形速率小,变形趋势不明显,一般在该阶段不一定有发生破坏的征兆,监测系统的设计要求测试精度较高,侧重于长期监测。

（2）稳定蠕变阶段。边坡变形发展加快,有时变形宏观可见,坡面或坡顶可能出现拉张裂缝,坡脚也有可能出现剪切裂缝。此阶段位移量开始增大,监测系统设计要求测试敏感部位,量程和精度均要考虑。

（3）加速蠕变阶段。边坡变形速率大,变形趋势明显,监测系统设计对监测仪器的精度要求可适当降低,侧重于短期临滑监测。

边坡监测的具体内容应根据边坡的等级、地质条件、加固结构特点等综合考虑。长期监测设计应对边坡岩土体进行动态跟踪,了解边坡稳定性变化;短期监测侧重于滑坡预报。长期监测一般沿边坡主剖面建立地面与地下相结合的综合立体监测网。边坡监测内容一般包括:地面变形、地表裂缝、地面倾斜、地下深部变形等变形监测,边坡应力、支护结构应力等应力监测,地下水、温度、降雨量等环境因素监测。表 8-1 为边坡监测内容表。

表 8-1　边坡监测内容

监　测　项	监　测　内　容	测　点　布　置
变形监测	地面大地变形、地表裂缝、地下深部变形、支护结构变形	边坡表面、裂缝、滑动部位、支护结构
应力监测	边坡岩体应力、抗滑桩、锚杆（索）应力	岩体内部、锚杆主筋、支护结构应力最大处
地下水等环境监测	地下水位、孔隙水压力、降雨量、流量、温度等	钻孔、出水点、滑坡体

8.3　边坡变形监测

边坡土体的破坏一般不是突然发生的,破坏前总是有一段时间的变形发展期。根据边坡岩土体的变形量测,可以判断边坡变形滑动的状态,预测预报边坡的失稳滑动。变形监测又分为地面变形监测和地下变形监测。

边坡的监测设计,地面与地下的变形监测是重要的内容,对实际工程应根据具体情况选择和设计监测内容。

8.3.1　地面变形监测

地面变形监测是边坡监测中最常用的方法,8.2 节中所介绍的监测方法均可对边坡的地面变形进行监测。地面位移监测是在稳定地段建立测量基准点,在被测量的地段设置若干个监测点或设有传感器的监测点,用仪器定期监测测点的位移变化。边坡表面裂缝监测包括裂缝的拉开速度和两端扩展情况。边坡地面的水平位移、垂直位移以及变化速率的测量,点位误差要求不超过 ±5mm,水准测量中误差小于 ±1.5mm/km。对于土质边坡,精度可适当降低,但要求水准测量中误差不超过 ±3.0mm/km。

地面变形监测采用的仪器有两类:①大地测量仪器,如经纬仪、水准仪、红外测距仪、GPS 等,这类仪器只能定期监测地面位移,不能连续监测,常用的地面变形监测仪器及特点见表 8-2 所示。观测方法可参阅相关测量书籍。②连续监测仪器,当地面明显出现裂缝及地面位移速度加快时,采用大地测量仪器定期测量满足不了要求,应采用连续监测仪器,也可采用专门的位移传感器、位移伸长计等,常见的位移传感器见下述。

表 8-2　常用地面变形监测仪器及特点

监测内容	主要监测方法	主要监测仪器	监测方法特点	适用性评价
地面变形	大地测量法(三角交会法、几何水准法、小角法、测距法、视准线法)	经纬仪水准仪测距法	投入快、精度高、检测范围大、直观、安全、便于确定滑坡位移方向及变形速率	适用于不同变形阶段的位移监测;受地形通视和气候条件影响,不能连续观测
		全站式速测仪、电子经纬仪等	精度高、速度快、自动化程度高、易操作、省人力、可跟踪自动连续观测、监测信息量大	适用于不同变形阶段的位移监测;受地形通视条件的限制;适应于变形速率较大的滑坡水平位移及危岩陡壁裂缝变化监测;受气候条件影响较大
	近景摄影法	陆摄经纬仪等	监测信息量大、省人力、投入快、安全,但精度相对低	适用于变形速率较大的边坡水平位移及危岩陡壁裂缝变化监测;受气候条件影响较大
	GPS 测量法	GPS 接收机	精度高、投入快、易操作,可全天候观测,不受地形通视条件限制;发展前景可观	适用于边坡体不同变形阶段地表三维位移监测
	测缝法(人工测缝法、自记测缝法)	钢卷尺、游标卡尺、裂缝量测仪、伸缩自记仪、测缝仪、位移计等	人工、自记测缝法投入快,精度高、测程可调,方法简易直观,资料可靠;遥测法自动化程度高,可全天候观测,安全、速度快、省人力,可自动采集、存储、打印和显示观测值,资料需要用其他检测方法校核后使用	人工、自记测缝法适用于裂缝,用于量测岩土体张开、闭合、位错、升降的变化

位移传感器主要有差动电阻式土位移计、钢弦式位移计、引张线式水平位移计、滑线电阻式土位移计、伸缩仪或游标卡尺等。

(1)差动电阻式土位移计是可以长期测量土体间相对位移的观测仪器。在外界提供电源时,输出电阻值变化量与位移变化量成正比,输出的电阻值变化量与温度变化量成正比。土位移计由变位敏感元件、密封壳体、万向铰接件和引出电缆等组成,如图 8-3 所示。

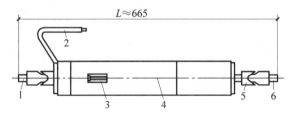

图 8-3　差动电阻式土位移计示意
1—螺栓连接头；2—引出电缆；3—变形敏感元件；4—密封壳体；5—万向铰接件；6—柱销连接头

工作原理：由于被测位移量的作用，使差动电阻式变位敏感元件的两组电阻丝产生差动变化，引起电阻值变化。位移量变化 ΔS 与电阻值变化量 ΔZ 具有

$$\Delta S = S_i - S_0 = f \cdot (Z_i - Z_0) = f \cdot \Delta Z \tag{8-1}$$

式中：f——仪器最小读数（mm/(0.01%)）；

S_i——第 i 次测量得到的位移值（mm）；

S_0——初始位移值（mm）；

Z_i——第 i 次测量电阻比；

Z_0——初始电阻比。

（2）钢弦式位移计采用振弦式传感器，工作于谐振状态，迟滞、蠕变等引起的误差小，温度使用范围广，抗干扰能力强，能适应恶劣环境。钢弦式位移计结构示意如图 8-4 所示。

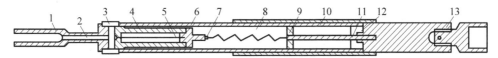

图 8-4　钢弦式位移计结构示意

1—拉杆接头；2—电缆孔；3—钢弦支架；4—电磁线圈；5—钢弦；6—防水波纹管；7—传动弹簧；8—内保护筒；
9—导向环；10—外保护筒；11—位移传动杆；12—密封圈；13—万向节（或铰）

工作原理：当位移计两端伸长或压缩时，传动弹簧使传感器钢弦处于张拉或松弛状态，钢弦频率产生变化，受拉时频率增高，受压时频率降低。位移与频率呈如下关系：

$$d_t = K(f_0^2 - f_t^2) \tag{8-2}$$

式中：d_t——土体某时刻的位移量（mm）；

K——仪器灵敏度系数（mm/Hz²）；

f_0——位移为零时钢弦频率（Hz）；

f_t——相应于位移 d_t 时钢弦频率（Hz）。

（3）引张线式水平位移计是由受张拉的铟瓦合金钢丝构成的机械式量测水平位移的装置。工作原理简单、直观、耐久，观测数据可靠，适合于长期观测。结构形式如图 8-5 所示。

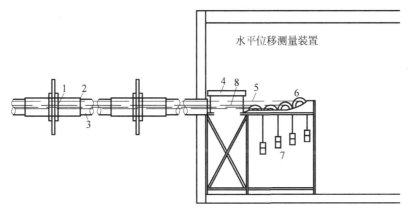

图 8-5　引张线式水平位移计示意

1—钢丝锚钢点；2—外伸缩管；3—外水平保护管；4—游标尺；5—铟瓦合金钢丝；6—导向轮；7—砝码；8—固定标点

工作原理：在测点高程水平铺设能自由伸缩的钢管，从各测点固定盘引出钢瓦合金钢丝至观测台固定标点，经导向轮，在终端系一恒重砝码。测点移动时，带动钢丝移动，在固定标点处用游标卡尺量出钢丝的相对位移，即可算出测点的水平位移量。测点位移等于某时刻读数与初始读数之差加相应观测台内固定标点的位移量。

（4）滑线电阻式土位移计，也称 TS 变位计，是一种坚固、精度高、埋设容易的位移量测仪器。可测量土体中任意部位的任何方向位移，图 8-6 为滑线电阻式土位移计在填土中埋设示意。

图 8-6   滑线电阻式土位移计示意

1—左端盖；2—左法兰；3—传感元件；4—连接杆；5—内护管；6—外护管；7—右法兰

工作原理：将电位器内可自由伸缩的钢瓦合金钢连接杆的一端固定在位移计的一个端点上，电位器固定在位移计的另一个端点上，两端产生相对位移时，伸缩杆在电位器内滑动，不同的位移产生不同电位器移动臂的分压，即把位移量转换成有一定函数关系的电压输出。

地面裂缝监测可采用伸缩仪或游标卡尺等，裂缝量测精度±(0.1～1.0)mm。采用在裂缝两侧设桩、设固定标尺或在结构物裂缝处设置量测贴片等方法，如图 8-7 所示，均可直接量测位移。

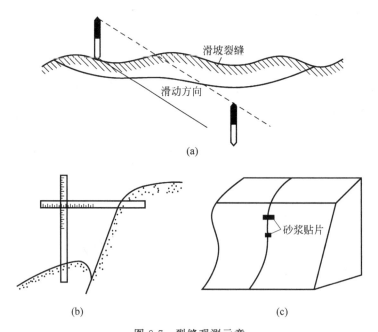

图 8-7   裂缝观测示意

（a）打桩观测裂缝；（b）固定标尺观测裂缝；（c）贴片观测裂缝

8.3.2　地下变形监测

边坡地面位移监测是监测边坡整体变形的重要方法,地面位移监测具有范围大、精度高,裂缝监测直观性强、方便适用等特点。但边坡地面变形监测无法确定边坡滑动深度,不能了解边坡岩土体内部变形,需要利用地下变形监测技术和手段才能确定。因此,边坡地下位移监测也是非常重要的监测内容。地下变形监测包括地下岩土体深部位移与地下倾斜,监测方法有测斜法、应变测量法、重锤法和时间域反射技术等。

1. 地下位移监测仪器

常用的地下位移监测仪器有钻孔位移计、滑动测微计、泊位移计、收敛计、测缝计、沉降仪、应变计、时间域反射技术等,详见表 8-3,部分仪器简介如下文所述。

表 8-3　边坡地下变形监测仪器

监测内容	主要监测方法	主要监测仪器	监测方法特点	适用性评估
地下变形	测斜法（钻孔测斜法、竖井）	钻孔倾斜仪、井壁位移计、位错计等	精度高,效果好,可远距离测试,易保护,受外界因素干扰少,资料可靠;但测程有限,成本较高,投入慢	主要适用于边坡体变形初期,在钻孔、竖井内测定边坡体内不同深度的变形特征及滑带位置
	测缝法（竖井）	多点位移计、井壁位移计、位错计等	精度较高,易保护,投入慢,成本高;仪器、传感器易受地下浸湿、锈蚀	一般用于监测竖井内多层堆积之间的相对位移;主要适应于初始蠕变变形阶段,即小变形、低速率,观测时间相对短的监测
	重锤法	重锤、极坐标盘、坐标仪、水平位错计等	精度高,易保护,机测直观、可靠;电测方便,量测仪器便于携带;但受潮湿、强酸、碱锈蚀等影响	适用于上部危岩相对下部稳定岩体的下沉变化及软层或裂缝垂直向收敛变化的监测
	沉降法			适用于危岩裂缝的三向位移（X、Y、Z 三方向）监测和危岩界面裂缝沿洞轴方向位移的监测
	测缝法（洞室）			
	时间域反射技术（TDR）	同轴测试电缆	钻孔内沿深度实时动态监测,自动采集与分析,不需特殊传感器	适用于边坡体变形初期,在钻孔、竖井内测定边坡体内不同深度的变形特征及滑带位置
	应变量测法	管式应变计、多点位移计、滑动测微计	精度高,易保护,测读直观、可靠;使用方便,量测仪器便于携带	主要适宜测定边坡不同深度的位移量和滑面（带）位置

1）钻孔位移计

主要用于观测地下(深度大于 20m)基岩变形,分为单点变位计和多点变位计,也可分为多点钢丝型和岩石锚杆型。可在同一个钻孔中沿长度方向设置多个不同深度的测点,最多可达 10 个,仪器示意如图 8-8 所示。

工作原理:变位计的灌浆锚栓与岩体牢固连成一体,岩体沿钻孔轴线方向发生位移时,锚栓带动传递杆延伸到钻孔孔口基准端,使得位于基准端的伸长测量仪也随着位移产生相

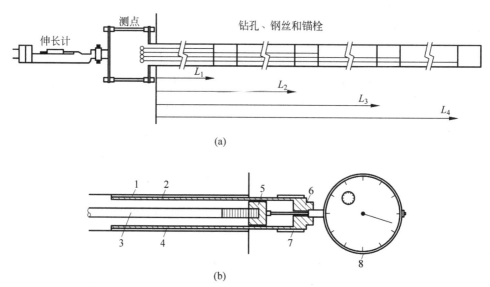

图 8-8　钻孔伸长计示意

(a) 多点钢丝型；(b) 岩石锚杆型

1—直径 1% 的钻孔；2—砂浆；3—岩石锚杆；4—钢管；5—端盖；6—黄铜塞；7—接头；8—测微表

应的变化，随着锚点的移动，相对于基准端的伸长即可测出。

2）滑动测微计

它是一种较为新颖的钻孔多点变位计，主要适用于确定在岩土体中沿某一方向的应变和轴向位移的分布情况，包括探头、电缆、绞线和测读仪。探头的两个测头做成球面，内设线性位移传感器。测试时将仪器插入钻孔的套管中，并向距离为 1.0m 的测标面移动。在滑移位置，探头可沿套管从一个测标到另一个测标，使用导杆，探头旋转 45° 到达测试位置，向后拉紧加强电缆，利用锥面-球面原理，使探头的两个测头在相邻测标间张紧，探头中传感器被触发，将测试数据传到测读仪上。周围岩土介质的变形会引起测标产生相对位移。滑动测微计能使某测线的应变或轴向位移精度更高。

3）三向位移计

用于确定三向位移分量沿一个垂直钻孔的分布。仪器结构组成如图 8-9 所示，工作原理同滑动测微计。

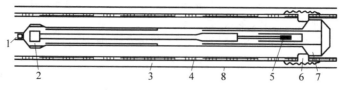

图 8-9　三向位移计结构示意

1—导杆；2—测斜仪；3—灌浆；4—套管；5—位移传感器；6—测标(锥面)；7—测头(球面)；8—土、岩土或混凝土

4）收敛计

收敛计又称带式伸长计，主要适用于固定在建筑物、边坡及周边岩土体的锚栓测点间相对变形的监测，它可监测边坡稳定性的表面位移情况，测试原理可参阅第 7 章。如图 8-10 所示为仪器结构组成。

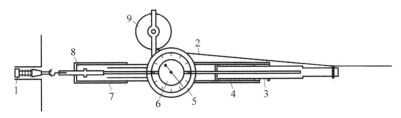

图 8-10 收敛计结构示意

1—锚固埋点；2—50 英尺(约合 15.24m)钢带(每隔 2 英寸穿一孔)；3—矫正拉力指示器；4—压力弹簧；
5—密封外壳；6—百分表(2 英寸量程)；7—拉伸钢丝；8—旋转轴承；9—钢带卷轴

5）测缝计

它是测量裂缝两侧块间相对位移的观测仪器。按其原理又可分为差动电用式、钢弦式、电位器式等，可用于测量边坡基岩的变形情况。

6）沉降仪

它是观测边坡岩土体垂直位移的主要设备。该类仪器主要有横梁管式沉降仪、电磁式沉降仪、干簧管式沉降仪、水管式沉降仪、钢弦式沉降仪等。其中横梁管式沉降仪适用于人工坝坡内逐层埋设，测量土体的固结沉降。电磁式沉降仪、干簧管式沉降仪适用于人工坝坡，如土石坝的分层沉降量的观测，以及路堤处理过程中的堆载试验。水管式沉降仪适合于人工坝坡如土石坝内部变形观测。钢弦式沉降仪适用于填土、堤坝、公路、基础等结构的升降或沉陷。

7）应变计

常用的应变计有埋入式应变计、无应力式应变计和表面应变计。按工作原理分，有差动电阻式、钢弦式、差动电感式、差动电容式和电阻应变片式等。国内多采用差动电阻式应变计和钢弦式应变计，可参阅第 7 章地下工程监测技术相关内容。

8）时间域反射技术（TDR）

TDR 技术用于滑坡位移监测的基本原理是在滑坡体上钻一个穿过滑动面的监测钻孔，并将同轴电缆垂直埋设在滑坡体的监测钻孔内，从地表电缆端加载测试脉冲信号，若埋设的同轴电缆某段受到滑坡扰动的岩、土体挤压，导致同轴电缆发生微小变形而使电缆阻抗特性发生变化，则加载的测试信号在此处将产生反射信号，用监测仪器接收此反射信号，对监测系统所采集的数据（包括时间和幅度）进行分析和处理，即可推测滑坡体的蠕动变形，从而达到监测的目的。TDR 技术进行滑坡的位移监测，不需要加装任何特殊制作的传感器，埋入监测钻孔中的测试电缆既是发射波的传输介质，又是反射波的接收传感器。可实现全孔连续监测以及同一个孔内多处变形的监测。在埋设同轴电缆时，必须保证同轴电缆在监测钻孔内不能弯曲，而且必须回填钻孔，以保证同轴电缆与周围地层紧密结合，滑坡蠕动就会引起同轴电缆产生形变。

2. 地下倾斜监测仪器

监测倾斜类仪器主要有钻孔倾斜仪（活动式与固定式）、倾斜仪及倒垂线。用于钻孔中测斜管内的仪器，称为测斜仪；设置在基岩或建筑物表面，用作测定某一点转动量的仪器称为倾斜仪（图 8-11）。

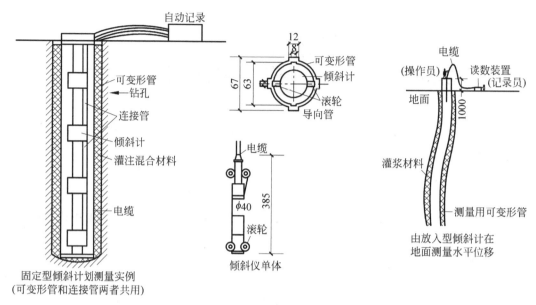

图 8-11 倾斜仪示意

1）测斜仪

测斜仪是通过量测测斜管轴线与铅垂线之间夹角的变化，来监测边坡岩土体的侧向位移。活动式测斜仪的工作原理、仪器结构与测试使用方法可参阅第 6 章基坑工程监测技术相关内容。固定式是把测斜仪固定在测斜管某个位置连续、自动测量仪器所在位置倾斜角的变化。它不能测量沿整个孔深的倾角变化，但可以安装在观测人员难以到达的边坡位置上。按测头采用的传感器的不同分为电阻片式、滑动电阻式、钢弦应变计式和伺服加速度式四种。

一般先采用活动式钻孔测斜仪，发现并确定滑动面位置后，才能有针对性地采用固定式钻孔测斜仪监测。

倾斜计也称点式倾斜仪，可以快速便捷地监测岩土体和结构的水平倾斜或垂直倾斜。可以是便携式的，也可以固定在结构物表面一起运动，是一种经济、可靠、测读精确、安装和操作都很简单的仪器。一般适合于边坡施工期和滑坡整治期的监测。

2）倒垂线

倒垂线观测系统一般由倒垂锚块、垂线、浮筒、观测墩、垂线观测仪等组成，如图 8-12 所示。垂线下端固定在基岩深处的孔底锚块上，上端与浮筒相连，在浮力的作用下，钢丝铅直方向被拉紧并保持不动。在各测点设观测墩进行观测，即得各测点对于基岩深处的绝对挠度值。一般只用于

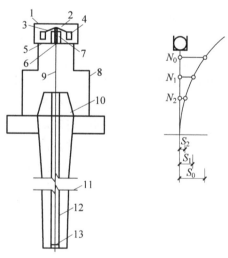

图 8-12 倒垂线装置示意

1—油桶；2—浮子连杆连接点；3—连接支架；4—浮子；5—浮子连杆；6—夹头；7—油桶中间空洞部分；8—支承架；9—不锈钢丝；10—观测墩；11—保护管；12—锚块；13—钻孔

重大的人工边坡工程,费用较高,由监测单位自行设计安装调试。

8.4 边坡应力、地下水、环境等监测

边坡应力监测内容包括岩土体的地应力和应力变化,自然边坡的滑动,人工边坡的开挖施工,爆破引起边坡应力的变化,围岩应力的改变等。许多自然边坡和人工边坡为了维持其稳定性,相应地设计了抗滑桩、锚杆等支挡结构物。边坡工程监测设计也必须包括对这些结构物的变形和内力的监测。

自然边坡的滑坡多出现在雨期或河流水位骤涨剧降时,水是诱发滑坡发生的最主要原因。人工边坡由于开挖改变了岩土体内原有的渗流场,一般会采取一些工程措施如地表截、排水,山体排水等以降低岩土体的水压力。边坡监测中应根据具体情况对地表(下)水的水质、水温、流量、孔隙水压力、水位的变化,排水设施的排水量等选择监测内容。

环境条件的监测包括降雨量、降雨强度、温度、湿度、地震、风力、冰冻、气压的监测,通过这些内容的监测资料,可以全面地分析边坡状态受各种因素的影响程度。边坡应力、地下水、环境因素监测仪器见表 8-4。

表 8-4 边坡应力、地下水、环境因素监测仪器

监测项目	主要监测内容	主要监测仪器	监测方法特点	适用性评价
应力	土压力	应变式应变计、钢弦式应变计、差动变压式应变计、差动电阻式应变计	精度高,长期稳定性较好,可长期观测	适用于边坡的长期观测,为边坡工程的稳定性分析评价提供基础资料
	岩体应力	钢弦式传感器、电阻应变片式传感器、电容式和压磁式传感器	精度高,可长期观测,稳定性较好	适用于边坡的长期观测,为边坡工程的稳定性分析评价提供基础资料
	支护结构应力	钢筋应力计、锚杆测力计	精度高,可长期观测,稳定性较好	适用于边坡的加固效果监测,为边坡防治工程的效果分析评价提供资料
地下水	地下水位	水位自动记录仪	精度高,可连续观测,直观,可靠	适用于坡体不同变形阶段的监测,其成果可作为基础资料使用
	孔隙水压	孔隙水压计、钻孔深压计		
	流量	三角堰、量杯等		
	水位	水位标尺等		
环境因素	降雨量	雨量计、雨量报警器	精度高,可连续观测,直观,可靠	适用于不同类型边坡及其不同变形阶段的监测,为边坡工程的稳定性分析评价提供基础资料
	地温	温度记录仪等		
	地震监测	地震检测仪		

8.4.1 边坡压力与应力监测

边坡体地下应力、支护结构应力测试主要包括边坡岩土体压力测试、岩体应力测试和支护结构受力测试。

1. 岩土体压力测试

土压力一般采用土压力盒直接量测,按埋设方法分为埋入式和边界式两种。埋入式土压力盒是将仪器埋入土中,测量土中应力分布。边界式土压力盒是安装在刚性结构表面。受压面面向土体,测量接触压力。详细的安装测量方法和仪器类型可参阅第6章基坑工程监测技术相关内容。

2. 岩体应力测试

边坡岩体应力测试主要针对大型的岩体边坡工程,为了解边坡地应力在施工过程中的变化进行监测。岩体应力监测包括绝对岩体应力量测和岩体应力变化量测。绝对岩体应力量测可参阅岩石力学书籍。岩体应力变化量测可采用传感器测定,目前主要采用的传感器有钢弦式、电阻应变片式、电容式和压磁式等。钢弦式传感器可参阅第7章地下工程监测技术相关内容,本章简要介绍电阻应变片式、电容式和压磁式应力传感器。

1)电阻应变片式传感器

Yoke应力传感器为电阻应变片式传感器,由钻孔径向互呈60°的3个应变片测量元件组成,传感器结构如图8-13所示。根据读数可以计算测点部位岩体垂直于钻孔平面的二维应力。

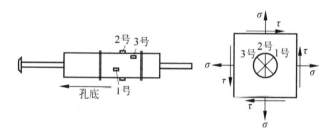

图8-13 Yoke应力计结构示意

2)电容式应力传感器

电容式应力传感器结构与Yoke应力传感器类似,由垂直于钻孔方向互呈60°的3个应变片测量元件组成,不同之处在于3个径向元件安装在薄壁钢筒中,钢筒与钻孔壁由灌浆固结在一起。

3)压磁式应力传感器

压磁式应力传感器由6个不同方向上布置的压磁感应元件组成,即3个互呈60°的径向元件和3个与钻孔轴线呈45°夹角的斜向元件组成。仪器结构如图8-14所示。

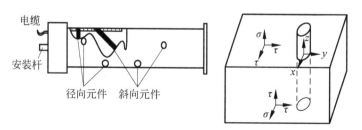

图8-14 压磁式应力计结构示意

3. 支护结构受力测试

当边坡采用如抗滑桩、锚杆等支护结构时,支护结构的载荷可以采用钢筋应力计和锚杆轴力计等量测。对抗滑桩可沿桩的正面和背面受力边界及桩的不同高程布置压应力计,分别监测正面的下滑力和背面岩土体的抗力大小及分布,在抗滑桩正面边坡主滑动面附近混凝土中埋设钢筋计监测最危险状态。对锚杆加固措施,可选择有代表性的地段和各种形式锚杆(如不同长度、大小)抽样布置,抽样的锚杆每根布置3~5个测点,以了解锚杆受力和加固效果等。锚杆监测数量一般为总数的2%~5%。相关测试内容和仪器可参阅第6章基坑工程监测技术和第7章地下工程监测技术的内容。

8.4.2　边坡地下水监测

地下水是边坡失稳的主要诱发因素,地下水的监测也是边坡监测的重要内容。边坡水位监测分地表水位监测和地下水位监测两部分,常用仪器有水尺、电测水位计和遥测水位计。边坡工程监测中,孔隙水压力量测可采用竖管式、水管式、差动电阻式和钢弦式孔压计。竖管式孔隙水压力计由美国卡萨格兰德教授发明,也称测压管。国内所用的测压管式孔压计如图8-15所示。水管式孔压计埋设于饱和或非饱和土体中,如测头配以高进气陶瓷板还能测得土中负孔隙水压力值。测头示意如图8-16所示。差动电阻式和钢弦式孔压计可参阅第6章基坑工程监测技术的相关内容。

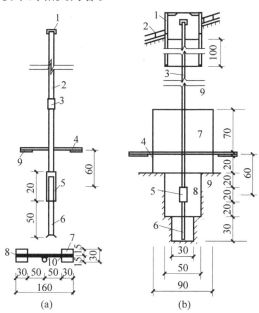

图 8-15　测压管式孔压计(单位：cm)

(a) 观测设备；　　　　　　　　　　(b) 测压管埋设回填示意

1—盖帽；2—导管；3—管箍；4—横梁十字板；　　1—管口保护设备；2—护坡；3—导管；

5—测头；6—沉淀管；7—横梁十字板结构；　　　4—横梁十字板；5—测头；6—沉淀管；

8—角钢；9—铁板；10—焊接　　　　　　　　　7—膨润土；8—反滤砂；9—坝身填土

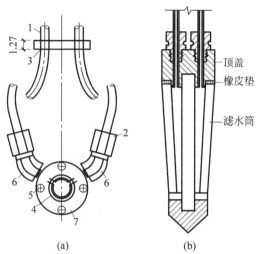

图 8-16   水管式孔隙水压力测头(单位：cm)

(a) 圆板式；(b) 锥体式

1—尼龙管；2—接头；3—固定板；4—滤盘；5—螺钉；6—弯头；7—塑料盖盘

8.4.3   边坡环境因素测试

量测环境因素仪器主要有水位记录仪、雨量计、温度记录仪等，还有在施工期间对于爆破所引起的振动的测振仪器。边坡水位监测可选择坡高最高处的山顶或不同高程马道打钻孔，进行地下水位观测。钻孔应打到含水层底板以下；对于人工边坡可在监测断面与排水洞交汇处布置测压管监测，当边坡监测布有钻孔测斜仪时，可在孔底布置渗压计。边坡降雨量与地表径流可采用雨量计和利用坡顶截水沟布置量水堰。对于雨量计、温度记录仪等仪器，由于种类繁多，监测单位一般根据实际监测工程自制或选用，此处不再赘述。对于大型人工边坡由于施工引起的振动监测，可采用声波法和声波监测仪，也可采用地震法和地震仪进行监测。详细方法与仪器的介绍可参阅相关书籍。

8.5   边坡工程监测设计

边坡工程监测设计应在对边坡或滑坡进行必要的工程地质调查和科学的分析，确定边坡处于的变形阶段，初步认识边坡的性质或边坡可能变形的范围、规模与可能破坏的方式之后进行，监测设计应遵循以下设计原则。

8.5.1   设计原则

(1) 边坡工程监测应遵循工程需要，目的明确，按照整体控制，多层次布置重点，关键部位优先的原则设计。边坡(滑坡)及边坡工程施工和运行期监测的主要目的在于确保边坡及相应工程的安全。边坡监测以边坡整体稳定性监测为主，兼顾局部滑动区域的稳定性监测。由于过大变形是边坡岩土体破坏的主要形式，地面和地下变形监测是重点。岩石边坡中存在的不利结构面常常是引起边坡破坏的主要内在因素,因此岩石边坡监测的重点对象是岩体中的不利结构面,测点应放在这些对象上或测孔应穿过这些对象等。开挖、爆破和水的作用是影响边坡稳定的主要外因,施工期的测点振动速度、加速度监测,运行期的地下水位、渗流、孔压及降雨渗入等监测是必要的。当边坡范围大、需要布置多个监测断面时,重点断面的监测项目和监测仪器的数量应多于一般断面。

(2) 施工期、运行期监测相结合,全面监测边坡性状的全过程。监测工作应贯穿工程活动(开挖、加固、运行)的全过程,监测仪器的布设应统一规划、分期实施。施工期监测设施能保留做运行期监测的应尽量保留。

(3) 监测仪器的选型应根据监测对象和运行环境选择不同的仪器。对于自然边坡,由于环境恶劣,选择的仪器应具有防潮、抗雷电、不易被人和动物破坏等特性;对于人工边坡,仪器应具备牢固、抗施工干扰能力强,被破坏后易恢复等特性。考虑监测成果的可靠程度,选用设备一般以光学、机械和电子设备为先后顺序,优先考虑使用光学和机械设备,提高测试精度和可靠程度。精度和量程根据边坡工程变形的阶段、岩土体特性确定,变形大的边坡选用的仪器可靠程度应优先于精度。专做施工期监测的仪器,精度要求可稍低,也可采用简易仪器;运行期仪器安全性、可靠性要求较高;坚硬岩体变形小,采用精度高、量程小的仪器;半坚硬、破碎软弱的岩土体变形较大,采用精度较低、量程较大的仪器。

(4) 减少和避免施工干扰,不影响正常施工和使用。测点布置、观测仪器埋设应考虑施工干扰的影响,且要便于保护。仪器应尽量采用抗干扰能力强的仪器。监测设计应留有余地,对监测过程中可能存在的一些不确定因素,应根据实际需要补充设计。

(5) 边坡监测以仪器量测为主,人工巡视、宏观调查为辅。做到仪器量测与人工巡查相结合,确保重点,万无一失。

8.5.2 监测项目选择

监测项目要根据边坡工程性质(自然边坡、人工边坡)、工程处于的阶段(施工期、运行期)等确定,若边坡采用加固措施,还应根据加固方式(锚杆、锚索、抗滑桩、锚固洞、排水措施等)综合考虑。项目齐全的边坡监测系统无疑是最好的,但由于经济原因往往难以实现。无论自然边坡还是人工边坡,以稳定性预测预报和控制为目的的边坡监测,应针对影响边坡稳定的关键问题和控制性监测来选择监测项目。

由于边坡或滑坡的失稳通常都以发生较大的变形为表现形式,大多数的边坡监测系统都会以变形为主要监测项目,其中地面变形以大地测量为主,测量值为绝对变形,范围广、精度高但只能反映边坡变形的平面分布;地下变形主要采用岩土工程监测仪器如钻孔倾斜仪和多点位移计等,能量测边坡内部的变形分布,但测量范围小,代表性差。应有机结合这两种监测手段,以全面了解边坡变形的平面和空间分布。

另一重要的监测项目是水的监测,对自然边坡,水是诱发滑坡的主要因素;对人工边坡,开挖改变了岩土体内原有的渗流场,护坡工程往往会阻碍地下水的天然径流而导致边坡体内水压力升高。监测的项目主要包括地下水位的变化,以及排水设施的排水量等。边坡监测一个非常重要但容易被忽视的是人们往往只注意地下水位及其变化对边坡的影响,而忽略了地下水位以上瞬态压力场的变化。因为降雨对边坡的影响除了引起地下水位升高、饱和区扩大使孔隙压力和渗透力增大以外,还会在地下水位以上的非饱和区内出现局部饱和区,使孔隙压力由负压升为正压,应选用能测量负压的渗压计测量渗透压力的变化过程。

对规模不大或重要性较次的边坡,仅选择变形和地下水或选择其中一种就能满足要求。例如,美国旧金山湾附近每年雨期都有成百甚至上千次规模较小的滑坡发生。美国地质调查局在该区域内建立了一套滑坡监测系统就仅仅选择了降雨量为监测项目,因为通过长期的统计和监测已建立了滑坡的发生与暴雨强度及降雨历时的关系。对于规模较大或重要性较强的边坡,监测项目则必须全面完整,如三峡水利枢纽的永久船闸边坡,岩体中开挖出来的深槽最大高度170m,边坡岩体地应力高,开挖卸荷应力释放范围大,地下渗流场的改变非常明显。对结构复杂、运行要求高的永久船闸边坡,监测项目的选择应全面,除变形外,还包括地下水、降雨、排水量、地下水质、地应力、岩体和混凝土结构的应力应变、温度等项目。

8.5.3   监测断面与测点布置

边坡工程监测设计,首先应确定主要监测的范围,在该范围中按监测方案的要求,确定主要滑动方向,按主滑动方向及滑动面范围选取布置典型断面,再按断面布置相应监测点。

监测断面布置之间的协调工作,往往工作的实施在该阶段较为困难,应根据实际情况进行相关调整和补充。

8.6   监测资料处理

8.6.1   监测资料汇总

边坡工程的监测资料主要有以下几个方面,即每次监测的监测报表、监测总表、监测的相关图件以及阶段性的分析报告。

1. 监测报表

对于不同的监测内容,每完成一次量测和进行到关键阶段都应为委托方提供监测的报表。

1) 监测日报表

监测日报表一般是最为直接的原始资料,是将野外所得的监测数据直接汇总形成的原始文件。表8-5为地下位移监测中水平位移日报表。

表8-5   某边坡水平位移日报表

监测日期: 天气: 人员:

项目深度/m	位移速度/(mm/月)			
	G1 孔		G2 孔	
	A 方向	B 方向	A 方向	B 方向
1	1.69	0.11	0.08	0.08
2	1.7	0.80	0.09	0.89
3	0.4	0.90	1.10	0.09
4	0.4	0.94	0.80	1.01
5	0.55	0.58	1.06	0.04

续表

项目深度/m	位移速度/（mm/月）			
	G1 孔		G2 孔	
	A 方向	B 方向	A 方向	B 方向
6	1.10	0.89	2.01	0.40
7	0.70	0.77	1.13	0.30
8	0.40	0.94	0.80	1.01
9	0.55	0.58	1.06	0.04
10	1.10	0.89	2.01	0.40
11	0.70	0.77	1.13	0.30

注：1. A 方向：NF45°，B 方向：NE135°；

2. 所列数值为实测值，未做累计。

2）阶段性报表

在监测工作进行到一定阶段后，对该工程的一批监测数据，监测人员应对原始数据加以处理后，提出阶段性的数据、报表及有关建议，如最大位移表、位移速度表等，表 8-6 所示主剖面方向观测点地表位移速度。

表 8-6 主剖面方向观测点地表位移速度

项目点号	位移速度/（mm/月）			
	1990.5.18—1991.5.20		1990.5.18—1992.6.16	
	水平方向	竖直方向	水平方向	竖直方向
G1	0.69	1.69	0.08	1.08
G2	0.31	1.62	0.44	1.28
G5	2.08	2.31	1.36	1.92
G10	1.69	1.54	0.52	1.00
G15	3.23	0.46	1.08	0.52

注：主剖面方向为 NE45°。

2. 监测总表

监测总表是在一个监测周期的工作完成后，提出该项边坡工程监测中规律性的归纳和建议。例如，地表变形汇总成果、地下变形汇总成果、降雨量实测统计表等，表 8-7 所示为某工程地下变形监测孔位移监测成果。

表 8-7 某工程地下变形监测孔位移监测成果

监测位置	监测仪器	监测孔号	水平位移		
			最大位移量累计值/mm	发生最大位移处深度/m	观测时间
主剖面方向	钻孔倾斜仪	DX-1	4.50	9.0	1990.12.25
		DX-2	16.01	12.0	1991.8.3
		DX-3	23.23	6.0	1992.6.15
		DX-7	13.00	9.0	1991.8.24
		DX-8	24.84	6.0	1991.10.20

3. 相关图件以及阶段性的分析报告

一般对于监测的报表由于数据堆积较多,当资料大量集中后为了更好地说明问题,必要的图件对说明问题意义重大。进行有关监测现场工作的研究人员和工程技术人员可根据各工程不同情况,绘制相关的图件,对监测成果进行进一步说明。常用的有:

(1) 地表位移变形矢量图和滑坡位移矢量图(图 8-17、图 8-18)。

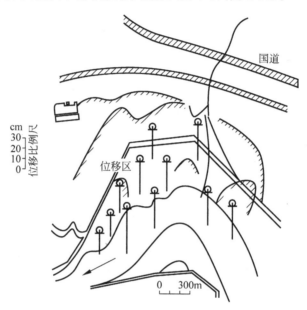

图 8-17　地表位移变形矢量

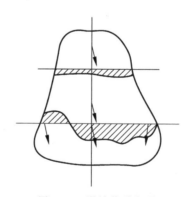

图 8-18　滑坡位移矢量

注:平面位移距离及方向,横线以上阴影为上升,横线以下阴影为下降

(2) 各时段深度-水平位移曲线及各时段深度-垂直位移曲线。

(3) 位移-水位(降雨量)变化曲线或降雨量曲线。

(4) 其他图件如地温测试分布图等。

以上所列的图件是监测工程中所用的一部分,除此以外,还有变形速率与深度关系、加卸荷与最大位移关系、最大位移与深度等各类图件。对于不同类型的边坡工程所用图件有所侧重,但位移-深度曲线和变形-矢量曲线是最为基本和直观地反映,在有条件时应首选提供。

8.6.2　监测资料分析

监测分析报告中应提供监测数据总表、相关图件和监测资料的分析及最终结论,根据监测数据还可进一步进行有关反分析及其他数值计算方法的验证,进行理论与实际的类比,并提出建议及反馈意见。不同的边坡工程对监测的目的有不同要求,在分析报告时应结合有关要求进行,对于利用监测数据进行超前预报工作的报告,其分析报告将提至每一次监测过程中进行有关分析和反馈。对于边坡工程,业主更加关心边坡的稳定性,因而分析也应及时和准确。一般分析报表中应包含以下内容:

(1) 工程地质背景;

(2) 施工及工程进展情况;

(3) 监测目的、监测项目设计和工作量分布。

思考题

1. 边坡工程监测的目的是什么?
2. 边坡工程监测设计的原则是什么? 监测断面与测点布置主要内容有哪些?
3. 边坡监测报告的编写内容有哪些?
4. 简述钻孔倾斜仪的原理及安装步骤。
5. 查阅资料简要介绍钻孔伸长计组成及安装方法。
6. 边坡工程监测的方法有哪些? 各有何特点?
7. 边坡工程监测的内容有哪些?
8. 边坡工程监测实施工作内容有哪些?

超前地质预报技术

【本章导读】

本章主要介绍超前地质预报意义,以及常用的超前地质预报方法。通过本章的学习,读者可以掌握超前地质预报技术的原理方法,能够完成隧道等岩土工程超前预报的有关工作。

【本章重点】

(1) 超前地质预报的概念;

(2) 常用的超前地质预报方法;

(3) TSP 超前预报的原理;

(4) 地质雷达探测的原理。

9.1 超前地质预报的发展概况与现状

国内外隧道及地下工程越来越受重视,隧道施工地质工作已成为管理部门和广大工程技术人员的关注重点。自 20 世纪 70 年代,对隧道施工地质超前预报予以极大重视,并将此列为隧道工程建设的重要研究内容。有些施工单位配备专门从事隧道施工地质的工程技术人员,有些则由业主提供施工地质队伍,并拨出专款开展这项工作。他们在咨询部门提交的设计图纸的基础上,在施工过程中,还要求做好地质超前预报和围岩量测工作。

在国外,如苏联开挖阿尔帕谢万隧洞成功地进行了施工温度预测;在阿尔卑斯山深埋隧道中预测温度的方法成功运用于圣哥达公路隧道;瑞士长达 19058m 的铁路单洞隧道 Vereina 隧道采用 TSP203 超前预报系统技术进行了全隧道的施工地质超前预报,取得了可喜的成果;日本青函隧道在施工过程中采用了超前导坑 202 孔,单孔最深达 200m,共深 88562m 的水平超前钻探和声波勘探等技术,以预报地质结构、断层位置及第四系沉积物的分布和厚度,对隧道的施工起到重要作用。

在我国,隧道施工地质超前预报研究始于 20 世纪 50 年代末,但真正应用于隧道工程建设是在 70 年代,以谷德振教授等根据矿巷施工进度和掌子面地质性状做出的矿巷前方将遇到断层并将引发塌方的成功预报为开端,开始了我国隧道施工期地质超前预报的研究和应用。此后,在军都山、大瑶山、秦岭、乌鞘岭等隧道施工中,相继开展了地质超前预报工作。这个阶段是我国施工地质超前预报的起步阶段,在这一阶段主要是单一方法预报和新仪器的研制。在中梁山隧道大断面掘进中采用了 KDL-1 型地质雷达,对开挖面前方的岩溶,断层构造位置规模和含水情况,瓦斯储存构造位置及含气含水情况,软弱围岩的界线等进行超前预报,保障了施工安全,加快了施工进度,取得了良好的效益。在尖山巷道工程中采用地质法,运用地表地质调查和掌子面素描进行外推,成功地避免了几次塌方和突水灾害。在铁山隧道中采用 HSP 法(水平声波剖面法)对掌子面前方 50m 内的地质情况进行预报,取得了良好效果。在 107 国道上焦冲、六甲洞和石仓岭三座公路隧道中采用地质雷达探测技术取得了可信的预报结果,并且为地质雷达在公路隧道施工的应用积累了经验。1990 年铁道部科技司批准了采用物探技术的"隧道开挖面前方不良地质预报"的科研课题,经过四年多的科研攻关,先后研究开发了"负视速度法""极小偏移距高频发射法""水平声波剖面法""地质雷达法"预埋理论、探测方法,并开发了相应的处理软件、绘图软件和相应的 CT 技术应用研究。

随着实践的深入,人们认识到各种超前地质预报方法均有其优缺点和适用条件,因此进行隧道施工地质的综合超前预报,在工程实践中应根据具体工程条件选择使用,集各种方法之长,是可行和可靠的途径,尤其是重点地段和复杂地段。秦岭特长隧道的施工中施工地质超前预报是紧跟平行导坑的施工作业进行的,采用以地质为基础,隧道地质编录为手段,并结合各种施工地质综合测试技术以及物探地震反射法进行综合交叉运用的综合施工地质超前预报技术,取得了成功。在京九铁路五指山隧道施工中采用平行导坑、掌子面素描以及涌水量的变化来预测前方地质条件,得到了施工单位的认可。在 108 国道土地岭隧道、西康新建铁路线天池隧道、深圳市供水水源网络工程的西河滩隧道和 1 号隧道、北京—珠海高速公路石门坳隧道和粤境北段洋碰隧道、内昆新建铁路线青山隧道、株六复线的新保纳隧道、云南元磨高速公路隧道、渝怀铁路金洞隧道、渝怀线圆梁山隧道、渝怀铁路第二长隧道武隆隧道、兰武二线乌鞘岭特长隧道、宜万线几座 3km 以上隧道等都采用了地质法与隧道地震波探测(TSP)超前预报系统相结合的预报体系,取得了可观的经济效益。在岩溶地区超前探水技术上除了运用超前水平钻、地质雷达和 TSP 技术外还发展了红外探测技术,在圆梁山隧道施工中取得了丰硕的成果,得到了施工单位的认可。

9.2　实施超前地质预报的必要性和目的

大量铁路和公路隧道工程建设实践表明,由于受地质勘察精度、手段等诸多条件的限制,根据地质勘察资料做出的设计与实际不符的情况屡有发生,塌方、涌水、涌泥、涌砂、岩爆等灾害时有发生,给施工造成极大危害。

因此,在施工期间,采用各种技术、手段和方法对控制工程岩体的地质特征与现象进行及时准确的预测,修正围岩类别,探查不良地质体赋存状态,可以提前采取预防措施,避免灾害的发生或在一定程度上减少因灾害造成的损失,为快速、安全施工和优化支护参数提供有价值的信息,保证隧道施工和运营的安全。

实施超前地质预报需完成以下工作:

(1) 对隧道围岩分类进行评价,并确定物理力学参数;

(2) 对隧道支护参数的合理性进行评价;

(3) 分析水对隧道围岩物理力学特性影响;

(4) 进行不同围岩类型条件下隧道开挖与支护方法的平面有限元分析;

(5) 进行超前地质灾害预报与评价;

(6) 进行隧道施工方案研究与施工工艺实施配套优化方法分析;

(7) 进行监测与反馈系统的研究,包括隧道位移监测分析、沉降与水平位移分析,围岩

内部变形监测分析,爆破震动监测及分析,应力、应变监测结果分析;

(8)将隧道超前地质预测预报和监测监控成果及时整理,及时反馈指导变更设计和施工,并报工程技术部,作为施工技术变更的审查依据。

隧道超前地质预报采用多种预报方法相结合,准确高效地为隧道开挖施工提供指导和依据,采用的预报方法主要包括:工程地质推断预测法、TSP 超前预报、地质雷达、红外线探水、TRT 探测法等。

9.3　工程地质调查分析推断法及原理

9.3.1　工作原理

工程地质调查分析推断法是隧道超前预报中使用最早的方法。通过区域地质调查与资料分析、隧道轴线地表和洞内工程地质调查,了解隧道所处地段岩层地质年代、结构构造。借助地质学有关理论、经验公式、计算机模拟、岩体力学、几何参数试验和传统方法,推断前方的地质情况。包括地层与岩性的产出特征、构造的发育规律、地下水成因规律和水量等,预测隧道掌子面前方不良地质现象可能的类型、部位、规模,为隧道施工中采取合理的工艺与措施提供科学依据。

9.3.2　采用的方法

涉及工程地质调查分析推断的方法和理论较多,结合隧道地质情况,具体预报过程中采用以下方法。

1. 岩层岩性和层位预测法

在掌子面和隧道两壁出露的岩层与地表某段岩层确认为同一标志层的前提下,用地表岩层的层序预报掌子面前方将要出现的岩层。

2. 地质体延伸预测法

依据掌子面已揭露的不良地质体的产状和单壁始见的位置,经过一系列的三角函数运算,求得条带状不良地质体在隧道掌子面前方延伸和消失的位置。关键技术是准确的层面产状测量和三角函数运算。

3. 地面地质体投射法

在地表准确鉴别不良地质体的性质、位置、规模和岩体质量,精确测量不良地质体产状的基础上,应用地面地质界面和地质体投射公式进行超前地质预报。关键技术是在地表准确鉴别不良地质体的性质、位置、规模和岩体质量。

9.3.3　工作内容

1. 隧道区域地质调查、资料收集分析

收集隧道区域各种比例尺区域地质图、区域构造体系图及其说明材料,并对全线进行区

域地质调查,了解以下内容:

(1) 隧道所在地区大地构造环境、构造体系、构造复合与构造演化;

(2) 岩性结构特征,结构分布规律,结构面与隧道的空间组合关系。

应用大地构造学、构造地质学、特别是地质力学的理论,分析所收集的区域地质资料,初步了解隧道所在地区以下内容:

① 主要构造方位、力学性质和构造多期活动特征及其不同方位构造对隧道围岩稳定性的影响程度;

② 主要地层类型特征及其对隧道围岩稳定性的影响程度。

2. 隧道轴线左右区域地质调查

主要采用追索法和露头编录法,必要时辅以槽探,主要掌握以下内容:

(1) 沿线地层分布情况,包括年代、层间排列、矿物成分和产状;

(2) 地质构造体系、构造型式和构造分布规律;

(3) 水文地质分布规律;

(4) 不良地质体发育分布情况,包括滑坡、断层破碎带、岩堆和孤石分布等。

在进行区域地质调查、隧道轴线及左右区域地质调查时,若因植被发育、第四系覆盖物较厚等原因而影响对地质特征和现象做出准确判定时,要充分利用初勘、详勘资料,尤其是钻孔资料,条件允许时,还要对钻探岩芯进行调查统计分析。

3. 已开挖隧道洞内地质调查

对于已开挖隧道的每个循环进尺,在爆破之后,喷射混凝土之前,采用布置测线、超声波测试和地质素描的方法,完成隧道围岩地质编录。对于弹性波速度,在条件允许的情况下,可根据隧道已揭露隧壁情况,在适当位置布置若干组探测孔,利用 RSM 智能超声波测试仪获得,该测试同时可以了解围岩完整性情况。

9.4 TSP 超前预报原理与方法

9.4.1 工作原理

TSP 全称为隧道地震波探测法(tunnel seismic prediction/prospecting),如图 9-1 所示,其原理是通过小药量爆破所产生的地震波信号沿隧道轴线方向以球面波的形式传播,在不同的岩层中地震波以不同的速度传播,在其界面处被反射,并被高精度的接收器接收。通过计算机软件分析前方围岩性质、节理裂隙分布、软弱岩层及含水状况等,最终显示屏上显示各种围岩构造界面与隧道轴线相交所呈现的角度及距掌子面的距离,并可初步测定岩石的弹性模量、密度、泊松比等参数以供参考。该法适用于划分地层界线,查找地质构造,探测不良地质体的厚度和范围。仪器在作业过程中对环境的要求较高,若噪声过大则会影响采集数据的准确性。TSP 的有效预报距离应达 120m,在围岩质量好的地段可达 300m。

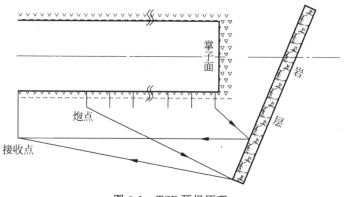

图 9-1　TSP 预报原理

9.4.2　TSP 的技术要求

1. TSP 系统布置

预报系统激发孔与接收孔布置如图 9-2 所示。

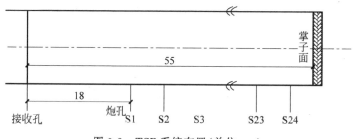

图 9-2　TSP 系统布置(单位：m)

2. 应达到的有效探测距离

TSP 有效预报距离应达到 120m。需要预报区段大于有效预报距离时应多次预报,两次预报重复搭接长度不小于 10m。

3. 操作要求

爆破钻孔的布置要求：预报系统由 24 个爆炸孔(炮孔)和 1 个检波器孔(接收孔)组成。最后一个爆炸孔距掌子面约 0.5m,爆炸孔间距为 1.5m,孔深 1.5m,孔径 40mm,孔口距隧底约 1m,向下倾斜 10°。每个爆炸孔的药量为 10~40g,药量的大小应根据围岩的软硬、破碎程度以及至检波器的距离等因素而定。所有炮眼与接收器的高度应相同,垂直于隧道边墙。钻孔完成后应注意保护,防止塌孔。

预报断层构造时爆破钻孔应根据断层走向布置在与断层夹角较小一侧的隧道边墙上;预报岩溶时隧道两侧边墙都应布置爆破钻孔进行重复测量。

接收器钻孔的布置要求：检波器孔距掌子面约 60m,检波器与第一个爆炸孔间距为 15~20m,检波器孔深 2m,孔径 45mm,孔口距隧底为 1m,向下倾斜 10°。接收器与孔壁的耦合必须紧密,施测时隧道中应没有其他振动源。

4.数据采集与资料分析

数据采集时应对每一炮的波幅进行调节,记录不好或存在干扰时应重新放炮;对采集的数据及时进行三维波场处理,提取反射界面;对所采集的原始数据经软件处理后,以 P 波剖面资料为主对岩层进行划分,结合横波资料对地质现象进行解释,并遵循以下准则。

正反射振幅表明硬岩层,负反射振幅表明软岩层;若 S 波反射较 P 波强,则表明岩层饱含水; V_P/V_S 增加或突然增大,常常由于流体的存在而引起;若 V_P 下降,则表明裂隙或孔隙度增加。

最终提出掌子面前方反射界面的位置、性质等结论。TSP 隧道超前地质预报需要提交的资料有:TSP 野外记录表,原始波形记录,二维和三维反射界面的透视图像,声波轨迹、频谱、速率和位移结果,地质解释结果。

TSP 数据处理流程如图 9-3 所示。

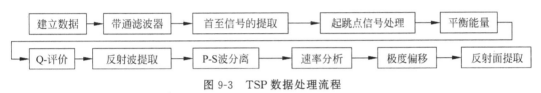

图 9-3 TSP 数据处理流程

TSP 探测解译的关键技术是成果图的解译技术,不同解译水平的人员,预报的精度可能相差很大。

9.5 地质雷达超前预报方法及原理

9.5.1 工作原理

地质雷达是基于地下介质的电性差异,向地下发射高频电磁波,并接收地下介质反射的电磁波,将其进行处理、分析、解释的一项工程物探技术(图 9-4)。其工作过程是由发射天

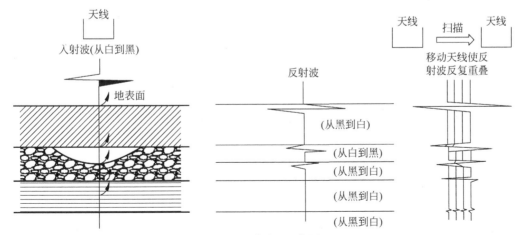

图 9-4 地质雷达工作原理

线送入地下高频电磁脉冲波,当其在地下传播过程中遇到不同的目标体(岩土体、空洞等)的电性界面时,有部分电磁能量被反射回来,被接收天线所接收,并由主机记录,得到从发射经地下界面反射回到接收天线的双程走时 t。地质雷达方法是由已知条件推断未知情况的方法,当地下介质的波速已知时,可根据测到的精确 t 值求得目标体的位置和埋深。

9.5.2 地质雷达法的技术要求

1. 有效探测距离

地质雷达的有效探测距离在完整性较好地段应达到 30m,具体根据雷达波形判定。

2. 仪器要求

用于超前地质预报的地质雷达可选用 SIR2000、SIR10H 或 RAMAC 等型号,天线应使用中心频率为 30～50MHz 和 100MHz 的两种低频屏蔽天线。

3. 现场数据采集要求

现场数据采集主要是在掌子面上进行,采集前应对掌子面进行平整处理,使雷达天线与掌子面能有较好的接触,在掌子面附近应没有其他的金属物体;一般应采取连续观测方式;应充分利用避车洞或超前钻探揭露的地质界面等有利地段求取地层的相对介电常数和电磁波速度。

9.5.3 资料分析

雷达记录应清晰,反射波形、同相轴明显,不合格的记录应重测;对合格的记录应根据记录的情况进行必要的处理如编辑、滤波、增益、褶积、道分析、速度分析和消除背景干扰等,求得时间剖面;在时间剖面中应标出探测对象的反射波组,确定反射体的形态和规模;解释确定反射体的位置、形态,推断其充填情况;必要时应制作模型进行反演解释。根据反射波组的波形与强度特征,通过同相轴的追踪,可分析地下介质、地下结构状态,确定反射波组的地质含义。

9.6 红外线探水原理和步骤

9.6.1 红外线探水原理

红外线探水的原理为用红外测温原理探测局部地温异常现象,并借此判断地下脉状流、脉状含水带和隐伏含水体等所在的位置。

红外探测属非接触探测,探测时在隧道边墙或断面上定好探测位置,用仪器的激光器在确定好的探测位置上打出一个红色斑点,扣动扳机,就可在仪器屏幕上读取围岩场强探测值,并做好记录。然后转入下一序号点,直至全部探完。探测完毕,根据所测场强值绘出一系列的曲线。当隧道掌子面前方围岩的介质相对正常时,所获得的红外探测曲线近似为直线,离散度较小,即为正常场。反之,当掌子面前方或隧道外围存在含水构造时,曲线上的数据产生突变,含水构造产生的红外辐射场叠加到围岩的正常辐射场上使探测曲线发生弯曲,形成异常场。红外线探水的有效预报距离可达 20～30m。

9.6.2　探测的具体步骤

红外线探测属非接触探测。探测时在隧道边墙或断面上定好探测位置,用仪器的激光器在确定好的探测位置上打出一个红色斑点,扣动扳机,就可在仪器屏幕上读取探测值,并做好记录。然后转入下一序号点,直至全部探完。具体步骤如下:

1. 对隧道周边的探测

(1) 由掌子面向后方以 5m 点距,沿一侧边墙布置 12 个探测顺序号,以 5m 点距用喷漆标好探测顺序号。

(2) 在掌子面处,首先对断面前方探测,在返回的路径上,每遇到一个顺序号,就站在相应的位置上,分别用仪器的激光器打出红色光斑,使之落到左边墙中线位置、右边墙中线位置、左拱脚中线位置、右拱脚中线位置、拱顶中线位置和隧底中线位置(根据隧道断面大小布置测点数量,一般为 6 个点),扣动扳机分别读取探测值(每点探测两次,取平均值),并做好记录。然后转入下一序号点,直至全部探测完。

(3) 一般由断面向后方探 60m,即 12 个探测点。当断面后方有较长一段是含水构造时,为了更好地确定正常场,应当加长探测距离。

(4) 当遇到拱顶或边墙渗水、滴水、涌水时,不管是否在点位上,只要是途中经过的,都要分别对上方的出水部位、下方的积水部位分别探测。记录者应在相应备注栏内记清仪器读数值。对因施工造成的积水也要用仪器进行探测,并记在备注栏内。

2. 对掌子面的探测

当遇到软弱围岩或地层破碎时,初期支护或衬砌往往紧跟掌子面,此时就不能直接探拱顶、隧底和边墙,而只能探断面。

(1) 在掌子面上布置 4 行,每行设 5 个探点(可以根据隧道断面大小进行相应调整)。分别用仪器的激光器打出红色光斑,使之落到每个探点上,扣动扳机分别读取探测值,并做好记录。

(2) 在正常掘进段,当探测了十几个断面后,根据探测数值可以总结出每 1 行 2 个读数的最大差值范围,以便掌握正常地段差值的变化范围。当掘进前方存在含水构造时,含水构造产生的异常场就会叠加到正常场上,从而使横向差和纵向差变大。如果超出正常变化范围,即可判定前方存在含水构造。

探测完毕,将所测得的数据输入计算机,使用 Excel 或其他工具生成曲线图,再通过曲线图或者数据差值来判断前方地质情况。

9.7　TRT 探测法及原理

9.7.1　TRT 技术原理

TRT 全称为 True Reflection Tomography,该方法是用地震波反射来获得地层地质状况三维图。以每个震源和地震信号传感器组的位置为焦点,与所有可能产生回波的反射体可以确定一个椭球。足够多数量的震源和地震信号传感器组会形成一个三维数组,每个界面反射的地层位置可以由这些众多椭球的交汇区域所确定。实际上,反射边界每一点离散图像的计算包括由所有震源和地震信号传感器组所对应的三维岩体空间中选定的区块。离散图像中各点值是由空间叠加所有地震波形计算得来,每个波按比例从震源经过三维岩体空间的区块到达地震信号传感器(图 9-5)。

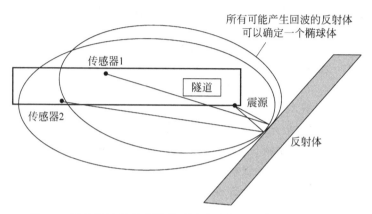

图 9-5   用地震波反射来获得地层地质状况三维图的原理示意

9.7.2   TRT 传感器布设方法

TRT 在三维空间内布置传感器,接收由震源产生的地震波信号,如图 9-6 所示为 TRT 传感器在隧道内的传感器布设示意。

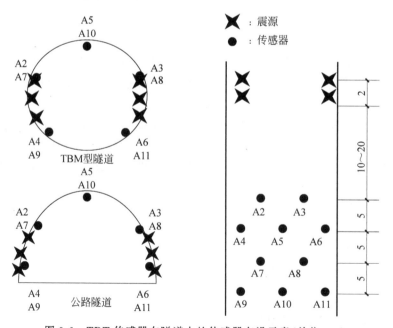

图 9-6   TRT 传感器在隧道内的传感器布设示意(单位:m)

9.7.3　隧道内工作流程

TRT 在隧道内工作如图 9-7 所示,通过"重锤"产生地震波,使用"带有无线模块的传感器组"接收在围岩中传播的地震波振动信号,传感器通过"无线传感器基站"把信号存储在计算机中,获得地震信号数据。重锤与计算机之间通过基站有线连接,主要是为了确保激发与接收地震信号不产生延迟,传感器与计算机为无线连接,方便隧道内部安装传感器。

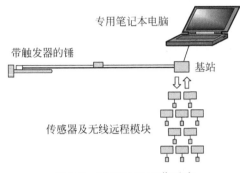

图 9-7　TRT6000 工作示意

思考题

1. 隧道的超前地质预报主要有哪些方法?
2. 简述工程地质推断法适用于隧道的哪些超前预报。
3. TSP 与 TRT 超前预报原理与方法有哪些区别?
4. 简述红外线探水方法的原理。
5. 简述地质雷达探测的原理。

参 考 文 献

[1] 高等学校土木工程学科专业指导委员会.高等学校土木工程本科指导性专业规范[M].北京：中国建筑工业出版社,2011.

[2] 何开胜.岩土工程测试和安全监测[M].北京：中国建筑工业出版社,2018.

[3] 宰金珉.岩土工程测试与监测技术[M].北京：中国建筑工业出版社,2008.

[4] 工程地质手册编委会.工程地质手册[M].5版.北京：中国建筑工业出版社,2017.

[5] 栾桂冬,张金铎,金欢阳.传感器及其应用[M].西安：西安电子科技大学出版社,2002.

[6] 建设部综合勘察研究设计院.岩土工程勘察规范：GB 50021—2001(2009版)[S].北京：中国建筑工业出版社,2009.

[7] 中国建筑科学研究院有限公司.混凝土物理力学性能试验方法标准：GB/T 50081—2019[S].北京：中国建筑工业出版社,2019.

[8] 中冶建筑研究总院有限公司.岩土锚杆与喷射混凝土支护工程技术规范：GB 50086—2015[S].北京：中国计划出版社,2015.

[9] 顾晓鲁,钱鸿缙,刘惠珊.地基与基础[M].3版.北京：中国建筑工业出版社,2005.

[10] 龚晓南.地基处理手册[M].3版.北京：中国建筑工业出版社,2008.

[11] 刘利民,舒翔,熊巨华.桩基工程的理论进展与工程实践[M].北京：中国建材工业出版社,2002.

[12] 高俊强,严伟标.工程监测技术及其应用[M].北京：国防工业出版社,2005.

[13] 史佩栋.桩基工程手册[M].北京：人民交通出版社,2015.

[14] 南京水利科学研究院勘测设计院,等.岩土工程安全监测手册[M].北京：中国水利水电出版社,2008.

[15] 中华人民共和国住房和城乡建设部.建筑地基基础设计规范：GB 50007—2011[S].北京：中国计划出版社,2011.

[16] 中国建筑科学研究院.建筑地基处理技术规范：JGJ 79—2012(2016版)[S].北京：中国建筑工业出版社,2012.

[17] 林宗元.岩土工程试验监测手册[M].北京：中国建筑工业出版社,2005.

[18] 童立元,刘激,Binod Amatya,等.岩土工程现代原位测试理论与工程应用[M].南京：东南大学出版社,2015.

[19] 中国建筑科学研究院.建筑抗震设计规范：GB 50011—2010(2016版)[S].北京：中国建筑工业出版社,2010.

[20] 廖红建,赵树德,等.岩土工程测试[M].北京：机械工业出版社,2007.

[21] 王清.土体原位测试与工程勘察[M].北京：地质出版社,2006.

[22] 中国建筑科学研究院.建筑桩基技术规范：JGJ 94—2008[S].北京：中国建筑工业出版社,2008.

[23] 中国建筑科学研究院.建筑基桩检测技术规范：JGJ 106—2014[S].北京：中国建筑工业出版社,2014.

[24] 东南大学土木工程学院,等.基桩静载试验 自平衡法：JT/T 738—2009[S].北京：人民交通出版社,2009.

[25] 福建省建筑科学研究院,福州建工(集团)总公司.建筑地基检测技术规范：JGJ 340—2015[S].北京：中国建筑工业出版社,2015.

[26] 罗骐先,王五平.桩基工程检测手册[M].北京：人民交通出版社,2010.

[27] 宰金珉,王旭东,徐洪钟.岩土工程测试与监测技术[M].2版.北京：中国建筑工业出版社,2006.

[28] 中华人民共和国水利部.岩土工程仪器术语及符号：GB/T 24106—2009[S].北京：中国标准出版社,2009.

[29] 中国工程建设标准化协会.基桩分布式光纤测试规程：T/CECS 622—2019[S].北京：中国建筑工业出版社,2019.

[30] 夏才初,潘国荣.岩土与地下工程监测[M].北京：中国建筑工业出版社,2017.

[31] 中华人民共和国水利部.岩土工程仪器基本环境试验条件及方法：GB/T 24105—2009[S].北京：中国标准出版社,2009.

[32] 李铁汉,骆培云.边坡变形监测及其资料的分析与应用——以新滩滑坡为例[J].中国地质灾害与防治学报,1996,7(S1)：86-92.

[33] 周晓军.地下工程监测和检测理论与技术[M].北京：科学出版社,2014.

[34] 中国有色金属工业西安勘察设计研究院,等.工程测量规范：GB 50026—2007[S].北京：中国建筑工业出版社,2007.

[35] 建设综合勘察研究设计院有限公司.建筑变形测量规范：JTJ 8—2016[S].北京：中国建筑工业出版社,2016.

[36] 中华人民共和国交通运输部.真空预压加固软土地基技术规程：JTS 147-2—2009[S].北京：人民交通出版社,2009.

[37] 李欣,冷毅飞,等.岩土工程现场监测[M].北京：地质出版社,2015.

[38] 娄炎.真空排水预压法加固软土技术[M].2版.北京：人民交通出版社,2013.

[39] 中华人民共和国住房和城乡建设部.建筑基坑支护技术规程：JGJ 120—2012[S].北京：中国建筑工业出版社,2012.

[40] 济南大学,等.建筑基坑工程监测技术规范：GB 50497—2019[S].北京：中国计划出版社,2019.

[41] 刘国彬,王卫东.基坑工程手册[M].2版.北京：中国建筑工业出版社,2009.

[42] 唐建中,于春生,刘杰.岩土工程变形监测[M].北京：中国建筑工业出版社,2016.

[43] 顾宝和.岩土工程典型案例述评[M].北京：中国建筑工业出版社,2015.

[44] 北京城建勘测设计研究院有限责任公司,等.城市轨道交通岩土工程勘察规范：GB 50307—2012[S].北京：中国计划出版社,2012.

[45] 卿三惠,等.隧道及地铁工程[M].2版.北京：中国铁道出版社,2013.

[46] 任建喜,年廷凯,赵毅.岩土工程测试技术[M].武汉：武汉理工大学出版社,2015.

[47] 刘尧军.岩土工程测试技术[M].重庆：重庆大学出版社,2013.

[48] 中冶建筑研究总院有限公司.岩土锚杆与喷射混凝土支护工程技术规范：GB 50086—2015[S].北京：中国计划出版社,2015.

[49] 中交一公局集团有限公司,等.公路隧道施工技术规范：JTG/T 3660—2020[S].北京：人民交通出版社,2020.

[50] 李晓红.隧道新奥法及其量测技术[M].北京：科学出版社,2002.

[51] 程久龙,于师建,王渭明,等.岩体测试与探测[M].北京：地震出版社,2000.

[52] 何发亮,李苍松,陈成宗.隧道地质超前预报[M].成都：西南交通大学出版社,2006.

[53] 刘尧军.地下工程测试技术[M].成都：西南交通大学出版社,2009.

[54] 赵勇,肖书安,刘志刚.TSP超前地质预报系统在隧道工程中的应用[J].铁道建筑技术,2003(5)：18-22.

[55] 李晓莹.传感器与测试技术[M].北京：高等教育出版社,2005.

[56] 赵勇.光纤光栅及其传感技术[M].北京：国防工业出版社,2007.

[57] 隋海波,施斌,张丹,等.地质和岩土工程光纤传感监测技术综述[J].工程地质学报,2008,16：135-143.

[58] 马涛,赵彦军,张伟.自动化监测系统分析深基坑监测的可靠性[J].北京测绘,2019,33(11)：1356-1359.

[59] 谭志强.深基坑工程自动化监测技术[J].中国科技信息,2019,14：48-50.

[60] 樊飞.考虑空间效应的深基坑变形监测及规律分析[D].保定：河北大学,2016.

［61］　陈凡,徐天平,陈久照.桩基质量检测技术[M].北京：人民交通出版社,2004.

［62］　蔡美峰.岩石力学与工程[M].北京：科学出版社,2002.

［63］　尚志远.检测声学原理及应用[M].西安：西北大学出版社,1996.

［64］　吴新旋,吴慧敏.混凝土无损检测技术[M].北京：人民交通出版社,2002.

［65］　张宏.灌注桩检测与处理[M].北京：人民交通出版社,2001.

［66］　刘金砺.桩基设计施工与检测[M].北京：中国建材工业出版社,2001.

［67］　吴波.超声波透射法检测灌注桩桩身质量研究[D].上海：同济大学,2008.

［68］　姚强岭,李学华,牛柳,等.煤岩体地质力学参数原位测试系统开发与应用[J].中国矿业大学学报,
2019,48(6)：1169-1176.

［69］　郭文雕,王显军,杨树新.论述原地应力测量水压致裂法发展状况[J].决策探索(中),2018(11)：
34-36.

［70］　陈立萍,耿豪鹏,张建,等.黑河流域基岩回弹值(施密特锤)的空间分布特征及其指示意义[J].冰川
冻土,2019,41(2)：364-373.